아더 마인즈

'옥토폴리스'라고 명명한 이곳에서 경험한 문어와의 만남과 직접 촬영한 사진을 저자는 사고 실험과 곁들여 제시한다. 이를 통해 인간과 정반대의 모습인 문어가 어떻게 지능을 갖게 됐는지 진화론과 철학적 개념으로 설명한다. 그 결과 깨닫게 되는 건 겸허함이다. 정신과 신체를 이원론적으로 떼어놓고, 정신은 인간만이 신에게 받은 특권이라는 생각이 얼마나 오만했는가. 언어가 없어도 동물들은 사람처럼 얼굴을 기억하고, 인과 관계를 유추하며, 사고에 따라 행동을 하기도 한다. 그리고 이러한 정신적 능력은 뉴런과 신체의 발달, 즉 몸의 진화를 바탕으로 생겨난 것이다.
김민 기자, 동아일보

문어의 삶을 알아가는 시간은 나와 다른 존재의 삶을 상상하는 일인 동시에 35년 동안의 내 인생을 압축해 보는 경험이기도 했다. 어떤 기억은 2년만 살아도 경험하고 싶었고 어떤 기억은 2년뿐이라면 버리고 싶었다. 인간은 자신의 마음도 모른다. 그걸 규명하지 못해서 인류는 수천 년 동안 글을 쓰며 알고자 했다. 누군가의 말처럼 동물이 말을 한다면 우리는 그것을 알아듣지 못할 것이다. 다른 존재의 마음, 아더 마인즈는 우리가 존엄을 지키며 살아갈 수 있게 해 주는 두 번째 선생님이다. **박혜진 문학평론가**

인간이 아닌 몸으로 겪는 시간이란 어떤 것일까? 문어의 수명은 단 2년뿐이다. 두족류의 부드러운 몸은 그 이상으로 수명을 연장하기에 충분치 않기 때문이다. 그러한 2년을, 섬세하고 예민한 생명체인 문어는 어떻게 감각하고 있을까? 어쩌면 헵타포드처럼 문어는 과거, 현재, 미래를 동시에 경험하고 있을지도 모른다. 그렇다면 문어에게 삶이란 어떤 것일까? 인간인 나로서는 상상하기가 쉽지 않다. 지성이 인간의 전유물이 아니라는 사실을 알게 되는 것만으로도 겸허해진다. **김선오 시인**

지구에서 지능은 두 번 탄생했다. 한 번은 우리(척추동물)이고, 다른 한 번은 그들(두족류)이다. 6억 년 전 우리와 헤어져 전혀 다른 진화의 길을 걸어 온 이 '바닷속 외계인'들은 온몸으로 생각하고 느낀다. 저자는 차가운 바다 속에서 문어와 눈을 맞추며, 정신과 의식이란 무엇인지 근원적인 질문을 던진다. 과학과 철학, 모험이 어우러진 지적인 탐구서다.

손영옥 기자, 국민일보

이 책에는 입을 다물 수 없을 정도로 놀라운 아이디어와 짜릿한 이야기가 가득하다. 아름답고, 맑고, 좋은 느낌을 주는 글에서 다이버 철학자 피터 고프리스미스는 생명의 본질, 진화의 과정, 정신의 진화를 말하며 당신의 생각을 변화시킬 것이다. 『아더 마인즈』는 모든 자연주의자와 모든 잠수부와 다른 생물이 어떻게 경험하는지 궁금한 모든 사람을 만족시킬 것이다, 즉, 누구나 이 책을 읽고 지구와 바다를 공유하는 다른 동물들과 더욱 친밀하고 배려 있는 관계를 맺어야 한다.

사이 몽고메리, 『문어의 영혼』『거북의 시간』 저자

『아더 마인즈』는 자연사, 철학, 생명의 경이로움을 장인의 솜씨로 블렌딩해 놓은 사랑스러운 책이다. 이 책은 환상적인 심해로 우리를 데려가 바다밑 세계와 신비롭고 지적인 문어뿐 아니라 억겁의 세월 동안 이어져 온 정신의 본성과 진화를 흥미롭고 친절하게 안내한다. 피터 고프리스미스는 이토록 매력적인 이야기를 생생하고도 우아한 글로 탄생시켰다. 문어에 대한 그의 열정과 사랑을 모든 쪽에서 볼 수 있다. 문어가 된다는 것이 과연 어떨지 궁금한 사람, 또는 우리 인간 그리고 지각이 있는 다른 생명체가 밟아 온 정신의 진화에 관심이 있는 사람이라면 꼭 읽어야 한다.

제니퍼 애커먼, 『새들의 천재성』 저자

생명의 가장 큰 수수께끼 중 하나는 동물이 어떻게 그리고 왜 자신을 인식하게 되었는가이다. 피터 고프리스미스는 문어를 통해 직접 체험한 지식으로 동물의 의식 속으로 세심하게 안내한다.

프란스 드 발, 『침팬지 폴리틱스』『동물의 생각에 관한 생각』 저자

고프리스미스의 철학책이라면 믿을 만하다. 그는 세계를 뒤져서 단서를 찾아내는 드문 철학자이기 때문이다. 고프리스미스는 감탄스러울 정도로 지식이 풍부하고 호기심이 많다. 고프리스미스의 탐험은 옳으며, 그는 독단적이지 않고 놀랍도록 예리하다.

칼 사피나, 뉴욕주립대학교 스토니브룩 석좌교수, 『소리와 몸짓』 저자

피터 고프리스미스는 여기서 두 가지의 중요한 탐험—진화의 가장 중요한 전환점으로의 여행과, 어느 비범한 생물의 정신이라는 세계로의 선구자적 여행—을 떠난다. **조너선 밸컴, 『물고기는 알고 있다』 저자**

우리 인간의 가장 나쁜 자질 중 하나는 의식을 배타적인 길이라고 고집하는 것이다. 다행히도 피터 고프리스미스는 우리에게 전혀 새로운 사고 영역에 대한 로드맵을 제시한다. 이 다른 세계를 향한 친절하고 너그러운 탐험으로 지각이라는 개념 전체를 재고하게 될 것이다.

폴 그린버그, 『포 피쉬』 저자

이런 놀라운 동물들을 공감과 정확성을 갖고 조사한 것만으로도 충분한 성취다. 고프리스미스가 이 책에서 하고 있는 것처럼 의식의 탄생과 본성에 빛을 비추는 작업은 정말 매혹적이다.

차이나 미에빌, 『이중도시』『크라켄』 저자

고프리스미스는 우리를 바다라는 독특한 철학적 여정으로 인도한다. 우리는 두족류의 삶과 의식의 기원을 탐구하는 열렬한 다이버이자 존경할 만한 작가인 저자와 동행한다. 책 제목에서 알 수 있듯 그는 이 생물들이 마음을 갖고 있다고 믿는다. 두족류와의 만남에 대한 매혹적인 묘사와 함께. **스테판 케이브, 파이낸셜 타임스**

문어와 문어의 친척들에 대해 매혹적인 설명으로 가득한 책이다. 고프리스미스는 우리와 다른 동물의 차이점을 강조하며 동시에 우리와 동물이 같다는 점을 높이 평가한다. 과학 그리고 다이빙을 통해 얻은 개인적 경험을 섞어서 생생하게 묘사했다. **콜린 맥긴, 월스트리트 저널**

이 책의 아름다움은 고프리스미스의 글이 가진 명확성에 있다. 외계인 같기도 하고, 이상하고, 아름다운 이 동물들이 우리 생각보다 우리와 더 가깝다는 것을 증명했다. **필립 호어, 가디언**

고프리스미스는 이 책을 통해 스스로 두 가지 도전에 직면했다. 문어의 행동과 인식에 대해 알려진 사실을 종합하고, 왜 이 정보가 정신에 대해 우리가 갖고 있는 철학적, 과학적 개념에 도전하는지 보여주었다. 그 결과는 설득력이 충분하다. **오필리아 드로이, 사이언스**

과학철학자이자 숙련된 심해 다이버 고프리스미스는 자신이 몰두하던 것을 한 권의 책으로 만들었다. 그는 철학과 생물학을 세련된 대중과학의 문법으로 엮어냈다. 두족류와의 만남을 통해 직접 겪은 생생한 일화, 사로잡힌 문어들이 만든 장난스런 이야기가 담겨 있다.…믿을 수 없을 정도로 통찰력 있고 즐거운 책이다. **미한 크리스트, 로스앤젤레스 타임스**

아더 마인즈
문어, 바다, 그리고 의식의 기원

초판 1쇄 펴냄   2019년 5월 8일
개정판 1쇄 펴냄   2026년 2월 16일

지은이   피터 고프리스미스
옮긴이   김수빈
책임편집   이송찬

펴낸곳   도서출판 이김
출판등록   2015년 12월 2일 (제2021-000353호)
주소   서울시 마포구 방울내로 70, 301호 (망원동)
이메일   editor@lkph.kr

ISBN   979-11-89680-59-6 (03400)

잘못된 책은 구입한 곳에서 바꿔 드립니다.

OTHER
MINDS

아더
마인즈

문어, 바다, 그리고 의식의 기원

피터 고프리스미스
김수빈 옮김

차례

바다를 보호하는 모든 이들을 위해

과학의 여러 분야에서 연속성에 대한 요구는 참으로 예언적인 힘을 갖고 있음을 보여 주었다. 따라서 우리는 의식의 기원에 대해 가능한 모든 방법으로 상상하려고 전심으로 노력해야 마땅하다. 의식의 기원이 이전까지는 존재하지 않았던 새로운 본성의 세계로 난입한 것처럼 보이지 않도록.

—윌리엄 제임스, 『심리학 원리The Principles of Psychology』(1890)

하와이에서 전해져 내려오는 생명 창조의 드라마는 몇 단계로 나뉘어 있다.⋯먼저 낮은 단계의 식충류와 산호가 생겨났고 그 다음 벌레와 갑각류가 태어났다. 이들은 자신보다 앞서 생겨난 존재들을 정복하고 파괴하겠다고 천명했고 가장 강한 자만이 살아남는 존재의 투쟁이 시작됐다. 이러한 동물 형태의 진화와 더불어 식물이 육지와 바다에서 시작됐다. 처음에는 조류藻類가, 그 다음에는 해조류와 골풀이 생겨났다. 새로운 생명의 종류가 잇달아 생겨나면서 죽은 생명들이 썩어 생겨난 점액이 뭉쳐 육지를 바다 위로 들어올렸고, 과거의 세계에서 유일하게 살아남은 문어가 이 모든 것을 바라보며 바다 속을 유영한다.

—롤랜드 딕슨, 『바다의 신화Oceanic Mythology』(1916)

1.

생명의 나무에서의 만남

두 번의 만남과 한 번의 이별

2009년의 어느 봄날 아침이었다. 매튜 로렌스Matthew Lawrence는 호주 동부 해안의 푸른 만 한가운데로 작은 보트를 끌고 나가 적당한 곳에 닻을 내렸다. 그리고 바다로 뛰어들었다. 그는 스쿠버 장비를 착용한 채 헤엄쳐 내려가서 닻을 집어 들고 기다렸다. 보트가 해수면 위로 부는 산들바람에 밀려 움직이기 시작했다. 매튜는 닻을 붙잡고 그 뒤를 따라갔다.

　이 만은 다이빙으로 유명하지만 대부분의 다이버들은 알려진 멋진 장소 몇 곳만 찾는다. 인근에 사는 스쿠버 다이빙 애호가 매튜는 넓고 고요한 이 곳에서 자신만의 해저 탐험을 시작했다. 탐험이랄 것은, 공기가 떨어질 때까지 바람이 빈 보트를 이끄는 방향으로 유영하다가 닻줄을 타고 수면으로 올라가는 정도였다. 그러던 어느 날, 가리비들이 흩어져 있는 평평한 모래톱 위를 배회하던 그는 뭔가 범상치 않은 상황을 마주했다. 언뜻 바위처럼 보이는 것을 중심으로 수천 개의 빈 가리비 껍데기가 쌓여 있고, 십여 마리의 문어가 껍데기가 깔린 바닥 위를 얕게 파내고 은신처를 만들어 그 안에 자리하고 있었다. 매튜는 그들 옆으로 내려가 유영하며 관찰했다. 문어들의 몸통은 대체로 축구공만 하거나 그보다 작았고, 다리를 몸 안쪽으로 오므리고 있었다. 대체로 회갈색을 띠었지만 순간순간마다 색깔이 변했다. 커다란 눈은, 고양이의 눈동자를 옆으로 뉘여 놓은 것처럼 수평으로 난 어두운 동공 말고는 인간의 눈과 그리 다르지 않았다.

문어들은 매튜를 바라보았고, 저들끼리도 바라보았다. 몇몇은 천천히 배회하기 시작했다. 은신처에서 몸을 꺼내어 조개껍데기 바닥 위로 발을 끌며 느릿하게 움직였다. 때로는 다른 문어가 아무런 반응도 보이지 않았고, 가끔은 두 문어의 그 많은 다리들이 뒤엉키는 레슬링이 벌어졌다. 문어들은 친구도 적도 아닌 복잡한 공존 상태로 보였다. 한 뼘 정도 되는 새끼 상어 몇 마리는 이 광경이 그리 낯설지 않다는 듯, 문어들이 주변을 돌아다니는 동안에도 껍데기 위에 차분하게 누워 있었다.

이로부터 두 해 전쯤, 나는 시드니의 다른 만에서 스노클링을 하고 있었다. 바위와 암초로 가득한 곳이었다. 나는 튀어나온 바위 아래에서 놀랄 만큼 커다란 무언가가 움직이는 것을 발견하고, 내려가서 그것을 들여다보았다. 그것은 마치 거북이와 붙어 있는 문어처럼 보였다. 납작한 몸통, 커다란 머리, 그리고 머리에서 뻗어 나온 여덟 개의 다리를 가지고 있었다. 유연하고 빨판이 달려 있는 다리는 문어의 것과 비슷했다. 몸통 뒤에 두른 몇 센티미터 너비의 치마 같은 것은 부드럽게 일렁이고 있었다. 그 동물은 빨강색이며 회색인 동시에 청록색이었다. 모든 색을 동시에 가진 듯했다. 색의 패턴은 순식간에 나타났다 사라졌다. 색을 내는 부분들 사이를 지나는 은빛 혈관은 마치 빛나는 전깃줄처럼 보였다. 그 동물은 해저 바닥 가까이에 있다가, 나를 바라보려는지 다가왔다. 수면에서 봤을 때 짐작한 대로 이 생명체는 **거대했다.**—약 3피트 길이였다. 다리는 이리저리로 움직이고, 색깔은 시시각각 변화하고, 몸을 앞뒤로 흔들었다.

그는 호주대왕갑오징어giant cuttlefish였다. 갑오징어는 문어의 친척쯤 되는 동물이지만 오징어에 더 가깝다. 문어, 갑오징어, 오징어는 **두족류**cephalopod라 불리는 집단의 일원이다. 다른 잘 알려진 두족류로는 태평양 심해에서 껍질을 지니고 사는 앵무조개nautilus가 있는데, 문어와 그 사촌들과는 사뭇 다르게 산다. 문어, 갑오징어, 오징어가 다른 두족류와 다른 점은, 크고 복잡한 신경계를 가지고 있다는 것이다.

나는 몇 번이나 숨을 참고 내려가 이 동물을 관찰했다. 금세 지쳐버렸지만 그만두고 싶지 않았다. 나만큼이나 그 생명체도 나에게 관심이 있는 것처럼 보였기 때문이다. 이 때 처음으로 이 동물들의 흥미로운 면모를 경험했다. 그들과 내가 상호

교감engagement 한다는 감각이었다. 그들은 당신을 주의 깊게 바라본다. 보통은 적당한 거리를 유지하는데 그리 멀리 가지도 않는다. 어떤 갑오징어는 내가 아주 가까이 있으면, 내 팔에 겨우 닿을 정도로 다리 하나를 슬며시 내밀기도 했다. 그저 한 번 건드려 볼 뿐 그 이상은 하지 않는다. 문어들은 촉각적 호기심이 강하다. 문어의 은신처 앞에 앉아서 손을 내밀면 그들은 종종 다리 한두 개를 내뻗어 응수한다. 처음에는 당신을 탐색하기 위해, 그리고 나서는—터무니없게도—당신을 그들의 굴로 끌어들이려고 한다. 분명 당신을 점심거리로 삼으려는 지나치게 야심찬 시도다. 밝혀진 바에 따르면 문어는 먹을 수 없는 물체임을 분명히 알면서도 관심을 보인다.

인간과 두족류 사이의 만남을 이해하려면 정반대의 사건으로 돌아가야 한다. 바로 이별departure이다. 이별은 만남보다 꽤 오래전인 약 6억 년 전이다. 만남처럼 이별도 바다 속 동물들 사이에서 일어났다. 문제의 동물들이 정확히 어떻게 생겼는지 아무도 모르지만, 아마도 벌레를 닮았고 작고 납작했을 것이다. 길이는 불과 몇 밀리미터, 어쩌면 조금 더 컸을지도 모른다. 헤엄치거나, 해저 바닥을 기어 다녔을 수도 있고, 어쩌면 둘 다 가능했을 수도 있다. 양쪽에 단순한 눈, 혹은 적어도 빛을 감각하는 부분을 가졌을 것이다. 만약 그렇다면, '머리'와 '꼬리'를 구분할 기준은 그것 외에는 없었을 것이다. 그들은 신경계를 가지고 있었다. 온몸에 퍼진 신경 그물로 구성되었을 수도 있고, 아주 작은 뇌로 집중화된 것일 수도 있다. 이 동물이 무엇을 먹었는지, 어떻게 살았고 번식했는지는 전혀 알려지지 않았다. 하지만 이들은 진화적 관점에서 매우 중요하면서도, 과거를 돌아보아야만 알 수 있는 특징을 지니고 있었다. 이 생명체들은 당신과 문어, 그러니까 포유류와 두족류의 마지막 공통 조상common ancestor이었다. '마지막'이라는 말은 가장 최근, 곧 종분화의 마지막 지점이라는 의미다.

동물의 역사는 나무의 형태를 하고 있다.[1] 하나의 '뿌리'에서 시간의 흐름을 따라 뻗어 나아가면서 일련의 가지들이 갈라져 나온다. 한 종이 둘로 갈라지고 그 각각의 종이 다시 나뉜다(그전에 멸종하지 않는다면 말이다). 만일 갈라진 한 종의 양쪽 가지가 모두 살아남아 계속해서 갈라진다면, 둘 혹은 그보다 많은 종 집단의 진화로 이어질 수 있다. 각 집단이 다른 집단과 구별할 수 있을 정도로 뚜렷한 차이를 보이면, 그때는 포유류나 조류처럼 우리에게 익숙한 명칭을 붙인다. 오늘날 살아 있는 동물들, 예를 들어 딱정벌레와 코끼리 사이의 차이는 수억 년 전 일어난, 이처럼 작고 대수롭지 않은 갈라짐에서 비롯되었다. 새로운 두 생명체 집단이 생겨났을 때는 비슷했지만, 그 지점부터 독립적인 진화가 시작된다.

멀리서 보면 역삼각형, 혹은 원뿔 모양을 띠고, 내부는 매우 불규칙한 나무를 떠올려 보자. 대략 다음과 같은 모습이다.

　이제 나무 꼭대기의 가지 중 하나에 올라타 아래를 내려다본다고 상상해 보라. 당신이 꼭대기에 있는 이유는 단지 살아 있기 때문이지 우월해서가 아니다. 당신의 주위에는 지금 살아 있는 다른 모든 생명체들이 있다. 당신 가까이에는 침팬지나 고양이 같은 살아 있는 사촌들이 있다. 나무 꼭대기에서 옆으로 더 멀리 보면 먼 관계인 동물을 볼 수 있다. 완전한 '생명의 나무tree of life'에는 식물, 박테리아, 원생동물 등도 있지만, 이 책에서는 동물만 다루기로 하자. 시선을 뿌리 쪽으로 돌려보면, 가까운 조상부터 먼 조상까지 볼 수 있다. 지금 살아 있는 동물이라면 어떻게 고르더라도(예를 들면 당신과 새, 당신과 물고기, 새와 물고기), 이 나무의 선을 따라 내려가서 **공통 조상**을 찾을 수 있다. 공통 조상은 조금만 내려가서 만날 수도 있고, 꽤 아래로 내려가 만날 수도 있다. 인간과 침팬지의 경우에는 매우 일찍 공통 조상을 만난다. 시간으로는 약 600만 년 전에 살았던 조상이다. 매우 다른 동물(이를테면 인간과 딱정벌레)끼리는 그보다 훨씬 더 아래로 내려가야 한다.

나무에 앉아 가까운 친척들과 먼 친척들을 가로질러 바라보면서 이 같은 특징을 지닌 동물을 꼽아보자. 우리가 보통 '똑똑하다'고 생각하는 동물, 커다란 뇌를 가지고 복잡하고 유연한 행위를 할 수 있는 동물들 말이다. 여기에는 분명 침팬지와 돌고래, 그리고 개와 고양이, 인간도 포함될 것이다. 이 동물들은 나무에서 당신과 꽤 가까이 있다. 진화적 관점에서 보면 상당히 가까운 사촌들이라는 말이다. 제대로 꼽았다면 새들도 떠올렸을 것이다. 지난 수십 년간 동물 심리학에서 가장 중요한 발전 중 하나는 까마귀와 앵무새가 얼마나 똑똑한지 밝혀진 것이다. 이들은 포유류는 아니지만 척추동물이다. 침팬지만큼은 아니더라도 우리와 상당히 가까운 존재다. 이 모든 조류와 포유류를 모아놓고 나면, 우리는 이렇게 물을 수 있다. 이 동물들의 가장 최근 공통 조상은 어땠을까, 그리고 언제 살았을까? 이 동물들이 모두 만나는 곳까지 나무를 따라 내려가면, 우리는 누구를 만날 수 있을까?

답은 도마뱀을 닮은lizard-like 동물이다. 이들은 공룡 시대보다 조금 앞선 약 3억 2천만 년 전에 살았다. 척추를 가지고 있었고, 적당한 크기였으며, 뭍에서의 삶에 적응했다. 우리와 유사하게 네 개의 다리, 머리, 골격을 갖추고 있었다. 걸어 다녔고, 우리와 비슷한 감각을 활용했으며, 잘 발달된 중추 신경계를 가지고 있었다.

이제 이 똑똑한 동물(인간을 포함한) 집단과 문어를 이어주는 공통 조상을 찾아보자. 이 동물을 찾으려면 우리는 가지를 따라 훨씬 더 멀리 이동해야 한다. 지금으로부터 약 6억 년 전으로 내려가면 찾을 수 있는 그 동물은, 내가 앞서 묘사한 벌레를 닮은 납작한 생명체다.

이 공통 조상을 찾기 위해 거슬러 내려간 시간은 포유류와 조류의 공통 조상을 찾기 위한 시간의 거의 두 배에 달한다. 인간과 문어의 공통 조상이 살던 시기에는 어떤 생명체도 육지로 진출하지 않았고, 주변의 가장 큰 동물은 해면동물과 해파리였다(몇몇 특이한 동물은 다음 장에서 다룰 것이다).

우리가 이 동물을 찾았다고 가정하고, 이제 이별, 즉 갈라져 나온 그 순간을 지켜본다고 상상해 보자. 뿌연 바다가 보인다. (바다 밑바닥이든 해수층이든) 우리는 이 많은 벌레들이 살아가고 죽고 번식하는 모습을 지켜본다. 알 수 없는 이유로, 그들 중 몇몇이 갈라져 나간다. 우연히 일어난 변화들이 축적되면서 그들은 다른 방식으로 살아가기 시작한다. 시간이 흐르고 그들의 자손은 전혀 다른 몸을 갖도록 진화한다. 가지는 거듭해서 갈라지고, 머지않아 우리는 두 무리의 벌레가 아닌, 진화의 나무에서 뻗어 나온 두 개의 거대한 가지를 목도하게 된다.

물속에서 갈라져 뻗어 나온 가지 한 개는 척추동물로, 그리고 그중에서도 포유류로, 마침내 우리 인간에게로 이어진다. 다른 갈래는 광범위한 무척추동물 종으로 이어진다. 게와 벌, 그리고 그 친척들, 많은 종류의 벌레들, 그리고 조개·굴·달팽이를 포함하는 연체동물 집단이 여기 속한다. 이 가지에 통상 '무척추동물invertebrate'이라 알려진 모든 동물이 포함되지는 않지만,[2] 거미, 지네, 가리비, 나방처럼 우리에게 익숙한 대부분이 속해 있다.

예외는 있지만, 이 가지에 있는 동물은 대부분 상당히 작고, 또한 작은 신경계를 가지고 있다. 곤충과 거미 중 일부는 사회적 행동을 비롯한 매우 복잡한 행동을 보이지만 그들 역시 작은 신경계를 가지고 있다. 이 가지의 동물은 대체로 그렇다. 두족류를 제외하고는. 두족류는 연체동물의 하위 집단이다. 따라서 조개와 달팽이의 친척이다. 하지만 큰 신경계를 진화시켰고, 다른 무척추동물들과 매우 다른 방식으로 행동할 능력을 갖추었다. 그들은 우리와는 완전히 별개의 진화 경로에서 이를 이루어냈다.

두족류는 정신적 복잡성으로만 보자면 무척추동물이라는 바다에 떠 있는 외딴 섬과도 같다. 우리와 두족류의 가장 최근 공통 조상은 너무 단순하고 또한 너무 먼 과거에 존재했다. 그렇기에 두족류의 커다란 뇌와 복잡한 행동의 진화는 **독립적 실험**의 산물이다. 우리가 두족류와 지각을 지닌 존재로서 **조우**contact 할 수 있다면, 그것은 친척 관계이거나 역사를 공유하고 있기 때문이 아니라, 진화가 정신을 두 번 만들어 냈기 때문이다. 두족류와의 조우는 아마도 우리가 지적인 외계인을 만나는 것에 가장 가까운 경험일 것이다.

윤곽

철학의 고전적 문제 중 하나는 정신과 물질의 관계다. 감각, 지능, 의식은 물리적 세계의 어디에 위치해 있을까? 이 책에서 이 광대한 문제에 대해 진전을 이루고자 한다. 나는 진화의 경로를 따라 이 문제에 접근할 것이다. 의식이 생명체 안의 원재료로부터 어떻게 생겨났는지 알고 싶기 때문이다. 영겁의 시간 전, 동물은 바다에서 제멋대로 하나의 단위로 함께 살기 시작한 세포들의 덩어리들 중 하나였다. 하지만 거기서부터, 그들 중 일부는 독특한 삶의 방식을 취했다. 그들은 이동하고, 움직이고, 눈, 더듬이, 주변 물체를 조작하는 도구를 돋아나게 했다. 그들은 벌레의 기어 다니기, 각다귀의 윙윙거림, 고래의 항해 능력을 진화시켰다. 이 모든 것의 일부로서 알 수 없는 단계에서 **주관적 경험** subjective experience의 진화가 도래했다. 어떤 동물에게는, 그 동물로서 **존재한다는 느낌**이 있다. 현재 일어나는 일을 경험하는 일종의 자아self가 있다는 말이다.

나는 모든 종류의 경험이 어떻게 진화했는지에 관심이 있지만, 이 책에서는 특별히 두족류를 중요하게 다룰 것이다. 무엇보다 그들이 너무나 놀라운 생명체이기 때문이다. 만약 그들이 말을 할 수 있다면 우리에게 많은 것을 말해 줄 수 있었을 것이다. 하지만 그 이유만으로 두족류가 이 책 속을 기어다니고 헤엄치는 것은 아니다. 이 동물들을 관찰하며 철학적 문제에 접근하는 방식을 만들어 냈다. 바닷속에서 그들을 따라다니며 그들이 무엇을 하고 있는지 알아내려는 노력은 나의 철학적 여정의 중요한 부분이었다. 동물의 정신에 대한 질문에 접근하다 보면, 우리 자신의 관점에 너무 많은 영향을 받기 쉽다. 우리보다 단순한 동물들의 삶과 경험을 상상할 때, 우리는 종종 우리 자신의 다운그레이드 버전을 떠올린다. 두족류와의 조우는 전혀 다른 일이다. 그들에게 세계는 어떻게 보일까? 문어의 눈은 인간과 비슷하다. 조절 가능한 렌즈로 초점을 맞춰 망막에 상$_{image}$을 투영하는 카메라 같은 구조다. 눈의 구조는 비슷하지만 그 뒤의 뇌는 거의 모든 면에서 다르다. 우리가 **다른 존재**$_{other}$의 정신을 이해하고 싶다면, 두족류의 정신이 가장 적절할 것이다.

철학은 육체와 가장 거리가 먼 작업 중 하나다. 그것은 순전히 정신만으로 할 수 있는 종류의 일이다. 관리해야 할 장비도 없고, 연구 현장이나 야외 실험장도 없다. 잘못되었다는 말은 아니다. 수학이나 시 또한 그렇듯 말이다. 하지만 이 책의 작업에서는 신체적 측면이 무척 중요했다. 나는 우연히 물속에서 시간을 보내다가 두족류를 마주쳤다. 그들을 따라다니기 시작했고, 그러다 보니 그들의 삶에 대해 생각하게 되었다. 이 작업은 그들의 존재와 육체적 예측 불가능성에 많은 영향을 받았다. 다이빙 장비, 가스, 수압, 청록색 빛 속에서 중력이 완화되는 느낌 등, 물속에 있기에 따르는 수많은 현실적 문제에도 영향을 받았다. 이런 것들에 대처하기 위한 인간의 노력은 육지에 사는 생명과 물에서 사는 생명의 차이를 말해 준다. 심지어 바다는 정신의 고향, 적어도 최초의 정신이 어렴풋하게 나타난 곳임에도 말이다.

이 책 첫머리의 제사문epigraph에 나는 철학자이자 심리학자 윌리엄 제임스William James가 19세기 말에 쓴 글을 인용했다.[3] 제임스는 우주에 어떻게 의식이 존재하게 되었는지 이해하고 싶어 했다. 그는 이 문제에 대해 생물학적 진화를 넘어 전우주적 진화를 포함하는 넓은 의미의 진화적 방향성을 지지했다. 그는 갑작스런 등장이나 진화적 도약 같은 요소를 배제하고, 우리에게 연속성과 이해 가능한 전환에 기반한 이론이 필요하다고 생각했다.

나 역시 제임스처럼 정신과 물질 사이의 관계를 이해하고 싶다. 그리고 점진적 발전의 이야기가 우리에게 필요하다고 생각한다. 이쯤 되면, 이미 그런 이야기는 어느 정도 알고 있다고 말하는 이가 등장할지도 모르겠다. 뇌가 진화하고, 더 많은 뉴런이 더해지면서 어떤 동물은 다른 동물보다 더 똑똑해졌다는, 뭐 그런 얘기 아니겠냐고. 하지만 그렇게 말하는 것은 가장 답하기 어려운 질문을 회피하는 태도다. 어떤 종류의 주관적 경험을 갖게 된 최초의 가장 단순한 동물은 무엇이었을까? 예를 들면, 어떤 동물이 처음으로 손상을 **느꼈을까**, 고통스러웠을까? 큰 뇌를 가진 두족류로 **존재하는 것**이 무언가처럼 느껴질까,[4] 아니면 그들은 그저 내면이 어두컴컴한 생화학적 기계일 뿐일까? 세계에는 두 가지 측면이 있다. 이 둘은 분명 연결되어 있어야 하는데, 어떻게 연결되는지 우리는 아직 이해하지 못한다. 하나는 주체가 느끼는 감각과 의식이다. 다른 하나는 물질과 에너지로 이루어진 생물학, 화학, 물리학의 세계다.

　이 책에서 이 모든 문제들을 완전히 해결하지는 못할 것이다. 하지만 감각, 신체, 행위의 진화를 그려봄으로써 진전을 이루는 것은 가능하다. 그 과정 어딘가에 정신의 진화가 놓여 있다. 그러므로 이 책은 철학책이며, 동시에 동물과 진화에 관한 책이다. 이 책이 철학책이라고 해서 어떤 난해하고 접근 불가능한 영역만을 다루지는 않는다. 철학은 대체로 사물을 **통합**하려는 노력이다. 매우 큰 퍼즐의 조각들을 모아 뭔가 말이 되게 만드는 것이다. 좋은 철학은 기회주의적이다. 어떤 정보든, 어떤 도구든 유용해 보인다면 모두 활용한다. 이 책을 읽어나가면서 당신이 눈치채지 못하는 사이에 몇 번이고 철학의 안팎을 오가기를 바란다.

　그러므로 이 책은 정신 그리고 정신의 진화를 넓고도 깊게 다룰 것이다. **넓이**는 다양한 종류의 동물들에 대해 생각한다는 의미이다. **깊이**는 시간의 깊이를 말한다. 이 책이 생명의 역사에 걸친 장구한 시간과 그 안에서 이어진 연속적인 체제_regime_를 아우르기 때문이다.

　내가 두 번째 제사문으로 사용한 진화 이야기는 인류학자 롤랜드 딕슨_Roland Dixon_이 하와이인들에게서 채록한 것이다.[5] "처음에는 원시적인 식충류 _zoophyte_*와 산호가 나타나고, 벌레와 조개류가

* 산호·해파리 등 동물과 식물의 중간으로 여겨졌던 생물들을 가리키는 19세기 용어로 현재는 폐기되었다. ─옮긴이

그 뒤를 따른다. 새로 나타난 생물은 앞선 생물을 정복하고 파괴한다고 전해진다…" 딕슨이 그린 차례로 전개되는 정복의 이야기는 실제 생명의 역사와는 다르다. 문어가 '과거의 세계에서 온 유일한 생존자'도 아니다. 하지만 문어는 정신의 역사에서 특별한 존재다. 그들은 생존자가 아니라 과거에 존재했던 정신의 두 번째 발현expression이다. 문어는 『모비딕』의 이슈마엘처럼 혼자 살아남아 이야기를 전하는 자가 아니다. 다른 계보를 타고 내려온 우리의 먼 친척이며, 그로 인해 다른 이야기를 들려줄 이들이다.

2. 동물의 역사

시작

지구의 나이는 약 45억 년이고,[1] 생명은 아마도 38억 년 전쯤 시작되었다. 동물은 훨씬 나중에 등장했는데, 10억 년 전이라는 의견도 있지만 아마도 그보다도 한참 나중일 가능성이 크다. 따라서 생명은 지구 역사의 대부분의 기간 동안 존재했지만 동물은 그렇지 않다. 광대한 시간 동안 지구의 생명이라곤 바닷속 단세포 생물이 전부였다. 그 생물들은 오늘날에도 생물의 대다수를 차지하며, 여전히 정확히 같은 형태로 이어지고 있다.

동물이 등장하기 이전의 이 긴 시대를 그려본다면, 처음에는 단세포 생물을 고독한 존재로 상상할 것이다. 그저 떠다니며, (어떻게든) 먹이를 먹고, 둘로 분열하는 것 외에는 아무것도 하지 않는 무수히 많은 작은 섬들로 말이다. 하지만 지금도 그리고 아마도 과거에도, 단세포 생명의 삶은 생각보다 복잡하게 얽혀 있다. 이 생물 중 많은 수가 때로는 단지 공존하며, 때로는 긴밀히 협력하며 다른 생물과 함께 살아간다. 초기 협력 관계 중 일부는 너무나 긴밀한 나머지[2] 사실상 '단세포' 생물의 삶의 방식과 달랐을 수도 있지만, 그렇다고 우리같은 동물처럼 신체를 이루는 방식과는 멀었다.

이 세계를 그려볼 때, 동물이 없으니 행위도 없고 외부 세계를 감각할 수도 없다고 예단할 것이다. 이번에도 틀렸다. 단세포 생물은 감각하고 반응할 수 있다.[3] 그들이 하는 일의 대부분은 아주 넓은 의미에서만 **행위**action로 볼 수 있다. 그들은 주변에서 일어나는 일을 감지하고, 그에 대한 반응으로 어떻게 움직일지, 어떤 화학물질을 만들지를 제어할 수 있다. 어떤 생물이든 이렇게 하려면, 한 부분이 **수용적**receptive, 다시 말해 보거나 냄새를 맡거나 들을 수 있어야 한다. 그리고 다른 부분은 **능동적**active이어서 유용한 무언가를 일으킬 수 있어야 한다. 또한 생물은 이 두 부분 사이를 어떻게든 연결하는 호arc를 확립해야 한다.

우리 주변에는 물론 몸 속에 엄청난 수가 살고 있는 대장균E. coli에서 이 같은 시스템이 발견되었고, 가장 많이 연구되었다. 대장균은 미각, 또는 후각이라고 부를만한 감각을 갖고 있다. 주변의 선호하는 화학물질과 반갑지 않은 화학물질을 감지하고, 그 화학물질의 농도가 높은 쪽으로 이동하거나 멀어지는 식으로 반응한다. 대장균의 감각기는 세포 외막을 관통하여 내외부를 연결하는 분자의 집합이다. 대장균 세포의 겉면에는 이 감각기들이 배열되어 있다. 이것이 시스템의 '입력input' 부분이다. '출력output' 부분을 담당하는 **편모flagella**는 세포가 헤엄치는 데 사용하는 가늘고 긴 실 같은 기관이다. 대장균은 **달리거나run 구르는tumble** 두 가지 주요 동작을 한다. 달릴 때는 직선으로 움직이고, 구를 때는 (예상할 수 있듯이) 무작위로 방향을 바꾼다. 세포는 이 두 활동을 끊임없이 전환하지만, 먹이의 농도가 증가하는 것을 감지하면 구르는 횟수가 줄어든다.

박테리아 한 개체는 너무 작기에, 감각기만으로는 이로운 화학물질이나 해로운 화학물질이 어디에서 오는지 방향을 전혀 알 수 없다. 이 문제를 극복하기 위해 박테리아는 시간차를 이용하여 공간을 가늠한다. 세포는 특정 순간 화학물질이 얼마나 존재하는지 보다는 그 화학물질의 농도가 증가하는지 감소하는지에 관심이 있다. 결국 세포가 단지 선호하는 화학물질의 농도가 높다는 이유로 직선으로만 헤엄친다면, 어느 방향을 향하고 있는지에 따라 화학물질의 천국에 들어가는 대신 멀어질 수도 있다. 박테리아는 이 문제를 독창적인 방식으로 해결한다. 그들은 자신의 세계를 감각할 때, 하나의 메커니즘으로 지금 상황을 읽어내고, 다른 메커니즘으로 조금 전 상황의 기록을 저장해서 둘을 비교한다. 박테리아는 조금 전과 지금을 비교해서 선호하는 화학물질의 상태가 **더 낫다고** 여겨지면 계속 달릴 것이다. 그렇지 않다면, 경로를 수정하는 편이 나을 것이다.

박테리아는 여러 종류의 단세포 생명체 중 하나이고, 모여서 동물을 만드는 세포에 비해 여러 면에서 더 단순하다. 진핵생물eukaryotes이라고도 하는 이 세포들은 박테리아보다 크고, 정교한 내부 구조를 가지고 있다.[4] 15억 년 전에 나타났다고 추정되는 진핵생물은 박테리아 같은 작은 세포가 다른 세포를 삼키는 과정에서 탄생했다. 많은 경우에 단세포 진핵생물은 맛을 보고 헤엄치는 능력을 더 복잡하게 가지고 있다. 그리고 특히 중요한 감각에도 거의 근접해 있다. 바로 시각이다.

생명체에게 빛은 두 가지 의미를 지닌다.[5] 빛은 많은 생명체에게 본질적으로 중요한 자원이자 에너지원이다. 빛은 또한 다른 사물을 식별하는 데 필요한 정보의 원천이다. 우리에게 너무나 친숙한 이 두 번째 의미를 작은 생물이 갖기는 쉽지 않다. 단세포 생물이 빛을 사용하는 방법은 마치 식물처럼 일광욕을 하고, 그 태양광을 에너지로 사용하는 것이다. 많은 박테리아가 빛을 감각하고 그에 반응할 수 있다. 너무 작은 생물은 빛을 통해 어떤 이미지를 보기는 커녕, 빛이 어느 방향에서 오는지도 판단하기 어렵다. 하지만 다양한 단세포 진핵생물, 그리고 아마도 몇몇 특별한 박테리아는 원시적인 **시각**을 갖고 있다. 진핵생물의 빛을 감지하는 부분인 '안점eyespots'은, 들어오는 빛을 차단하거나 한 점으로 모아 더 많은 정보를 제공하는 구조와 연결되어 있다. 어떤 진핵생물은 빛을 찾아다니지만, 어떤 종류는 빛을 피한다. 둘 사이를 오가는 생물도 있다. 에너지를 받아들이고 싶을 때는 빛을 따라가고, 에너지 공급이 충분할 때는 피한다. 빛이 너무 강하지 않을 때는 빛을 찾고 위험할 정도로 강한 빛을 피하기도 한다. 이런 반응을 하는 진핵생물은 모두 세포가 헤엄칠 수 있게 하는 메커니즘과 안점을 연결하는 제어 시스템을 갖고 있다.

이 작은 생물들이 하는 감각의 목표는 대부분 먹이를 찾고 독소를 피하는 것이다. 하지만 대장균에 대한 가장 초기 연구에서조차, 다른 무언가가 진행되고 있는 것처럼 보였다. 그들은 먹을 수 없는 화학물질에도 이끌렸다.[6] 이 같은 생물들을 연구하는 생물학자들은 이제 박테리아가 단순히 먹을 수 있고 먹을 수 없는 화학물질에 반응하는 것이 아니라, 주변의 다른 세포들의 존재와 활동을 감지한다고 본다. 박테리아 세포의 표면에 있는 수용체는 많은 것들을 감지하는데, 이중에는 박테리아 자신들이 여러 이유로(때로는 그저 대사 과정의 과잉으로) 배설하는 화학물질도 있다. 그리 대단치 않게 보일 수도 있지만, 중요한 가능성을 열어준다. 똑같은 화학물질을 감지하고 생산할 수 있다면, 세포들 사이의 협응의 가능성이 생긴다. 우리는 방금 사회적 행동의 탄생에 다다랐다.

일례로 쿼럼 센싱quorum sensing을 들 수 있다.[7] 어떤 박테리아가 특정한 화학물질을 생산하고 동시에 감지한다면, 그 박테리아는 이 화학물질을 이용하여 같은 종의 개체가 주변에 얼마나 많이 있는지를 판단할 수 있다. 만약 많은 세포들이 동시에 만들 때만 효과를 발휘하는 화학물질이 있다면, 이를 이용해 그것을 효과적으로 만들 수 있을 만큼 충분한 박테리아가 근처에 있는지도 판단할 수 있다.

밝혀진 쿼럼 센싱의 초기 사례 중 하나는 마치 이 책을 위해서인 듯 바다, 그리고 두족류가 관련되어 있다. 하와이오징어 Hawaiian squid 안에 사는 박테리아는 화학반응으로 빛을 만들어 내는데, 이 반응을 같이 할 박테리아가 주변에 충분히 많을 때만 그렇게 한다. 박테리아는 **유도체**inducer 분자의 국소 농도를 감지하여 발광을 조절한다. 이 유도체 역시 박테리아가 생성하며, 각 개체에게 얼마나 많은 잠재적 발광체가 주변에 있는지에 대한 감각을 제공한다. 박테리아는 빛을 낼 때와 마찬가지로, 이 화학 물질을 더 많이 **감지**할수록 더 많이 **만든다**는 규칙을 따른다.

빛이 충분할 만큼 생성되면 박테리아를 몸 안에 지닌 오징어는 위장이라는 이익을 얻는다. 오징어는 밤에 사냥을 나서기 때문에, 몸통의 달그림자가 바다 아래 포식자에게 드리울 것이다. 이때 몸에서 나오는 빛이 그림자를 상쇄시킨다. 그 보상으로 박테리아가 얻는 이익은 오징어가 제공하는 쾌적한 거주 공간이다.

이처럼 생명 역사의 초기 단계들을 생각할 때는 물속이라는 배경을 염두에 두어야 한다.[8]—다만 지금 우리가 다루는 진화 이야기의 시점은 오징어가 나타나기 한참 전이다. 생명의 화학 작용은 물속에서 이루어진다. 우리는 엄청난 양의 짠물을 몸 속에 가지고 올라왔기에 육지에서 살아올 수 있었다. 그리고 이 초기 단계에서 이루어진 많은 진화적 행보, 즉 감각, 행위, 협응을 탄생시킨 움직임은 바다의 자유로운 화학물질 이동에 의존했을 것이다.

지금까지 우리가 만난 모든 세포는 외부 환경에 감응했다. 일부는 같은 종의 생물까지도 내가 아닌 **다른 생명체**라면 특별히 감응한다. 이들 중 일부 세포는 단지 부산물이 아닌, **지각되기 위해 만드는** 화학물질에 감응한다. 이 마지막 종류의 화학물질, 즉 다른 존재가 지각하고 반응하도록 만드는 화학물질은, 우리를 신호 보내기signaling와 의사소통communication의 문턱으로 데려간다.

두 경계에 다다랐다. 단세포 수생 생물의 세계에서 개체들이 어떻게 주변을 감각하고 다른 이들에게 신호를 보내는지 보았다. 하지만 우리는 이제 단세포 생명에서 다세포 생명으로의 전이를 살펴보려 한다. 이 전이가 시작되면, 한 생명체와 다른 생명체를 연결했던 신호 보내기와 감각하기는 이제 새롭게 나타난 생명 형태 **내부**에서 일어나는 새로운 상호작용의 기반이 된다.[9] 생명체들 사이의 감각과 신호 보내기는 이제 한 생명체 내부에서 이루어진다. 세포가 외부 환경을 감각하기 위해 사용했던 도구가, 한 생명체 내의 다른 세포들이 무엇을 하고 있고, 무엇을 말하고 있는지를 감각하는 수단이 된다. 이제 세포의 **환경**은 주로 다른 세포들로 구성되어 있다. 새롭게 등장한 더 큰 생명체의 생존 가능성은 세포들 사이의 협응에 달렸다.

함께 살아가기

동물은 다세포 생물이다. 우리는 몸 속에 조화롭게 작동하는 수많은 세포를 품고 있다.[10] 동물의 진화는 몇몇 세포가 자신의 개체성을 포기하고 거대한 공동체의 일원이 되면서 시작되었다. 단세포 생명에서 다세포 생명으로의 전환은 여러 차례 일어났다. 한 번은 동물로, 한 번은 식물로, 또 다른 경우에는 곰팡이, 다양한 해조류, 그리고 눈에 덜 띄는 생물로 이어졌다. 동물은 홀로 떠돌던 세포들이 만나며 시작되지 않았다. 그보다는 세포 분열 과정에서 딸세포가 제대로 분리되지 않은 세포에서 기원했다는 의견이 우세하다. 보통 단세포 생물이 둘로 나뉠 때 딸세포들은 각자의 길을 가지만, 항상 그렇지는 않다. 한 세포가 분열한 뒤에도 함께 머물면서 세포들이 덩어리지고, 이 과정이 여러 번 반복된다고 상상해 보라. 이 뭉텅이 속 세포들은 아마도 바닷속을 함께 떠다니며 다른 박테리아를 잡아먹었을 것이다.

생명의 역사에서 그 다음 단계가 어떤지는 분명치 않다.[11] 서로 다른 종류의 증거에 기반한 몇 가지 시나리오가 경쟁 관계에 있다. 다수설인 한 시나리오에서는, 이 세포 뭉텅이 중 일부가 떠다니는 삶을 그만두고 해저에 정착했다. 거기서 이들은 몸 속의 관을 통해 물을 걸러내며 먹이를 섭취하기 시작했다. 그 결과 해면동물로 진화했다.

해면동물이라고? 그보다 우리 조상이라고 믿기에 어려운 존재를 고르기도 힘들 것이다. 무엇보다 해면동물은 운동 능력이 없다. 벌써 막다른 길에 다다른 것만 같다. 하지만 움직이지 않는 것은 오직 성체가 된 해면동물이다. 유생은 다르다. 그들은 정착할 장소를 찾아 헤엄친다. 해면동물 유생은 뇌가 없지만, 몸에 주변 세계의 냄새를 맡는 감각기가 있다. 아마도 유생 중 일부는 정착하지 않고 **계속** 헤엄치기로 선택했을 것이다. 그들은 계속 움직이며, 물속을 떠다니는 동안 성적으로 성숙했고, 새로운 종류의 생명이 시작되었다. 그들은 해저에 눌러앉은 친척들을 뒤로 하고 다른 모든 동물의 어미가 되었다.

방금 소개한 시나리오는 해면동물이 현재 생존한 동물 중 우리의 가장 먼 친척이라는 견해에 영향을 받았다. 먼 친척이라는 말은 **오래되었다**는 의미는 아니다. 오늘날의 해면동물도 우리만큼이나 긴 시간 동안 진화를 거쳐 왔다. 그런데 만약 여러 이유로, 정말 해면동물이 매우 초기에 갈라져 나왔다면, 이들이 최초의 동물이 어땠을지에 대한 실마리를 제공해줄 수 있을 것이다. 그러나 최근의 연구는 해면동물이 우리와 가장 먼 친척이 아닐 수도 있다고 말한다. 최초의 동물이라는 영예는 **빗해파리**comb jellies 에게 돌아갈 가능성이 생겼다.

빗해파리는 유즐동물ctenophore이라고도 불리며 매우 섬세한 해파리처럼 생긴 동물이다. 거의 투명에 가까운 구체 형태의 몸에 머리카락처럼 얇은 가닥으로 이루어진 화려한 띠를 두르고 있다. 빗해파리는 해파리의 사촌으로 여겨져 왔지만, 이는 외견

상 닮은 점들 때문에 생긴 오해다. 그들은 해면동물보다도 먼저 서로 다른 동물로 갈라져 나갔을 것이다. 그렇다고 해도, 우리 조상이 지금의 빗해파리처럼 생겼다고 말할 수는 없다. 하지만 빗해파리 시나리오는 초기 진화 단계에 대한 다른 그림을 제시한다. 마찬가지로 세포 뭉텅이에서 시작하지만, 이번에는 이 뭉텅이가 얇은 막이 되어 구체 형태로 접히고, 물속을 부유하며 단순한 리듬에 맞추어 헤엄치는 모습을 상상해보라. 동물의 진화는 거기서부터 시작되었다. 모든 동물의 어미가 이번에는 정착을 거부하고 꿈틀거리는 해면동물 유생이 아닌, 물속을 부유하는 유령 같은 모습을 하고 있다.

다세포 생물이 등장하면서, 한때 독립된 생물이었던 세포들이 더 큰 단위의 일부로서 작동하기 시작했다. 새로운 생물이 단순히 붙어 있는 세포 뭉텅이 이상이 되려면, 협응이 필요하다. 앞서 나는 단세포 생명에서 볼 수 있는 감각과 행위의 형태를 설명했다. 다세포 생물에서 이 감각 및 행동 시스템은 더 복잡해진다. 더 나아가, 이 새로운 존재, 즉 동물의 몸이라는 **존재**가 그런 감각과 행위 능력에 달려 있다. 생명체들 사이의 감각과 신호 보내기는 이제 생명체 내부의 감각과 신호 보내기로 이어진다. 한때 독립된 생물로 살았던 세포들의 **행동** 능력은 새로운 다세포 생물 내부의 협응의 기반이 된다.

협응은 동물 안에서 여러 역할을 갖게 되었다. 한 가지 역할은 식물 같은 다른 다세포 생물에서도 볼 수 있는데, 세포 사이의 신호 전달이 생물을 **이루는**, 다시 말해 그 생물이 존재하게 하는 것이다. 또 다른 역할은 그보다 일찍부터 등장했고, 특히 동물 생명의 특징이기도 하다. 거의 모든 동물에서, 일부 세포들 사이의 화학적 상호작용은 크고 작은 **신경계**의 기반이 되었다. 몇몇 동물에서는 화학적 상호작용을 하는 세포들이 한 곳에 모인다. 새로운 쓰임을 얻은 신호들이 화학-전기적 폭풍을 일으키며 불꽃처럼 튄다. 그것은 뇌가 된다.

뉴런과 신경계

신경계는 여러 부분으로 이루어져 있고, 그중 가장 중요한 부분은 **뉴런**neurons이라고 하는 특이하게 생긴 세포들이다. 뉴런의 긴 가닥과 정교한 가지들은 우리 머리와 몸속에 미로처럼 얽혀 있다.

뉴런의 활동은 두 가지 요소를 바탕으로 한다. 하나는 전기적 흥분성인데, 특히 연쇄 반응으로 세포를 따라 이동하는 전기적 경련인 **활동전위**action potential에서 나타난다. 다른 하나는 화학적 감각과 신호 보내기다. 뉴런은 자신과 다른 뉴런 사이의 틈새, 다시 말해 '간극cleft'으로 미량의 화학물질을 분사한다. 반대편에서 이 화학물질을 감지하면, 인접한 세포에 활동전위를 촉발시킬 수 있다(어떤 경우에는 억제한다). 이 화학적 활동은 고대의 생물 사이에서 하던 신호 보내기가 내부로 들어온 결과이다.

활동전위 역시 동물이 진화하기 전부터 세포 안에 존재했고, 오늘날에도 동물 외의 세포에도 존재한다. 활동전위는 19세기에 찰스 다윈Charles Darwin의 주도 하에 최초로 측정이 이루어졌는데, 대상은 파리지옥풀Venus flytrap이라는 식물이었다. 몇몇 단세포 생물도 활동전위를 갖고 있다.

신경계는 일반적인 세포 간 신호 전달이 아닌 특정한 종류의 신호 전달을 가능하게 만들었다.[12] 무엇보다 신경계는 **빠르다**. 파리지옥풀 같은 몇몇 경우를 제외하면, 식물은 느리게 작동한다. 둘째, 뇌 또는 몸 속에 있는 뉴런은 길고 가느다란 돌기를 통해 어느 정도 거리가 먼 곳의 **특정한** 세포에 영향을 미칠 수 있다. 진화는 세포들 사이의 신호 보내기를 바꾸어 놓았다. 전에는 세포들이 가까이 있는 누구에게든 무차별적으로 신호를 보냈다면, 이제는 조직화된 네트워크처럼 작동한다. 그 결과로 우리처럼 발달한 신경계에서는 끊임없는 전기적 소란이 일어난다. 수많은 세포가 각각 미세하게 경련하지만, 세포 사이 틈새를 가로지르는 화학물질 분사로 서로 연결되어 하나의 교향곡을 이룬다.

이 내면의 소란은 **비싸다**. 뉴런은 작동과 유지에 많은 에너지가 든다. 전기적 경련은 매초 수백 번씩 배터리를 충전하고 방전하는 것과 같다. 우리 같은 동물은 음식으로 섭취하는 에너지의 상당 부분, 인간의 경우 거의 4분의 1이 오직 뇌를 작동시키는 데에 쓰인다. 모든 신경계는 매우 사치스러운 장치인 셈이다. 곧 이 장치가 언제 어떻게 진화했는지, 그 역사에 대해 톺아볼 것이다. 하지만 먼저, **왜**라는 질문에 답해보자.

뇌 혹은 어떤 종류건 신경계를 갖고 있는 게 그만한 가치가 있는 일일까? 대체 신경계는 뭘 위해서 필요할까? 지금 소개할 두 관점이 사람들의 생각의 길잡이가 되어줄 수 있을 것이다.[13] 이 관점들은 과학 연구에서 볼 수 있고 철학에도 스며들어 있을 정도로 뿌리깊다. 첫 번째 견해에 따르면, 신경계의 최초의 기능이자 가장 기본적인 기능은 **지각**perception을 **행위**와 연결하는 것이다. 뇌는 행위를 이끌기 위한 것이고, 행위를 유용한 방향으로 '이끄는' 유일한 방법은 발생한 일과 본 것(그리고 만지고 맛본 것)을 연결하는 것이다. 감각은 주변 환경에서 일어나는 일을 포착하고, 신경계는 이 정보를 이용해서 무엇을 할지 결정한다. 나는 이것을 신경계와 그 기능에 대한 **감각-운동**sensory-motor적 관점이라고 부르겠다.

한 쪽에 감각이 있고 다른 쪽에 '반응기effector' 메커니즘이 있다면, 감각이 얻은 정보를 사용해서 그 틈새를 잇는 무언가가 있어야 한다. 앞서 사례에서 보았듯이 **대장균**도 이 같은 구조를 갖고 있다. 동물은 그보다 복잡한 감각을 갖고 있고, 더 복잡한 행위를 하며, 감각과 행위를 연결하는 더 복잡한 장치를 지녔다. 신경계는 복잡해졌지만, 감각-운동적 관점에 따르면 처음부터 지금까지 계속 신경계의 핵심 역할은 연결이었었다.

이 첫 번째 관점은 너무나 직관적이어서 다른 관점의 여지가 없어 보일 수도 있다. 그런데 첫 번째 관점보다 놓치기 쉬운 다른 관점이 있다. 당신의 외부에서 일어나는 사건에 대한 반응으로 행위를 수정하는 것은 필요한 일이다. 그런데, 일어나야 할 일이 또 있다. 그리고 어떤 상황에서는 그것이 더 단순하지만 달성하기도 더 어렵다. 그것은 바로 **행위 그 자체의 창조**다.[14] 가장 처음의 행위는 어떻게 가능할까?

바로 앞에서 나는 이렇게 말했다. 당신은 무슨 일이 일어나고 있는지 감각하고 그에 대한 반응으로 무언가를 한다. 하지만 수많은 세포로 이루어져 있는 당신이 무언가를 **하는** 것은, 사소한 문제가 아니며, 당연히 된다고 말할 수 있는 것도 아니다. 무언가를 할 때 당신의 부분들 사이에 고도의 협응이 필요하다. 당신이 단세포 박테리아라면 큰일이 아니지만, 커다란 생물이라면 사정이 다르다. 당신의 작고 무수한 일부분들이 만들어 내는 미세한 수축, 뒤틀림, 경련들을 가지고 한 개체의 차원에서 행위를 만들어 내야 하는 과제에 직면한다. 무수한 **미세-행위**들을 **거시-행위**로 빚어내야 하는 것이다.

이 같은 문제는 우리가 사회 생활에서 겪는 팀워크 문제처럼 친숙하다. 축구 팀의 선수들은 한 몸처럼 움직여야 하는데, 이는 상대 팀이 아무 것도 하지 않더라도 꽤 어렵다. 오케스트라 역시 같은 문제를 해결해야 한다. 축구 팀과 오케스트라가 직면하는 문제를 일부 개별 생명체도 마주하는데. 그중에서도 동물이 그렇다. 이는 다세포 생물만의 문제이며, 그중에서도 복잡한 행위를 하는 경우에만 겪는 일이다. 박테리아나 해조류에게는 문제조차 되지 않는다.

앞서 나는 뉴런들 사이의 상호작용을 일종의 신호 전달로 다루었다.[15] 완벽한 비유는 아닐지라도 초기 신경계의 역할에 대한 이 두 가지 견해를 이해할 때도 도움이 되어준다. 헨리 워즈워스 롱펠로우Henry Wadsworth Longfellow가 (상당한 시적 허용과 함께) 들려 주는 1775년 미국 독립전쟁 발발 당시의 폴 리비어Paul Revere 이야기를 떠올려 보자. 보스턴의 올드노스 교회의 교회지기는 영국군의 움직임을 관찰할 수 있었고, 등불 암호를 사용해 폴 리비어에게 메시지를 보냈다('하나면 육로로, 두 개면 바다로 옵니다'). 여기서 교회지기는 감각기처럼, 리비어는 근육처럼, 교회지기의 등불은 신경의 연결처럼 작동했다.

리비어의 이야기는 흔히 소통의 구조를 명확히 보여 주는 예시로 쓰이고, 실제로도 그렇다. 하지만 이 이야기는 소통을 너무 좁은 의미로 보게 만든다. 외부의 문제를 해결하는 소통만 생각하게 만드는 것이다. 다른 상황을 떠올려보자. 당신이 여러 사람과 함께 배에 타고 있고, 각자 노 하나씩을 붙잡고 있다고 하자. 노 젓는 이들은 함께 배를 앞으로 나아가게 할 수 있지만, 서로 협응하지 않으면 아무리 힘차게 젓더라도 배는 나아가지 않는다. 언제 노를 당기는지는 중요하지 않다. 중요한 건 다 같이 동시에 당기는 것이다. 이런 상황에 대처하는 한 가지 방법은 누군가가 **스트로크**를* 외치는 것이다.

일상 속 소통은 두 역할 모두를 담당한

* 노 젓기의 한 동작 주기를 가리키는 말로, 타수가 리듬을 맞추기 위해 외치는 구령이다. ─옮긴이

다. 교회지기와 리비어 같은, 다시 말해 감각-운동적 역할은 보는 이와 행위하는 이 사이의 분업에 기반한다. 또한, 노 젓는 이들 예시에서 볼 수 있듯 순전한 협응의 역할을 한다. 이 두 역할은 동시에 수행될 수 있고 충돌하지 않는다. 배를 움직이게 하려면 미시-행위들의 협응이 필요하고, 동시에 누군가는 또한 보트가 어디로 가고 있는지 지켜봐야 한다. **스트로크**를 외치는 사람, 흔히 '키잡이$_{cox}$'라고 불리는 사람은 승무원의 눈 **그리고** 미시-행위의 조정자 역할을 수행한다. 같은 조합을 신경계에서도 볼 수 있다.

이 두 가지 역할 사이에 본질적 충돌은 없지만, 이 둘을 구분하는 것은 중요하다. 20세기 전반에 걸쳐 감각-운동적 관점이 신경계 진화에 대한 견해를 지배했고, 내부 협응에 기초한 두 번째 관점이 명확해지기까지는 시간이 걸렸다. 1950년대에 들어 영국의 생물학자 크리스 팬턴$_{Chris Pantin}$이 두 번째 견해를 발전시켰고,[16] 최근에는 철학자 프레드 카이저$_{Fred Keijzer}$가 이 관점을 되살렸다. 이들은 첫 번째 관점만을 따른다면 각각의 **행위**를 완성된 하나의 단위로 보는 습관에 빠지기 쉽다고 비판했다. 정확한 지적이다. 행위를 단일한 단위로 본다면, 언제 X가 아닌 Y 행동을 해야 할지 같은 행동과 감각을 협응시키는 문제만 남게 된다. 더 크고 많은 일을 할 수 있는 생명체 대상으로는 이런 관점은 점점 더 부정확해진다. 이 관점은 생물이 애초에 X나 Y를 어떻게 실행하는지, 그 행위를 어떻게 만들어 내는지의 문제를 무시하기 때문이다. 감각-운동적 이론에 대한 대안을 제시한 것은 옳았다. 나는 이를 초기 신경계가 수행한 역할에 대한 **행위-형성**action-shaping적 관점이라고 부르겠다.

다시 역사로 돌아가자. 처음으로 신경계를 가진 동물은 어떻게 생겼을까? 이들의 삶을 어떻게 그려야 할까? 우리는 아직 이에 대한 답을 찾지 못했다. 이 영역에 대한 많은 연구는 해파리, 말미잘, 산호 등이 속한 **자포동물**cnidarians에 집중돼 있다. 자포동물은 인간과 계통상 매우 먼 종이지만, 해면동물만큼 멀지는 않으며 신경계를 갖고 있다. 생명의 나무에서 동물이 최초로 갈라져 나온 사건은 아직 대부분이 불분명하다. 최초로 신경계를 가진 동물은 해파리와 **비슷**했을 것이라고 생각하는 것이 일반적이다. 즉 껍데기나 골격이 없고, 부드러우며, 아마도 물속을 떠다니는 무언가였을 것이다. 신경 활동의 리듬이 처음으로 시작된, 얇고 투명한 전구를 상상하면 비슷할 것이다.

최초의 동물은 아마도 약 7억 년 전에 나타났을 것이다. 이 시기는 순전히 유전적 자료를 근거로 추정한 것이며, 이만큼 오래된 동물의 화석은 존재하지 않는다. 이 시대의 암석들을 보면 모든 것이 잠잠하고 고요했다고 생각할 것이다. 하지만 DNA 자료는 동물 역사의 많은 중요한 분기점이 바로 이 시기에 발생했음을 강하게 시사하고 있다. 이는 이 시기에 동물들이 무엇인가를 하고 있었음을 뜻한다. 이 중요한 시대에 대해 불확실한 점이 많다는 사실은 뇌와 정신의 진화를 이해하고자 하는 사람에겐

답답한 일이다. 하지만 현재에 가까워질수록 직접적인 증거가 많아지기에, 그림은 명확해진다.

정원

1946년, 호주의 지질학자 레지널드 스프리그Reginald Sprigg는 사우스 오스트레일리아주의 외딴 오지에서 버려진 광산 몇 곳을 탐사하고 있었다.[17] 스프리그는 이 광산들 중 다시 운영할 만한 가치가 있는 곳이 있는지 알아보라는 임무를 받은 터였다. 그는 에디아카라 힐스Ediacara Hills라는 가장 가까운 바다로부터 수백 킬로미터 떨어진 외딴 지역에 있었다. 전해지는 이야기에 따르면, 스프리그는 점심을 먹다가 돌 하나를 뒤집었고, 미묘하게 해파리를 닮은 화석을 발견했다. 그는 지질학자로서 그 암석이 매우 오래된 것이고 중요한 의미가 있다는 것을 알아챘다. 하지만 화석으로 인정받는 연구자가 아니었기 때문인지, 논문을 작성했을 때 이를 진지하게 받아들이는 사람은 거의 없었다. 스프리그는《네이처Nature》에서 거절당한 논문을 여러 학술지에 투고하기를 거듭했다. 결국 그의 논문은 "초기 캄브리아기(?) 해파리Early Cambrian(?) Jellyfishes"라는 제목으로 1947년 《사우스오스트레일리아 왕립학회 회보Transactions of the Royal Society of South Australia》에 실렸다. "몇몇 호주 포유류의 몸무게에 관하여On the Weights of Some Australian Mammals" 같은 논문들과 나란히 말이다. 이 논문은 처음에는 별다른 주목을 받지 못했다. 스프리그가 무엇을 발견했는지 사람들이 깨닫기까지는 10여 년이 더 걸렸다.

당시 화석 기록을 연구하던 과학자들은 약 5억 4200만 년 전에 시작된 캄브리아기의 중요성을 잘 알고 있었다. 오늘날 우리가 아는 동물의 신체 구조body plan의 대부분이 '캄브리아기 대폭발Cambrian explosion' 시기에 처음 등장했다. 스프리그의 발견은 그보다 이전 시기에 살았던 동물의 첫 번째 화석 기록으로 밝혀졌다. 스프리그는 1947년 당시에는 이 사실을 모른 채 자신이 발견한 해파리의 연대를 초기 캄브리아기로 추정했다. 하지만 전 세계 다른 곳에서도 비슷한 화석들이 발견되고 사람들이 스프리그가 오지에서 발견한 해파리에 더 주목하게 되면서, 이 화석들이 캄브리아기보다 훨씬 이전 시기의 것이며, 대부분의 경우 해파리가 아닐 가능성이 크다는 점이 분명해졌다. 지금은 스프리그가 탐사했던 언덕의 이름을 따서 **에디아카라기**Ediacaran로 알려진 이 시대는 약 6억 3500만 년 전부터 5억 4200만 년 전까지를 이른다. 에디아카라기 화석을 통해 우리는 매우 초기의 동물이 얼마나 컸는지, 얼마나 많았는지 그리고 어떻게 살았는지에 대해 최초의 직접적인 증거를 얻게 되었다.

스프리그의 화석 발견 현장에서 가장 가까운 대도시는 애들레이드Adelaide이다. 이 도시의 사우스오스트레일리아 박물관에는 방대한 양의 에디아카라기 화석이 보관되어 있다. 나는 1972년

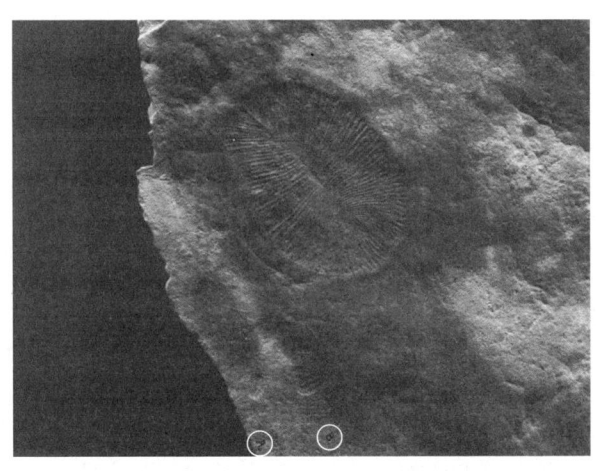

부터 이 화석들을 연구했고 스프리그와도 개인적 친분이 있는 짐 겔링Jim Gehling의 안내를 받아[18] 전시물을 관람했다. 나는 이 고대 환경에 수많은 생명들이 빽빽하게 들어차 있음을 보고 놀랐다. 에디아카라기는 몇 안 되는 생물들이 외로이 살다 간 시대가 아니었다. 겔링이 수집한 많은 암석판에는 다양한 크기의 화석 수십 개가 들어 있었다. 가장 눈에 띄는 것은 디킨소니아Dickinsonia다. 이 동물의 몸에 있는 촘촘한 마디가 가느다란 줄무늬처럼 보이는 까닭에 수련 잎이나 욕실 매트를 연상시킨다. (위에 보이는 것이 사우스오스트레일리아 박물관 소장품인 디킨소니아 사진이다.) 하

* 찰흙과 비슷한 질감을 가진 장난감이다. 표면에 대고 누르면 미세한 흔적까지 매우 정교하게 본뜰 수 있다. 본문에서는 이 특징을 이용해 화석의 형태를 확인하는 데 사용했다. ─옮긴이

지만 큰 화석에만 집중하면 그곳에 존재했던 생명의 대부분을 놓치게 된다. 겔링은 볼품없고 특별한 구석도 없어 보이는 암석 조각으로 다가가 그 위에 실리 퍼티Silly Putty* 조각

을 대고 눌렀다. 그가 퍼티를 떼어내자, 거기에는 작디작은 동물의 조밀한 흔적이 찍혀 나왔다.

에디아카라기 동물은 작지 않았다. 대부분 몇 센티미터씩은 되었고, 거의 1미터 가까이 되는 것도 있었다. 그들은 대부분 바다 밑바닥에 깔린 살아 있는 물질(박테리아와 기타 미생물 덩어리)로 이루어진 매트 사이에서 살았던 것 같다. 그들의 세계는 마치 바닷속의 늪지와 같았다. 이들 중 대부분은 성체가 되면 이동을 멈추고 한곳에 정착해 살았을 것이다. 몇몇은 해면동물이나 산호의 초기 형태였을 것이다. 다른 동물은 이 시기 이후에는 진화 과정에서 완전히 버려진 신체 형태를 갖고 있었다. 몸이 세 갈래나 네 갈래로 대칭을 이루는 형태도 있었고, 양치식물 잎사귀를 닮은 생물은 몸 전체가 누비이불처럼 마디마디가 이어져 있었다. 많은 에디아카라기 동물들은 해저에서 거의 움직임이 없는 조용한 삶을 살았던 듯하다.

하지만 DNA 자료는 이 시기에 신경계가 존재했음을 강하게 시사한다. 아마도 애들레이드 박물관 벽에 있는 동물들 중 일부가 말이다. 그들 중에는 스스로의 힘으로 움직였던 것으로 보이는 동물이 있다. 가장 명확한 사례는 **킴베렐라**Kimberella다.[19] 이 동물은 오른쪽 그림처럼 마카롱의 윗부분처럼 생겼던 것 같다. 다만 타원형에 앞뒤가 있고, 마카롱 한쪽 끝에는 아마도 혀 같은 부속지가 있었을 것이다. 그들이 남긴 흔적으로 추정컨대 먹이 활동을 위해 움직이면서 앞의 퇴적물을 밀어내고 지나간 표면에는 긁은 듯한 자국을 남겼을 것이다. 킴베렐라가 연체동물이라는 의견도 있고, 어쩌면 연체동물에 가깝지만 진화의 역사에서 사라진 계통에 속한다는 의견도 있다. 킴베렐라가 기어다닐 수 있었다면, 더욱이 10센티미터가 넘게 자랐다는 점을 감안하면 이들은 거의 틀림없이 신경계를 갖고 있었을 것이다.

킴베렐라는 에디아카라 동물 중에서 스스로 이동했음이 가장 확실한 사례이지만, 그 외에도 이동하는 동물이 있었을 가능성은 매우 높다. 디킨소니아 화석 근처에서는 종종 같은 형태의 흔적이 희미하게 이어진 모습이 발견된다. 이 동물은 한곳에 잠시 머물며 먹이를 먹다가 다음 장소로 이동했던 것 같다. 에디아카라기 풍경을 재구성한 그림은 몇몇 동물을 헤엄치는 모습으로 묘사한다. **스프리기나**Spriggina(발견자 레지널드 스프리그의 이름을 따서 명명했다)도 그중 하나다. 하지만 겔링은 그랬을 가능성이 낮다고 본다. 스프리기나 화석은 항상 같은 면이 위로 향한 채 발견되기 때문이다. 만약 스프리기나가 헤엄쳤다면, 작은 사고를 만나 죽게 되었을 때 다른 부분이 위로 향한 채로 바닥에 가라앉을 확률도 있었을 것이다. 때문에 겔링은 스프리기나도 킴베렐라처럼 기어 다녔다고 생각한다.

어떤 생물학자는 에디아카라 동물은 진화적 실험의 결과이며, 동물과 유사하지만 엄밀히 말해 동물은 아니라고 주장한다. 그들은 생명의 나무에서 동물의 가지 위에 있지 않지만, 세포가 모여 하나의 생명체를 이루는 또 다른 방식을 보여 주는 사례라는 것이다. 세 갈래 대칭이나 잎사귀 형태의 누비이불 같은 기묘한 신체 구조는 이 같은 관점을 옹호하는 듯 보인다. 더 일반적인 해석에서는 킴베렐라 같은 몇몇 에디아카라기 동물은 친숙한 동물 집단의 일원이지만, 다른 화석들은 고대 조류algae를 비롯한 다른 생명들처럼 진화 과정에서 버려진 경로를 대표한다고 본다. 하지만 꽤 일관적으로 보이는 한 가지 관점은, 에디아카라기 세계가 분쟁과 포식이 거의 없는, 상당히 **평화로운** 세계였다는 것이다.

'평화'라는 단어는 적절하지 않을 수 있다. 마치 신중한 판단에 따른 우호 관계나 휴전을 암시하는 것 같기 때문이다. 오히려 에디아카라 동물들은 서로에게 거의 **관여**하지 않았던 것으로 보인다. 그들은 바닥의 유기물 덩어리를 갉아 먹고, 물을 걸러 먹이를 섭취했다. 어떤 경우에는 돌아다니기도 했지만, 화석 기록을 근거로 추정하건대 서로 상호작용하는 일은 없었다.

어쩌면 화석 기록은 좋은 지표가 **아닐** 수도 있다. 이 장의 앞부분에서 논의했듯이, 단세포 생물의 세계에서는 보이지 않는 상호작용이 화학적 신호를 통해 활발하게 이뤄진다. 에디아카라기도 마찬가지였을 수 있다. 이런 상호작용 방식은 화석 흔적을 남기지 않는다. 번식하는 생물의 세계에서는 경쟁이 불가피하다. 에디아카라기 생물들 역시 진화적 의미로는 분명히 경쟁했다. 하지만 한 생명체와 다른 생명체 사이의 가장 뚜렷한 상호작용은 흔적조차 보이지 않는다. 특히, 반쯤 먹힌 동물의 유해 같은 포식의 증거가 없다. (클라우디나Cloudina라는 동물 화석에서 포식과 관련된 손상이라고 할 만한 흔적이 있으나 이조차도 불분명하다.) 그곳은 생존을 위해 투쟁하는 세계는 아니었다. 미국 고생물학자 마크 맥미너민Mark McMenamin의 표현을 빌려오자면,[20] 그곳은 "에디아카라의 정원"이었다.

우리는 또한 에디아카라기 동물의 몸을 통해 정원에서의 삶에 대해 무언가를 배울 수 있다. 예상컨대 이 생물들은 크고 복잡한 감각기관을 가지고 있지 않았다. 큰 눈도, 더듬이도 없었다. 그들은 확실히 빛과 화학적 흔적에는 반응했지만, 우리가 아는 한 이런 장치에 거의 **투자**하지 않았다. 발톱, 가시, 껍데기가 없었으므로 무기도 없고 무기를 막아낼 방패도 없었다. 그들의 삶에는 분쟁과 복잡한 상호작용이 없었을 것이다. 그들은 확실히 그런 상호작용에 사용되는 우리가 흔히 떠올리는 도구를 진화시키지 않았다. 그곳은 비교적 자족적이고 독립적인 존재들의 정원이었다. 이들은 캄캄한 밤길을 거니는 마카롱이었다.

이는 오늘날의 동물의 삶과는 완전히 다르다. 우리의 동물 사촌들은 환경에 매우 민감하다. 그들은 친구, 적, 그리고 주변의 무수한 다른 특이사항들을 계속해서 추적한다. 주변에서 일어나는 일은 **중요**하며, 종종 삶과 죽음을 갈라놓을 정도로 **중요**하다. 에디아카라기 동물이 환경에 매 순간 반응했다는 분명한 증거는 보이지 않는다. 만약 그렇다면, 우리의 에디아카라기 선조들은 신경계를 지금의 동물들과는 다른 용도로 사용했을 가능성이 높다. 구체적으로, 이 시기에는 내가 위에서 소개한 신경계 진화 이론 중 두 번째, 즉 내부의 협응에 기반한 관점에 부합하는 역할을 수행했을 수 있다. 신경계로 움직임을 만들고, 리듬을 유지하며, 기어 다니고 (어쩌면) 헤엄쳤다는 말이다. 주변 환경에 대한 감각 능력은 있었겠지만, 아마도 그리 대단하지는 않았을 것이다.

이 추론이 틀렸을 수도 있다. 어쩌면 상당한 수준의 감각과 상호작용이 오갔지만 기관이 부드러운 재질인 탓에 흔적이 남지 않았을 수도 있다. 에디아카라기가 평화로웠는지에 대한 논의에서 나를 항상 어리둥절하게 만드는 것은 해파리의 역할이다. 스프리그의 추측과는 달리 그의 화석은 해파리가 아니었다. 이 시기 즈음에 해파리는 존재했다고 여겨지지만, 보통 아무런 흔적을 남기지 않는다. 일반적으로 자포동물, 그 중에서도 해파리는 쐐기세포stinging cells를 가지고 있다. 쏘는 해파리로 가득한 정원은 에덴동산과는 거리가 멀다. 해파리에게 많이 쏘여본 호주인이라면 잘 알 것이다.

2015년 런던 왕립학회Royal Society of London가 주최한 초기 동물과 최초의 신경계에 관한 컨퍼런스에서[21] 학자들은 **"해파리가 쏘기 시작한 시기는 언제인가?"**라는 주제로 열띤 토론을 이어갔다. 자포동물의 침은 일찍부터 진화한 것으로 보인다. 자포동물의 주요한 두 계통은 에디아카라기 또는 그 이전에 갈라져 나온 것으로 보인다. 양쪽 계통의 동물들이 모두 같은 종류의 쏘는 기관을 가지고 있다는 사실에서 추론한 것이다. 자포동물의 쏘는 기관은 무기다. 그 목적은 공격이었을까, 아니면 방어였을까? 그 시기에는 오늘날 자포동물의 천적도 먹잇감도 존재하지 않았다. 그렇다면 그 쏘는 기관은 누구를 겨냥했을까? 우리는 알지 못한다.

에디아카라 시대가 알려진 것처럼 마냥 평화롭지만은 않았을지라도, 곧이어 완전히 다른 세계가 펼쳐질 참이었다.

'캄브리아기 대폭발'은 약 5억 4200만 년 전에 시작되었다.[22] 갑자기 시작된 일련의 사건들 속에서 오늘날 볼 수 있는 동물의 기본 형태가 대부분 생겨났다. 이러한 '동물의 기본 형태'에 포유류는 없었지만, 척추동물은 물고기라는 형태로 포함되었다. 또한 삼엽충처럼 외부 골격과 관절이 있는 다리를 가진 절지동물, 그리고 벌레와 여러 다양한 동물이 있었다.

대폭발은 왜 그때, 왜 그렇게 빠르게 일어났을까? 어쩌면 그 시점은 지구의 화학적 조성과 기후의 변화 때문일 것이다. 대폭발 과정 자체는 생물들 간의 상호작용으로 인한 일종의 진화적 피드백에 의해 추동되었을 것이다. 캄브리아기에 들어 동물들은 새로운 관계를 맺기 시작했다. 특히 포식$_{predation}$이 등장하면서 서로의 존재가 생존에 결정적인 **삶의 일부**가 되었다. 이 새로운 관계는 진화의 연쇄반응을 일으켰다. 한 종의 진화가 다른 종에게는 변화된 환경이 되었고, 그 다른 종 역시 그에 맞춰 진화해야 했다. 초기 캄브리아기 이후로는 포식이 있었음이 확실하다. 포식이 촉진시키는 추적, 추격, 방어가 나타났다. 사냥감이 숨거나 스스로를 방어할 수 있게 되자, 포식자는 추적하고 제압하는 능력을 향상시켰다. 이는 다시 사냥감 쪽의 방어책 개선으로 이어진다. '군비 경쟁'이 시작된 것이다. 캄브리아기 초기부터 동물의 신체 화석 기록에는 에디아카라기에서는 볼 수 없던 눈, 더듬이, 발톱이 명확하게 발견된다. 신경계의 진화는 새로운 길로 접어들고 있었다.

캄브리아기에는 생물의 **신체**가 가지고 있던 가능성이 발현되면서, 동물의 행동 면에서도 혁명이 일어났다. 해파리는 위와 아래는 있지만 왼쪽과 오른쪽은 없다. 이를 방사 대칭radial symmetry 이라고 말한다. 하지만 인간, 물고기, 문어, 개미, 지렁이는 모두 **좌우대칭동물**biliterians이다. 우리는 앞과 뒤가 있고, 따라서 위와 아래, 왼쪽과 오른쪽이 있다. 최초의 좌우

대칭 동물, 적어도 초기 좌우 대칭 동물의 일부는[23] 왼쪽 그림처럼 생겼을 것이다.

나는 이 동물의 '머리' 양쪽에 안점을 그려 넣었는데, 사실 안점의 존재 자체부터가 논란거리다. (게다가 설령 안점이 있었다 해도, 그림 속 모습은 과장된 것이다. 아마 아주 작았을 것이다.) 나는 초기 좌우대칭동물에게는 관대한 편이다.

몇 쪽 앞에 나온 킴베렐라를 포함해 몇몇 에디아카라 동물은 좌우대칭동물이었을 것으로 여겨진다. 만약 킴베렐라가 좌우대칭동물이라면, 캄브리아기 이전의 좌우대칭동물은 이미 다른

동물들보다 활동적으로 살았다고 할 수 있다. 캄브리아기에 이르러 좌우대칭동물은 폭발적인 진화적 성공을 이루었고, 그들의 기세를 아무도 막을 수 없었다. 좌우대칭형 몸 구조는 이동(걷기는 매우 좌우 대칭적인 행위다)에 유리하며, 그 외에도 다양한 복잡한 행동에 적합하다. 캄브리아기에 나타난 다양한 삶의 방식과 그 복잡한 관계들은 대부분 좌우대칭동물의 작품이었다.

좌우대칭동물의 진화 세계로 더 깊이 들어가기 전에, 잠시 멈추어 질문해 보자. 좌우대칭형 몸 구조 **없이** 가장 정교한 행동을 하며, 가장 똑똑한 동물은 무엇일까?[24] 이 같은 질문에 편견 없이 답하기는 무척 어렵지만, 이 경우에는 정답이 분명하다. 좌우대칭동물을 제외하고 가장 정교한 행동을 하는 동물은—무시무시한—상자해파리, 곧 입방해파리류Cubozoa다.

흐믈흐믈한 몸과 희소한 화석 기록 때문에 각종 해파리가 언제 진화했는지는 파악하기가 어렵다. 하지만 입방해파리류는 캄브리아기나 그 이후에 기원한 후발 주자로 여겨진다. 위에서 언급했듯이, 자포동물의 일반적인 특징은 쐐기세포다. 어떤 입방해파리 종은 쐐기세포에 정말로 수많은 사람을 죽일 만큼 지독한 독을 가지고 있다. 호주 북동부에서는 매년 여름 상자해파리의 출현으로 해변이 완전히 폐쇄된다. 다른 계절에도 그물로 둘러싸인 구역을 제외하고는 해안에서 수영하는 것이 너무 위험하다. 더 심각한 문제는, 이 해파리는 물속에서 보이지 않는다는 점이다. 그들은 또한 비非좌우대칭동물 중 가장 복잡하게 행동한다. 몸의 윗부분에는 우리 눈처럼 렌즈와 망막이 있는 24개의 정교한 눈이 있다. 입방해파리류는 시속 5.5킬로미터로 헤엄칠 수 있으며, 몇몇 종류는 해안의 지형지물을 보고 방향을 설정할 수 있다. 좌우대칭형이 아닌 동물로서 파괴적 행동의 정점에 오른 이 존재 역시, 캄브리아기에 열린 새로운 세계의 산물이다.

감각

이후에 등장한 좌우대칭형 신체 구조는 신경계의 활용 가능성을 어마어마하게 넓혔다. 캄브리아기 동안 동물들 사이의 관계는 서로의 생존에 더 중요한 요인이 되었다. 지켜보고, 붙잡고, 피하는 등 다른 동물을 향한 행동이 나타났다. 캄브리아기 초기부터 우리는 화석에서 이러한 상호작용의 장치들을 볼 수 있다. 바로 눈, 발톱, 더듬이다. 이 시기의 동물들은 다리나 지느러미처럼 움직였음을 보여 주는 뚜렷한 흔적을 가지고 있다. 다리와 지느러미는 다른 동물과 상호작용했음을 보여 주는 확실한 증거는 아니다. 반면 발톱은 그 의미가 분명하다.

에디아카라기는 주변에 다른 동물이 있더라도 특별한 의미가 없었을 것이다. 캄브리아기에는 각각의 동물이 다른 동물의 환경에서 중요한 일부분이 되었다. 생명들이 서로 얽혀드는 이 현상과 그로 인한 진화적 변화는 동물들이 행동할 수 있게 되었기 때문이며, 그 행동을 제어하는 신경계가 있었기 때문이다. **이 시점부터 정신은 다른 정신에 반응하여 진화했다.**

내가 이렇게 말하면 '정신'이라는 용어가 잘못 사용되었다고 답할지도 모른다. 이 장에서 나는 그 점에 대해서는 논쟁하지 않겠다. 뭐, 좋다. 관건은 동물의 감각, 신경계, 행동이 다른 동물의 감각, 신경계, 행동에 반응하여 진화하기 시작했다는 사실이다. 동물의 행동은 다른 동물에게 새로운 기회가 되기도 하고, 새로운 과제를 안겨주기도 했다. 1미터 길이에 앞쪽에 두 개의 집게 부속지를 달고 있으며 거대한 포식성 바퀴벌레처럼 생긴데다가 빠르게 헤엄치는 아노말로카리스Anomalocarid가 당신을 향해 덤벼드는 시기라면, 어떻게든 이 상황을 **파악하고** 피하는 편이 좋을 것이다.

캄브리아기 동물에게 감각은 매우 중요했을 것이다. 그들의 감각기관은 세계, 특히 서로를 향한 문을 열었다. 상을 맺을 정도로 정교한 눈은 이때 처음 등장한 것으로 보인다.[25] 캄브리아기에는 오늘날 곤충에서 볼 수 있는 겹눈과 우리가 갖고 있는 카메라 눈이 모두 등장했다. 당신 주변, 그리고 멀리서 움직이는 사물을 처음으로 볼 수 있게 되었을 때 행동과 진화에 미칠 영향에 대해 상상해 보라. 생물학자 앤드류 파커Andrew Parker는 눈의 탄생이 캄브리아기의 결정적 사건이라고 주장한다. 다른 학자들도 관점의 차이는 있지만 대체로 비슷한 시각을 견지한다. 고생물학자 로이 플로닉Roy Plotnick과 그의 동료들이 명명한대로, 감각기관이 열린 결과로 '캄브리아기 정보혁명Cambrian information revolution'이 일어났다. 감각 정보의 유입으로 복잡한 정보를 내부에서 처리할 수 있는 능력이 필요해졌다. 더 많이 알게 될수록 결정은 더 복잡해진다. (두 구멍 중 한 곳에 숨는다면 어디로 가야 아노말로카리스에게 잡히지 않을까?) 상을 맺는 눈은 이전에는 생각할 수 없는 행동들을 가능케 했다.

　나를 에디아카라기로 안내해 준 짐 겔링과 영국 고생물학자 그레이엄 버드Graham Budd는 이 변화를 일으킨 피드백 과정이 어떻게 시작되었는지에 대한 시나리오를 제시했다. 짐 겔링은 에디아카라기가 끝나갈 무렵에 죽은 동물을 먹는 청소 행위가 나타났고, 그 뒤에 포식이 나타났다고 추측한다. 동물은 미생물 덩어리를 먹다가 사체를 먹었고, 그 다음 살아 있는 생물을 사냥하기 시작했다. 그레이엄 버드는 동물의 행동 자체가 에디아카라기의 자원 배분 방식을 바꿨다고 본다.[26] 먹을 수 있는 미생물 덩어리 매트가 끝없이 늘어져 있는, 마치 풀이 자란 늪지 같은 세계를 상상해 보라. 그 위로 천천히 움직이는 동물들이 다니며 이 단일한 자원을 섭취한다. 어떤 동물들은 움직이지 않은 채 먹이를 섭취한다. 움직이지 않는 동물은 영양가 있는 탄소화합물로 가득한 새로운 자원이 **된다**. 시간이 지나 영양분이 과거만큼 널리 퍼져 있지 않고 군데군데 뭉쳐져 존재하게 되었다. 처음에는 이 동물들이 죽고 나서야 다른 동물의 먹이가 되었다. 하지만 상황은 곧 바뀌었다. 청소 행위는 포식이 되었다.

화석 기록을 액면 그대로 받아들인다면, 한 동물 집단이 이 변화의 속도를 높인 것으로 보인다. 바로 절지동물이다. 오늘날 절지동물에는 곤충, 게, 거미 등이 속한다. 우리는 캄브리아기 초기에 삼엽충의 등장을 보게 된다. 삼엽충은 초기 절지동물로 껍질과 관절이 달린 다리와 겹눈을 갖고 있었다. 45쪽 디킨소니아 화석 사진에서 디킨소니아와 글자 A와 B(동그라미로 표시) 사이에서 작은 화석들을 찾을 수 있다. 겔링은 길이가 몇 밀리미터에 불과한 이 동물들이 어쩌면 삼엽충의 선조일 것이라고 생각했다. 몸은 아직 물렁하지만 형태는 삼엽충을 연상시킨다. 이 그림에서 디킨소니아는 뚜렷하게 보이는 다리도 머리도 방어 수단도 없는 전형적인 에디아카라기적 방식을 보여 준다. 그 아래에는 목적의식이 뚜렷한 작은 벌레들이 숨어 있다. 이 사진은 내가 어릴 때 갖고 있던 공룡과 공룡의 멸망에 대한 책 속 삽화를 떠올리게 한다. 작은 말썽쟁이 뾰족뒤쥐를 닮은 포유류가 우뚝 서 있는 거대한 공룡의 발 밑에서 공룡의 알을 노리고 있는 듯한 그림이었다. 삼엽충의 선조들도 비슷한 목표에 몰두했던 것 같다. 연잎이나 욕실 매트처럼 생긴 디킨소니아는 위에서 벌어지는 일을 전혀 의식하지 못했겠지만 말이다.

철학자 마이클 트레스트먼Michael Trestman은 이 모든 동물들을 바라보는 흥미로운 방법을 제시한다.[27] 그는 **복잡하고 활동적인 신체**Complex Active Bodies, CABs를 가진 동물들을 떠올려 보라고 말한다. 이 동물들은 빠르게 움직일 수 있고, 물체를 다룰 수 있다. 몸에는 여러 방향으로 움직일 수 있는 부속지가 있고, 멀리 있는 물체를 추적할 수 있는 눈과 같은 감각기관을 갖고 있다. 트레스트먼은 오직 세 종류의 동물군만이 복잡하고 활동적인 신체를 갖고 있는 종을 배출했다고 말한다. 절지동물, 척삭동물(우리처럼 척추에 신경삭이 있는 동물), 그리고 바로 연체동물의 한 집단인 두족류다. 이 세 집단은 큰 규모를 이루고 있다는 오해를 받기 쉽다. 우리 머릿속에 떠오르는 동물이 대개 여기에 속하기 때문이다. 하지만 이들은 여러 측면에서 작은 집단이다. 동물의 문門, phyla은 약 34가지가 있다. 다시 말해 기본적인 동물의 신체 구조는 34가지로 분류할 수 있다. 복잡하고 활동적인 신체를 가진 동물이 있는 문은 그중 세 개뿐이다. 게다가 그 세 문 중 하나인 연체동물 안에서는, 두족류만이 복합 능동 신체를 가진 동물로 인정된다.

　고대의 역사를 정리했으니, 신경계와 그 진화에 대한 두 관점, 곧 감각-운동적 관점과 행위-형성적 관점의 구분으로 돌아가자. 앞서 나는 이 구분을 소개하고, 신호가 사회적 삶에서 가질 수 있는 두 역할(교회지기와 폴 리비어, 노 젓는 배)에 연결시켰고, 두 역할이 다르지만 양립 가능하다고 언급했다. 이 구분이 역사적으로는 어떤 의미가 있을까? 이 구분을 에디아카라기에서 캄브리아기를 거쳐 지금으로 이어지는 수천 년간의 행진에 자연스럽게 적용할 수 있을까? 신경계가 수행하는 역할은 분명 변해 왔다. 외부 세계의 사건들을 추적하는 일은 언제나 가치 있었지만, 캄브리아기에 이르러 생물의 이 같은 능력은 훨씬 더 중요해졌다. 관찰할 필요가 있는 대상이 더 많아졌고, 본 것에 대해 대응할 일도 더 많아졌다. 한 번의 부주의는 곧 덮쳐드는 아노말로카리스에게 잡아먹힌다는 것을 의미했다. 그렇다면 아마도 최초의 신경계들은 주로 행동을 협응시키는 역할을 했을 것이다. 처음에는 고대 자포동물의 신체에 생기를 불어넣었고, 그다음 에디아카라 동물들의 행동을 형성했다. 하지만, 그 시대는 캄브리아기에 접어들면서 막을 내렸다.

그러나 오늘날의 신체를 기반으로 한 우리의 상상이 다른 가능성을 과소평가하게 만든다. 생물학자 데틀레프 아렌트Detlev Arendt와 그의 동료들은 한 가지 학설을 제시한다.[28] 그들이 볼 때 신경계는 두 차례 생겨났다. 두 종류의 동물이 각자의 신경계를 진화시켰다는 얘기가 아니다. **동일한** 동물의 몸 속의 다른 곳에서 신경계가 두 차례 생겨났다는 것이다. 반구형의 몸 아래에 입이 달려 있는 해파리 같은 동물을 떠올려 보라. 한 신경계는 위쪽에서 진화하여 빛을 탐지하지만 행위를 지시하지는 않는다. 다만 빛을 사용해 신체의 리듬과 호르몬을 조절한다. 또 다른 신경계는 움직임 제어를 위해 진화하는데, 처음에는 단지 입을 제어한다. 그리고 어느 단계에서, 두 신경계는 몸 안에서 이동하기 시작하며 서로와 새로운 관계를 이룬다. 아렌트는 이것이 캄브리아기에 좌우대칭동물들의 진보를 이룬 결정적 사건이라고 본다. 동물의 신체를 제어하는 신경계의 일부가 빛을 감각하는 신경계가 있는 몸 꼭대기까지 이동했다. 다시 말하지만, 빛을 감각하는 신경계는 단지 화학적 변화와 신체 리듬만 조절하고 있었지 행동을 관장하지는 않았다. 그러나 두 신경계의 만남은 서로에게 새로운 역할을 부여했다.

얼마나 놀라운 모습인가. 기나긴 진화의 과정에서 움직임을 제어하는 뇌가 당신의 머리 속으로 행진해 그곳에서 빛을 감각하는 기관을 만나고, 그것들이 훗날 눈이 된다는 것은.

분기점

좌우대칭동물의 신체 구조는 캄브리아기 이전, 작고 볼품없는 형태로 나타났지만, 이후 간 시간에 걸쳐 행동의 복잡성이 층층이 쌓아 올려지는 뼈대가 되었다. 초기 좌우대칭동물은 이 책에서 또 다른 역할을 한다. 초기 좌우대칭동물이 나타난 직후, 여전히 에디아카라기였을 무렵, 하나의 분기가 생겨났다. 이는 수천만 년의 세월에 걸쳐 늘 일어나는 무수한 진화적 갈림길 중 하나에 불과했다. 이 분기를 거친 동물들은 벌레를 닮은 작고 납작한 형태였을 것이다. 이 동물은 뉴런과 매우 단순한 수준의 눈을 갖고 있었다. 밀리미터 단위의 눈에는 오늘날과 같은 복잡성은 거의 없었을 것이다.

이 미미한 분기 뒤에 양쪽의 동물들은 다른 길을 가게 된다.

각각은 생명의 나무에서 거대하고도 널리 퍼져 있는 가지의 조상이 되었다. 한쪽은 척추동물과 불가사리 같은 놀라운 친구들이 포함된 동물군으로 이어졌고, 다른 쪽은 방대한 종류의 무척추동물로 이어졌다. 이 분기 직전이 우리와 이 거대한 무척추동물 집단 사이의 진화 역사가 공유되는 마지막 지점이다.

생명의 나무에 이 부분을 표현한 그림이 있다.[29] 그림에 생략된 부분이 많다는 점은 감안하자. 우리가 다루고 있는 부분은 그 **분기점**이라고 써 두었다.

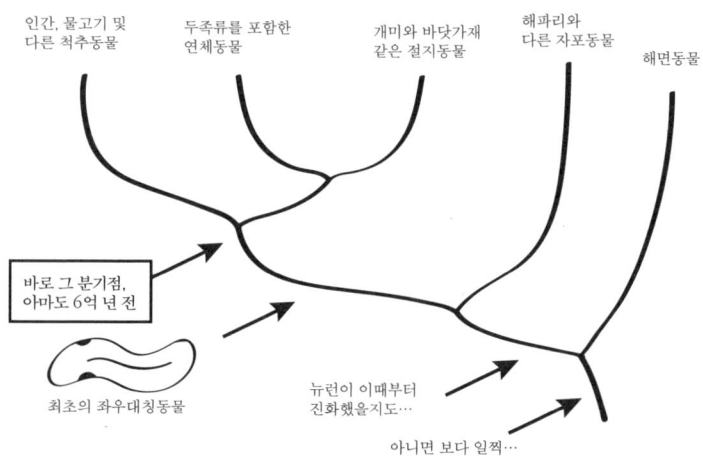

인간, 물고기 및
다른 척추동물

두족류를 포함한
연체동물

개미와 바닷가재
같은 절지동물

해파리와
다른 자포동물

해면동물

바로 그 분기점,
아마도 6억 년 전

최초의 좌우대칭동물

뉴런이 이때부터
진화했을지도…

아니면 보다 일찍…

그 분기점을 지나 각 경로에서는 더 많은 분기가 일어났다. 한쪽에서는 물고기가 나타나고, 그 다음 공룡과 포유류가 나타난다. 이 쪽에 우리가 있다. 다른 쪽 가지도 분기를 거듭하며 절지동물과 연체동물 등이 탄생했다. 에디아카라기에서 캄브리아기를 지나 그 너머로 나아가면서 **양쪽**의 모든 생물의 삶이 서로 얽히고, 감각이 열리며, 신경계는 확장된다. 여기 행동과 감각이 얽혀 온 사건 중 아주 작은 사례가 또 하나 있다. 고무로 몸을 감싼 포유류와 계속해서 색깔을 뒤바꾸는 두족류가 태평양 바다 한가운데서 서로를 응시하고 있었다.

3.

장난과 재주

'장난과 재주는 이 생물의 특징이다.'
— 클라우디우스 아에리아누스(Claudius Aelianus),[1]
서기 3세기, 문어에 대한 글에서

해면의 정원에서

누군가 당신을 주시하고 있지만, 당신은 그들을 볼 수 없다. 그러다 문득 그 눈과 마주치며 알아챈다.

당신은 밝은 오렌지색 해면이 수풀처럼 우거진 바다 밑 해면 정원 한가운데에 있다. 고양이만한 동물이 녹회색 해초를 몸에 칭칭 감고 해면에 매달려 있다. 그 몸은 어디에나 있는 동시에 존재하지 않는 듯하다. 그 동물은 일정한 형태가 없는 것이나 마찬가지다. 당신이 확실하게 구분할 수 있는 부분이라고는 작은 머리와 두 개의 눈뿐이다. 당신이 해면 주변으로 다가가자 그 두 눈 또한 해면에 몸을 숨긴 채 당신과 거리를 유지하며 움직인다. 그 동물의 색깔은 주위의 해초와 완벽하게 일치했다. 피부에 있는 작은 탑 모양 돌기 끝부분의 색은 해면의 오렌지색과 거의 일치한다. 당신이 계속 다가가자 그것은 갑자기 머리를 높이 쳐들더니 물을 뿜으며 쏜살같이 달아난다.

두 번째로 만난 문어는 굴 안에 있었다. 낡은 유리 조각과 조가비들이 둥지 앞 여기저기에 널려 있었다. 그 집 앞에 멈춰선 당신과 그것은 서로를 바라본다. 이 개체의 크기는 테니스공만 했다. 당신은 손을 뻗어 손가락 하나를 가까이 내밀었다. 문어의 다리 하나가 천천히 풀려나와 당신을 만진다. 당신의 살갗에 닿는 빨판의 흡착력이 당황스러울 정도로 강하다. 그것은 빨판을 붙인채로 당신의 손가락을 둥지 안으로 부드럽게 끌어당긴다. 문어의 다리에는 수백 개의 감각기를 가진 빨판이 수십 개 있다. 그것은 당신의 손가락을 끌어당기며 맛을 보고 있는 것이다. 다리는 독자적인 생명체처럼 신경 활동의 집합체인 뉴런을 갖고 있다. 다리 뒤로 보이는 커다랗고 둥근 눈이 당신을 계속 주시하고 있다. 2장의 사건들로부터 수억 년이 흐른 지금, 동물의 진화는 여기에까지 이르렀다.

두족류의 진화

문어를 비롯한 두족류가 속한 **연체동물**은[2] 조개와 굴, 달팽이를 포함하는 대규모 동물 분류군이다. 그러므로 문어의 이야기는 연체동물 진화의 역사다. 앞 장에서 우리는 생명의 역사에서 매우 다양한 동물의 신체 구조가 화석 기록으로 나타나기 시작하는 캄브리아기에 다다랐다. 많은 동물군이 캄브리아기 이전에 등장했으나, 연체동물은 캄브리아기에 들어서야 눈에 띄기 시작한다. 바로 껍데기 때문이다.

연체동물에게 껍데기란 당시 동물들에게 닥친 한 가지 급작스러운 변화, 바로 포식의 발명에 대한 대응책이었다. 만약 당신을 포착하고 잡아먹으려는 생물들에게 둘러싸였다면 대응 방법은 여러 가지가 있을 것이다. 연체동물이 개발한 특별한 방식은 딱딱한 껍데기를 만들어서 뒤집어쓰거나 그 안에서 사는 것이다.[3] 두족류 계통은 껍데기를 지닌 초기 연체동물에서 비롯된 것으로 보인다. 이 초기 연체동물은 마치 모자처럼 뾰족하고 단단한 껍데기를 쓰고 바다 밑바닥을 기어다녔을 것이다. 이들은 오늘날 바닷가 바위에 붙어 있는 삿갓조개처럼 생겼다. 이 모자는 진화의 시간을 겪으며 피노키오의 코처럼 높아졌고, 점차 뿔 모양을 띠게 되었다. 이 동물은 크기가 작았기에 '뿔'이라고 해도 손가락 한 마디보다 짧았다. 껍데기 밑에는 다른 연체동물처럼 근육으로 이루어진 '발'이 있어 몸체를 고정시키거나 해저를 기어다닐 수 있었다.

캄브리아기 후반, 연체동물 중 몇몇이 해저에서 솟아올라 해수층으로 진입했다. 육지에 사는 동물은 공중을 날기가 쉽지 않다.[4] 그렇게 하려면 날개 또는 날개 비슷한 것이라도 필요하다. 하지만 바닷속에서는 편안하게 떠올라 물의 흐름에 몸을 맡기면 어디로 가게 될지 볼 수 있다.

위로 솟아 있으면서 몸을 보호하는 껍데기 안에 공기를 채우면 부력 장치로 활용할 수 있다. 초기 두족류가 바로 그렇게 했을 것이다. 껍데기에 부력이 생기면 좀더 쉽게 기어다닐 수 있게 된다. 고대의 두족류는 그렇게 바다 밑바닥에서 반쯤 기어다니고 반쯤 헤엄치는 식으로 움직였을 것이다. 하지만 몇몇은 더 높이 솟아올라, 새로운 기회로 가득한 신세계를 발견했다. 껍데기에 채운 약간의 공기가 삿갓조개를 비행선으로 만들어 주었다.

물속을 떠다니는 생물에게 기어다니기 위한 '발'은 쓸모가 없어졌다. 비행선이 된 두족류는 관 모양의 **수관**siphon을 통해 특정 방향으로 물을 내뿜는 분사 추진jet propulsion을 발명했다. 역할에서 자유로워진 다리는 사물을 움켜쥐고 다룰 수 있게 되었고, 일부는 촉수 다발로 꽃을 피우듯 펼쳐졌다. 어떤 촉수에는 수십 개의 날카로운 갈고리가 달려 있었으니, 이 촉수에 붙잡힌 동물의 입장에서는 '꽃이 피었다'는 표현이 부적절하게 들릴 것이다. 물속으로 떠오른 두족류가 움켜쥔 기회는 바로 다른 동물을 먹이로 삼을, 즉 스스로 포식자가 될 기회였다. 이들은 진화를 향한 위대한 집념으로 포식자의 지위를 성취했다. 쭉 뻗어 있는 것부터 코일 형태까지 다양한 형태의 껍데기가 나타났고, 가장 큰 개체는 5.5미터에 달했다. 아주 작은 삿갓조개에서 시작한 두족류는 바다에서 가장 무시무시한 포식자가 되었다.

비행선 형태부터 호버크래프트*나 탱크 모양까지 다양한 두족류가 해저를 배회했을 것이다. 이 시기에 나타난 껍데기 중

* 고압의 공기를 아래쪽으로 분사하여 수면으로 띄운 후, 항공기와 같이 회전익으로 추진력을 얻는 선박. – 옮긴이

몇몇은 물속을 떠다니기에는 너무 거추장스러워 보인다. 지금이 동물들은 모두 멸종했다. 예외가 하나 있는데, 무시무시한 동물과는 거리가 먼 앵무조개다. 많은 동물이 대멸종에 휩쓸려 생명의 역사 속으로 사라졌지만, 몇몇 포식성 두족류는 큰 덩치와 무장을 갖춘 물고기와의 경쟁에서 점차 도태된 것으로 보인다. 제펠린 비행선 역시 비행기의 등장으로 도태되지 않았는가.

앵무조개는 살아남았다.[5] 그 이유는 누구도 모른다. 이 책의 첫머리에 인용한 하와이의 창조신화는 문어를 과거 세계의 '유

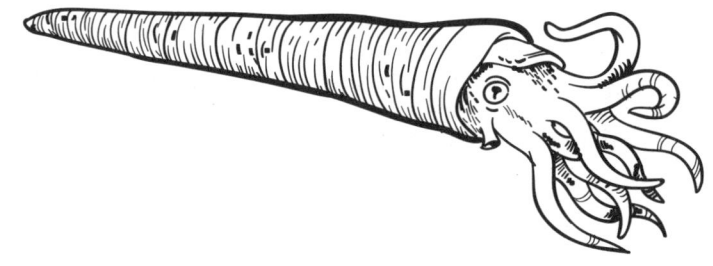

일한 생존자'로 묘사한다. 진짜 생존자가 두족류인 것은 맞지만, 문어보다는 앵무조개가 더 알맞다. 여전히 태평양에 살고 있는 오늘날의 앵무조개는 2억 년 전과 비교해도 거의 변한 게 없다. 코일 형태의 껍데기 속에 사는 앵무조개는 바다의 청소부다. 단순한 눈과 촉수 다발을 갖고 있으며 바다의 깊은 곳과 얕은 곳을 특정한 리듬에 따라 오르내리는데, 이 리듬에 대해서는 아직도 연구 중이다. 앵무조개는 밤에는 수심이 얕은 데서 머무르고 낮에는 깊은 곳으로 들어가는 듯 보인다.

진화 과정에서 두족류의 몸은 또 다른 전환을 맞이한다. 공룡 시대 이전의 어느 시점에, 일부 두족류가 껍데기를 포기하기 시작했다. 부력 장치로 사용하던 껍데기는 버려지거나 축소되거나 몸 안으로 들어갔다. 이로 인해 움직임의 자유는 커졌지만 그 대가로 훨씬 취약해졌다. 이는 상당한 도박으로 보이지만 두족류는 진화의 과정에서 여러 차례 이 방향을 선택했다. '현대' 두족류의 마지막 공통 조상은 알려지지 않았으나, 어떤 단계에서 두 개의 주요한 가지로 나뉘었다. 문어가 속해 있는 다리가 여덟 개인 집단과 오징어, 갑오징어가 속한 다리가 열 개인 집단이다. 이들은 각기 다른 방식으로 껍데기를 축소시켰다. 갑오징어는 껍데기를 몸 안에 보존했고, 이 껍데기는 여전히 갑오징어가 부력을 유지하는 데 도움을 주고 있다. 오징어의 몸 안에는 '연갑pen'이라는 칼 모양 구조물이 남아 있다. 문어는 껍데기를 완전히 잃었다. 많은 두족류가 몸을 보호할 수 없는 부드러운 신체를 갖고 얕은 바다의 암초에서 살기 시작했다.

가장 오래된 문어 화석은 2억 9천만 년 전의 것으로 **추정된**다.[6] 내가 불확실성을 강조하는 까닭은 이 화석이 하나 밖에 없는 표본인 데다가 암석의 얼룩과 크게 다를 게 없기 때문이다. 이 이후에는 자료에 공백이 있고 약 1억 6400만 년 전이 돼서야 보다 분명한 사례가 나온다. 의심의 여지 없이 문어로 보이는, 여덟 개의 다리와 문어 같은 자세를 취한 화석이다. 문어의 화석 기록은 잘 보존되기 어렵기 때문에 여전히 부족하다. 그들은 어떤 단계에 이르러 번성한다. 오늘날 약 300종이 알려져 있으며, 암초에 사는 종은 물론 심해에 사는 종도 포함된다. 길이가 손가락 한 마디보다 짧은 종부터, 몸무게 45킬로그램에 다리를 펼친 길이가 6미터에 달하는 태평양대문어giant pacific octopus*까지 다양하다.

* 이 문어는 우리나라 동해 및 남해에 분포하는 종으로 한국에서는 피문어 혹은 그냥 문어로 부른다. ─옮긴이

여기까지가 두족류의 몸이 거쳐 온 여정이다. 그들은 에디아카라기 마카롱 모양에서 삿갓조개를 닮은 조개류를 거쳐 포식자 호버크래프트와 비행선에 이르렀다. 그후 외부 껍데기의 거추장스러움을 버리고 껍데기를 몸안으로 넣거나 문어처럼 완전히 껍데기를 버렸다. 이 과정을 거치면서 문어는 뚜렷한 몸의 형태를 거의 잃게 되었다.

골격과 껍데기 모두를 완전히 포기하는 것은 문어 같은 크기와 복잡성을 가진 동물에서는 드물게 나타나는 진화적 행보다. 문어에게 단단한 부위는 전혀 없다고 해도 과언이 아니다. 눈과

이빨 정도가 그나마 단단한 부위라고 할 수 있다. 그 결과 문어는 자신의 눈알 만한 크기의 구멍을 통과할 수 있으며, 몸의 형태를 얼마든지 바꿀 수 있다. 두족류의 진화는 문어에게 완전한 가능성을 지닌 몸을 주었다.

이 장의 초고를 쓸 무렵, 며칠 동안 바위가 많은 얕은 해안에서 문어 한 쌍을 관찰했다. 그들이 짝짓기 하는 장면을 한 번인가 보았는데, 짝짓기가 끝난 뒤로는 오후 내내 그저 앉아서 보내는 듯했다. 암컷은 잠깐 다른 데로 갔다가 해가 지기 시작하자 다시 굴로 돌아왔다. 수컷은 비교적 노출된 곳에서 낮 시간을 보냈지만 암컷의 굴에서 30센티미터도 되지 않은 곳이었다. 그는 암컷이 돌아올 때까지 거기 그대로 있었다.

내가 문어들을 관찰한 지 이틀이 지난 뒤 폭풍이 몰아쳤다. 시속 100킬로미터에 달하는 바람이 해안을 후려쳤고 남쪽에서 파도가 몰려왔다. 문어들이 사는 만의 지형이 맹공격의 기세를 어느정도 막아주었지만, 완벽한 피난처가 되지는 못했다. 파도가 만의 입구를 휩쓸었고 물은 펄펄 끓는 흰 수프처럼 보였다. 해안은 이후 나흘 동안 폭풍에 시달렸다. 파도가 바위를 두드릴 때 문어들은 어디로 갈까? 물에 들어가서 확인할 수는 없었다. 갑오징어 걱정은 별로 들지 않는다. 그들은 날씨가 좋지 않으면 몇 주씩 사라진다. 분사 추진을 가동해 알 수 없을만큼 깊은 물속으로 들어간다. 어쩌면 문어들도 더 먼 바다로 나갔을지 모르지만, 바위 틈으로 들어가 며칠이고 거기 매달려 버틸 가능성이

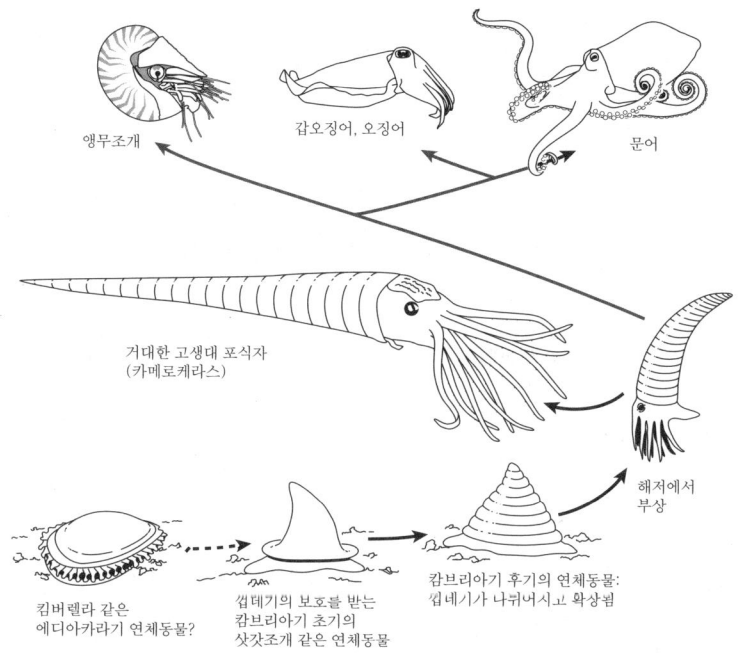

거대한 고생대 포식자
(카메로케라스)

앵무조개

갑오징어, 오징어

문어

해저에서
부상

킴버렐라 같은
에디아카라기 연체동물?

껍데기의 보호를 받는
캄브리아기 초기의
삿갓조개 같은 연체동물

캄브리아기 후기의 연체동물:
껍데기가 나뉘어지고 확상됨

두족류의 진화: 이 그림은 축척에 (전혀) 맞지 않으며, 종 간의 실제 혈통 관계를 나타내지 않는다. 5억 년 전부터 현재까지에 걸친 두족류의 진화에서 가장 중요한 형태상의 분기 일부를 연대기적 순서에 맞추어 도식화한 것이다. 나는 킴버렐라를 가능한 초기 단계로 놓았으나 여기에는 논란의 여지가 있다. 모자를 쓴 삿갓조개처럼 생긴 동물은 단판류(Monoplacophora)다. 여러 부분으로 나뉜 껍데기를 가진 다음 동물은 타누엘라 같은 것이다. 그 다음에 나오는 플렉트로노케라스가 땅에서 떨어졌는지 아니면 여전히 해저에 있었는지에 대해서는 의견이 분분하지만, 이 동물은 다양한 내부 특징 때문에 종종 최초의 '진정한' 두족류로 간주된다. 카메로케라스는 대형 포식성 두족류 중에서도 가장 거대한 종류로 보수적으로 추정해도 길이가 최대 5.4미터에 달한다. 문어와 오징어는 외부의 껍데기를 포기하고 지금은 멸종한, 알려지지 않은 두족류의 후손이다. 앵무조개는 여전히 그 껍데기를 유지하고 현재까지 살아남았다.

더 높다. 모자를 닮은 껍데기 속에 들어가 바위를 붙잡고 있던 그들의 조상들을 떠올리면서.

문어의 지능에 대한 수수께끼

두족류의 몸이 오늘날의 형태로 진화하면서 또 다른 변화가 일어났다.[7] 몇몇 두족류가 똑똑해진 것이다.

'똑똑하다'는 표현은 논란의 여지가 있으니 조심스럽게 접근해 보자. 먼저 이 동물들은 큰 뇌를 포함한 거대한 신경계를 발달시켰다. 어느 정도로 크다는 말일까? 참문어*Octopus vulgaris*는 체내에 약 5억 개의 뉴런을 갖고 있다.[8] 어떤 기준으로 봐도 매우 큰 숫자다. 인간은 그보다 많은 약 1천 억 개의 뉴런을 갖고 있다. 문어가 갖고 있는 뉴런의 양은 여러 작은 포유류, 예를 들면 개와 비슷하다. 다른 무척추동물과 비교하면 훨씬 큰 신경계다.

절대적인 크기는 중요하지만, 보통은 몸의 크기 대비 뇌의 상대적 크기가 더 많은 정보값을 준다고 알려져 있다. 이는 해당 동물이 뇌에 얼마나 '투자'하고 있는지를 보여 준다. 이 비교는 몸무게와 오직 뇌 속 뉴런 개수로만 계산한다. 문어는 이 척도에서도 포유류까지는 아니지만 척추동물 수준의 높은 점수를 받았다. 그러나 생물학자들은 크기는 동물의 뇌 **능력**에 대한 지극히 단편적인 정보만 제공한다고 말한다. 어떤 뇌는 다른 뇌와 다른 구조로 조직화되어 있다. 시냅스가 더 많거나 적을 수 있고, 이 시냅스는 더 또는 덜 복잡할 수 있다. 동물의 지능에 대한 최근 연구의 가장 놀라운 발견은 일부 새들, 특히 앵무새와 까마귀가 꽤 똑똑하다는 것이다.[9] 새들은 절대적 크기는 상당히 작은 뇌를 가지고 있지만, 뇌 능력은 매우 강하다.

한 동물의 뇌 능력을 다른 동물의 뇌 능력과 비교하려 들면, 지능을 합리적으로 측정할 수 있는 단일한 척도가 없다는 사실에 부딪힌다. 각기 다른 삶을 살고 있음을 생각하면 당연하듯이, 동물마다 잘하는 것이 다르다. 이렇게 비유해 볼 수 있겠다. 뇌는 행동을 제어하기 위한 도구상자와 같다. 인간의 도구상자와 마찬가지로, 여러 작업에 공통적으로 사용되는 요소도 있지만 그밖에도 다양한 요소가 있다. 동물에게서 보이는 도구상자에는 모두 일종의 인지 능력이 포함돼 있다. 하지만 정보를 받아들이는 방식은 동물마다 매우 다르다. 모든(혹은 거의 모든) 좌우대칭동물은 어떠한 형태로든 기억과 학습 도구를 갖고 있어서, 과거의 경험을 현재에 적용할 수 있게 한다. 때때로 동물의 도구상자에는 문제해결 능력과 계획 능력이 들어 있다. 어떤 동물은 더 정교하고 비싼 도구상자를 갖고 있는데, 그렇지 않은 동물이라도 다른 방면에서 높은 수준에 이를 수 있다. 한 동물이 뛰어난 감각을 갖고 있다면 다른 동물은 보다 높은 학습 능력을 갖는 식으로 말이다. 각기 다른 삶의 방식은 서로 다른 도구상자를 만들어 냈다.

두족류와 포유류의 비교는 무척 어렵다. 문어를 비롯한 두족류들은 기본 구조가 우리의 눈과 비슷한, 유난히 좋은 눈을 갖고 있다. 거대한 신경계를 탄생시킨 두 번의 진화 실험이 시각 면에서 같은 결과를 도출한 것이다. 그러나 그 눈 너머에 있는 신경계는 매우 다르게 구성되어 있다. 생물학자들은 조류나 포유류, 심지어 어류를 살펴볼 때도, 한 동물의 뇌의 대부분을 다른 동물의 뇌에 대응시킬 수 있다.[10] 척추동물의 뇌는 모두 공통된 구조를 갖고 있다. 그러나 척추동물의 뇌를 문어의 뇌와 비교할 때는 모든 사전지식이 쓸모없어진다. 더 정확히 말하면, 어떤 대응 관계도 성립하지 않는다. 그들의 뇌 부위와 우리 뇌 부위는 대응시킬 수 없다. 게다가 문어는 한 개체가 가진 뉴런의 대부분이 뇌에 모여 있지도 않다. 문어의 뉴런은 대부분 그들의 다리에 있다. 이 모든 상황을 고려하여, 문어가 얼마나 똑똑한지 알아내려면 그들이 무엇을 할 수 있는지 살펴보아야 한다.

여기서 우리는 갑자기 수수께끼에 직면한다. 아마도 문제의 본질은 학습과 지능에 대한 실험실 연구 결과와, 다양한 일화나 일회성 사례 보고가 일치하지 않는다는 데 있을 것이다. 이 같은 불일치는 동물심리학계에서는 흔하지만, 문어의 경우에는 특히 심하다.

실험실에서 테스트할 때 문어는 천재적이라고는 할 수 없지만, 문제를 꽤나 잘 해결한다.[11] 그들은 간단한 미로를 통과하는 법 정도는 배울 수 있다. 시각적 단서를 통해 자신이 처할 수 있는 두 가지 상황을 가늠하고, 그 상황에 적합한 경로를 취한다. 병에 든 음식을 얻기 위해 병뚜껑을 여는 법을 배울 수도 있다. 그러나 문어가 배우는 속도는 더디다. '성공'한 실험들을 세세하게 살펴보면, 고통스러울 정도로 진척이 느린 경우가 많다. 그러나 이처럼 실험 결과가 엇갈리는 것과는 대조적으로, 그 이면에 훨씬 더 많은 일이 벌어지고 있음을 시사하는 일화들이 있다. 내가 가장 흥미롭다 생각하는 것은 새롭고 이례적인 상황(실험실에 갇힌 것처럼)에 적응하고 주변의 사물을 문어다운 목적에 맞게 사용하는 능력이다.

문어에 대한 초기 연구의 대다수는 20세기 중반 이탈리아 나폴리 동물학 연구소에서 수행되었다. 피터 듀스Peter Dews는 하버드 대학교의 과학자로, 주로 약물과 행동의 상호관계를 연구한 인물이다.[12] 하지만 그는 학습이라는 주제 전반에 관심이 있었기에, 그의 문어 실험은 약물과는 일절 관련이 없다. 듀스는 하버드 동료인 스키너B. F. Skinner의 영향을 받았다. 보상과 처벌에 따른 행동의 학습을 다룬 '조작적 조건화operant conditioning'에 대한 스키너의 연구는 심리학계에 일대 혁명을 일으켰다. 스키너는 1900년경 에드워드 손다이크Edward Thorndike가 처음 제시한, 성공한 행동은 반복되고 실패한 행동은 버려진다는 생각을 매우 정교하게 발전시켰다. 듀스를 비롯한 많은 연구자들은 동물 실험을 보다 엄격하고 정교하게 만든 스키너의 방식에 영감을 얻었다.

1959년 듀스는 학습과 반응 강화reinforcement에 대한 몇 가지 표준 실험을 문어에게 적용했다. 문어는 우리 같은 척추동물과 진화적으로는 멀리 떨어져 있지만, 학습 방식에 있어서도 그럴까? 이를테면 레버를 당겼다 놓으면 보상을 받을 수 있다는 것을 배우고, 자신의 의지로 같은 행동을 할 수 있을까?

　내가 처음으로 듀스의 연구에 대해 알게 된 계기는, 로저 핸런Roger Hanlon과 존 메신저John Messenger의 책 『두족류의 행동Cephalopod Behaviour』에서 짧게 언급한 그의 실험 때문이다. 핸런과 메신저는 레버를 당겼다 놓는 것은 문어가 바다에서는 절대 하지 않을 행동이라고 논평하며, 듀스의 실험은 실패했다고 단정지었다. 하지만 나는 실험이 어떻게 되었는지 궁금한 나머지 1959년에 발행된 그 논문을 찾아 읽었다. 가장 먼저 알게 된 것은 실험의 주요 목표는 성공했다는 것이다. 듀스는 문어 세 마리를 훈련시켰고, 세 마리 모두 음식을 얻기 위해 레버를 조작하는 법을 익혔음을 발견했다. 레버를 당기면 불이 들어오고 작은 정어리 조각 하나가 보상으로 나왔다. 듀스는 앨버트와 버트럼이란 이름의 두 문어가 '상당히 일관된' 태도로 이 일을 수행했다고 밝혔다. 세 번째 문어 찰스의 행동은 달랐다. 찰스 역시 최소한의 시험은 통과했지만, 그가 상황에 대처하는 방법은 문어의 행동을 전반적으로 이해할 수 있게 해 준다. 듀스는 이렇게 기록했다.

　1. 앨버트와 버트럼이 자유롭게 떠다니면서 부드럽게 레버를 조작한 반면, 찰스는 촉수 몇 개는 수조의 측면에, 그리

고 다른 몇 개는 레버 주위에 고정시킨 다음 강력한 힘을 가했다. 레버가 몇 번인가 휘었고 11일째에는 부서져 더 이상 실험을 할 수 없었다.

2. 수면보다 약간 위에 매달려 있던 전등은 앨버트나 버트럼에게는 그다지 '관심'의 대상이 아니었다. 그러나 찰스는 반복적으로 램프를 촉수로 감싸고 상당한 힘을 가했다. 램프를 수조 안으로 가져가려는 행동이었다. 이러한 행동은 레버를 당기는 행위와 양립할 수 없었다.

3. 찰스는 수조 밖으로 물을 뿜어 댔다. 구체적으로는 연구원을 향해 물을 뿜었다. 이 동물은 눈을 수면 위로 내놓은 채 수조에 접근하는 모든 사람에게 물을 뿜으며 많은 시간을 보냈다. 이 행동은 실험의 원만한 진행을 방해했으며, 이 또한 레버를 당기는 행위와 양립할 수 없었다.

듀스는 건조한 말투로 이렇게 논평한다. "이 동물의 램프를 잡아당기고 물을 뿜는 행위를 지속하고 강화하는 변수는 분명치 않다." 듀스가 여기서 사용하는 '변수' 같은 단어는 그가 20세기 중반의 동물 행동 실험의 가정에 따라 생각하고 있음을 보여 준다. 그는 연구원에게 물을 뿜거나 기구를 망가뜨리려는 찰스의 행동을 두고, 분명 과거의 경험 중 무언가가 이 행동을 강화했기 때문이라고 가정한다. 이 관점에 따르면, 같은 종에 속하는 동물의 출발점은 같으며, 만약 이들의 행동에 차이가 생긴다면 그것은 보상(또는 역보상) 경험 때문이다. 듀스는 이 프레임 안에서 연구를 하고 있었다. 그러나 문어 실험이 주는 한 가지 메시지는 개체마다 차이가 상당히 크다는 것이다. 찰스는 아마도 다른 문어들과 같은 행동 양식을 갖고 있었지만 연구원들에게 물을 뿜도록 강화된 문어가 아니라, 유별나게 성격이 거친 문어였을 것이다.

이 1959년 논문은 동물의 행동을 철저하게 제어하는 방식의 과학적 연구와 문어의 특이한 기질이 처음 조우한 사건이었다. 특정한 종(어쩌면 특정한 성별)에 속하는 모든 동물은 각기 다른 보상을 맞닥뜨리기 전까지는 매우 유사하게 행동할 것이며, 똑같은 작은 음식 조각을 얻기 위해 하루 종일 무언가를 쪼거나, 달리거나, 레버를 당길 것이라는 가정 하에 많은 수많은 실험이 수행되었다. 듀스 역시 다른 많은 연구자와 마찬가지로 이렇게 연구하길 원했는데, '객관적이며 정량적인 연구법'이라고 부른 방식을 사용하기로 결심했기 때문이다. 나도 그런 연구를 적극 지지한다. 그러나 문어는 쥐나 비둘기에 비하면 자신만의 생각이 많다. 이 장의 첫머리에 내가 인용한 아에리아누스의 말마따나 '장난과 재주'가 바로 그것이다.

문어에 대한 유명한 일화들은 주로 탈출이나 도둑질 이야기다. 수족관의 문어들은 밤에 이웃 수조를 습격해 먹이를 훔쳐간다고 한다. 이 이야기들은 매력적이지만, 문어의 지능이 특별히 높음을 나타내지는 않는다. 이웃 수조는 드나드는 데에 노력이 좀 더 필요하다는 점만 빼면, 암석들로 이루어진 해안가와 크게 다르지 않다. 내가 더 호기심을 느낀 행동은 따로 있다. 적어도 두 곳의 수족관에서 문어들이 불을 끄는 법을 배웠다는 것이다.[13] 문어들은 아무도 보고 있지 않을 때 전구에 물을 뿜어 전기를 합선시켰다. 뉴질랜드의 오타고 대학교에서는 이 문제를 해결하는 데 비용이 너무 많이 들어 문어를 야생으로 돌려보내야 했다. 독일의 한 연구실에도 같은 문제가 있었다. 이건 정말 똑똑해야만 할 수 있는 행동이다. 그러나 이 이야기를 조금 시시하게 만드는 설명도 가능하다. 문어는 밝은 빛을 좋아하지 않으며 이들은 자신을 짜증나게 하는 모든 것에 물을 뿜는다(피터 듀스가 발견했듯이). 그러니 전등에 물을 뿜는 것은 그다지 설명이 필요없는 행동일 수 있다. 게다가 문어는 사람이 없을 때 굴에서 멀리 나와 돌아다니므로, 그때 우연히 전등에 물을 뿜을 가능성이 더 크다. 한편, 내가 본 이런 종류의 이야기들은 문어가 이런 행동이 얼마나 효과적인지 **매우 빨리** 학습한다는 인상을 준다. 불을 끄기 위해 자리를 잡고 빛을 겨냥할 가치가 있다는 걸 빠르게 익힌다는 것이다. 이런 행동을 설명해 줄 수 있는 몇 가지 가설을 증명할 실험을 설계하는 것도 가능하다.

이 전등 끄기 사례에서 문어의 보편적인 특성이 드러난다. 문어는 사육 환경이라는 특수한 조건과, 인간 사육사와의 상호작용에 적응하는 능력이 있다는 것이다. 야생의 문어는 대체로 단독 생활을 하는 동물이다. 대부분의 문어 종은 최소한의 사회적 삶만 영위하는 것으로 보인다(뒤에서 예외 사례를 살펴볼 예정이다). 하지만 실험실에서는 문어들이 새로운 환경에서 상황이 어떻게 돌아가는지를 재빨리 이해하는 경우가 많다. 한 예로, 사육 중인 문어들은 사육사 개개인을 식별하고 사람에 따라 다르게 행동한다는 것은 오래전부터 알려져 있었다. 이런 이야기들은 각기 다른 실험실에서 꾸준히 나왔다. 처음에는 사소한 일화에 불과해 보였다. 위에서 언급한 '전등이 나가는' 문제를 겪었던 뉴질랜드의 실험실에 있던 한 문어는 특별한 이유 없이 실험실 스태프 한 명을 싫어했다. 문어는 그 사람이 수조 옆을 지날 때마다 2리터 정도의 물줄기를 뒷목에 뿌려댔다. 댈하우지 대학교의 셸리 애더머Shelley Adamo가 데리고 있던 갑오징어는 실험실을 **처음** 찾는 방문자들에게 물을 뿜었지만 자주 보는 사람에게는 물을 뿜지 않았다.[14] 2010년의 한 실험에서는 태평양대문어가 사람들을 구별할 수 있고, 심지어 여러 사람이 같은 유니폼을 입고 있을 때도 구분할 수 있다는 사실을 확인했다.[15]

한때 실험실에서 문어의 행동을 연구했던 철학자 스테판 린퀴스트Stefan Linquist는 이렇게 말한다. "물고기를 연구해 보면, 물고기는 자신들이 야생이 아닌 수조에 있다는 것을 모른다. 문어는 다르다. 문어는 자신이 특별한 장소 안에 있고 당신은 밖에 있다는 것을 안다. 그들의 모든 행동은 자신이 갇혀 있다는 사실에 영향을 받는다." 린퀴스트의 문어들 또한 수조에서 이런저런 행동으로 말썽을 피웠다. 린퀴스트는 문어들이 물이 빠져나가는 밸브에 의도적으로 다리를 쑤셔넣는 바람에 골머리를 앓았다. 수조의 수위를 높이려는 속셈이었을 것이다. 당연하게도 실험실 전체에 물난리가 났다.

린퀴스트의 주장을 뒷받침하는 또 다른 이야기를 펜실베이니아 밀러스빌 대학교의 진 보얼Jean Boal로부터 들었다.[16] 그는 두족류 연구자 사이에서 가장 철저하고 비판적인 사람으로 명성이 자자하다. 그는 정교한 실험 설계, 그리고 두족류에 대한 가설에서 '인지'나 '사고'라는 어휘를 쓸 때에는 실험 결과가 보다 단순한 방식으로 설명되지 않을 때만 써야 한다는 고집스런 주장으로 잘 알려져 있다. 그러나 다른 연구자들처럼 그 또한 문어의 내면 세계를 보여 주는 듯한 당혹스러운 이야기를 몇 개 갖고 있다. 그중 십 년이 넘도록 그의 뇌리에 남아 있는 이야기가 하나 있다. 문어는 게를 즐겨 먹는데, 실험실에서는 대부분 해동한 냉동 새우나 오징어를 주게 마련이다. 문어가 이 싸구려 음식에 적응하기까지 시간이 조금 걸리긴 해도, 결국에는 적응한다. 하루는 보얼이 수조들 사이를 지나며 문어들에게 해동한 오징어를 한 조각씩 주고 있었다. 보얼은 맨 끝에 있는 수조까지 먹이를 준 다음 왔던 길로 되돌아갔다. 그런데 첫 번째 수조에 있던 문어가 그를 기다리고 있는 것처럼 보였다. 문어는 자신이 받은 오징어를 먹지 않고 눈에 잘 띄게 쥐고 있었다. 보얼이 그 앞에 멈쳐서자, 문어는 수조를 가로질러 배수관 쪽으로 천천히 다가갔다. 그러는 동안에도 보얼에게서 눈을 떼지 않았다. 출수구에 도착한 문어는 여전히 그를 응시하며, 오징어를 배수구에 집어던졌다.

보얼의 이야기나 문어가 연구자들에게 물을 뿜었다는 이야기를 들으면 내가 경험한 일이 떠오른다. 사육중인 문어는 종종 탈출을 시도하는데, 그럴 때마다 예외없이 인간이 지켜보지 않는 순간을 정확히 노리는 것처럼 보인다. 예를 들어 문어가 양동이 안에 들어가 있다면 얼마 동안은 거기서 만족한 것처럼 보이지만, 잠시라도 한눈을 팔다가 뒤를 돌아보면 문어가 양동이에서 나와 바닥을 조용히 기어다니고 있을 것이다.

나는 문어의 이런 성향이 내 상상일 뿐이라고 생각했다. 그런데, 몇 년 전 문어를 전문적으로 연구하는 데이비드 쉴David Scheel의 강연을 듣고 나서 생각이 바뀌었다. 그 역시 문어들이 인간이 자신을 보고 있는지 은밀히 파악하고 있다가, 보고 있지 않을 때 행동을 개시한다고 말했다. 문어의 이런 행동은 자연스럽다. 당신 같아도 창꼬치고기 같은 포식자가 한눈을 팔 때 줄행랑을 치고 싶을 것이다. 그러나 문어가 인간에게도 (물속이든 물 밖이든) 이를 빨리 적용할 수 있다는 것은 놀라운 일이다.

이런 종류의 이야기들이 쌓이면서, 일부 표준 학습 실험에서 문어가 보인 엇갈린 결과를 설명할 새로운 해석이 가능해진다. 흔히들 문어가 이런 실험에서 특별히 잘하지 못하는 이유는 요구되는 행동을 자연에서는 하지 않기 때문이라고 말한다(듀스의 레버 당기기 실험에 대해 핸런과 메신저가 한 말이다). 그러나 실험실 상황에서 문어가 보이는 행동은 '자연에 없는' 것이 그들에게 별로 문제가 되지 않음을 시사한다. 문어는 음식을 얻기 위해 뚜껑을 돌려야 열리는 병을 열 수 있으며, 심지어 병 안에서 뚜껑을 열고 나오는 문어를 촬영한 영상도 있다. 이보다 더 자연에서 하지 않는 행동은 별로 없다. 나는 피터 듀스의 오래 전 실험에 있는 문제가, 문어가 정어리 조각 같은 싸구려 먹이를 얻기 위해 여러 차례 레버를 당기는 것에 흥미를 느끼리라는 가정에서 비롯되었다고 생각한다. 쥐나 비둘기는 그럴 수 있겠지만, 문어는 먹이를 먹는 데 시간이 꽤 걸리는 데다가 허겁지겁 먹어치우지도 않으며, 쉽게 질리는 편이다. 적어도 몇몇 문어에게는 수조 위에 있는 전구를 붙잡아 자신의 은신처로 끌어들이는 게 더 흥미로운 일인 것이다. 연구진에게 물을 뿜는 것도 마찬가지다.

문어에게 동기를 부여하는 데 난관에 부딪히자, 안타깝게도 몇몇 연구자는 부정적 강화(전기충격)를 다른 동물에게 하는 것보다 죄책감 없이 사용했다. 나폴리 동물학 연구소에서 초기에 실시한 많은 실험에서 문어들은 끔찍하게 다루어졌다. 전기충격이 전부가 아니다. 많은 실험에서 문어가 의식을 회복한 뒤 어떻게 행동할지를 관찰한다는 이유만으로 뇌 일부를 절제하거나 중요한 신경을 절단했다. 마취를 하지 않고 문어를 절개하는 것은 최근까지도 허용되었다. 무척추동물인 문어는 동물학대법의 보호를 받지 못하기 때문이다. 문어를 지각이 있는 존재로 생각하는 사람이라면, 문어에 대한 초기 연구자료들을 읽기가 고통스러울 것이다.[17] 그러나 지난 10년간, 특히 유럽연합에서는 동물실험 규범에 일종의 '명예 척추동물'로 등재되었다. 일보 전진이라 할 만하다.

문어의 행동 중 단순히 이야깃거리를 넘어서 실험으로 탐구할 대상이 된 것은 바로 **놀이**다. 여기서 놀이는 순전히 재미를 위해 사물과 상호작용하는 것을 말한다. 이러한 행동에 대한 최초의 연구는 두족류 연구의 선구자인 제니퍼 매더Jennifer Mather와 시애틀 수족관의 롤랜드 앤더슨Roland Anderson이 함께 수행했다.[18] 문어 중에서도 소수의 개체만이 알약 통을 가지고 노는 모습을 보인다. 이때 문어들은 여과기에서 정화된 물이 다시 뿜어져 나오는 곳에 약통을 가져가, 그 물줄기를 이용해 앞뒤로 튕기며 놀기도 한다. 문어가 새로운 사물에 대해 처음 갖는 관심사는 보통 먹을 수 있는지이다. 그러나 그 물건을 먹을 수 없다고 판단해도, 꼭 흥미를 거두지는 않는다. 지금까지도 관련 연구가 상세히 진행되고 있다. 최근 마이클 쿠버Michael Kuba가 실시한 실험에서는, 문어가 어떤 대상이 먹이인지 아닌지를 금방 파악할 수 있지만, 그럼에도 종종 그 대상을 살펴보고 다뤄보거나 관심을 가진다는 것이 확인되었다.

옥토폴리스 방문기

첫 장에서 매튜 로렌스가 호주 동부 해안에서 발견한 문어 서식지에 대해 묘사했다. 매튜는 작은 보트에서 닻을 내린 뒤, 물속으로 헤엄쳐 내려가 그 닻을 붙잡고 바람에 밀려가는 배를 따라 해저를 유랑했다. (홀로 다이빙하는 것은 정말 좋지 않은 생각이라는 걸 덧붙여야겠다. 매튜는 만일의 사태에 대비해 보조 공기 공급 장치를 챙겨 내려간다. 그럼에도 불구하고 권장할 만한 방법은 아니다) 2009년, 그는 문어 십여 마리 정도가 살고 있는 조가비 더미를 우연히 발견했다. 문어들은 그의 존재에 별로 개의치 않고, 그가 지켜보는 와중에도 주변을 돌아다니고 몸싸움을 했다.

매튜는 그 지점의 GPS 좌표를 기록하고 정기적으로 그곳을 찾았다. 문어들은 그의 존재를 전혀 싫어하지 않는 듯했고, 몇 마리는 매튜와 함께 놀면서 그의 장비를 관찰할 정도로 호기심을 보였다. 그의 카메라와 공기 호스 주변은 금세 문어들의 놀이터가 되었다. 다른 문어들은 저들끼리 노느라 바빴다. 때로는 일종의 '괴롭힘' 행동을 목격했다. 한 문어가 자신의 굴에 가만히 앉아 있는데, 더 큰 문어가 다가와 굴 위로 올라가서는 밑에 있는 문어와 격렬하게 몸싸움을 벌였다. 엄청난 색깔들이 난무하는 소동이 벌어진 뒤, 아래에 있던 문어는 몸이 창백해진 채 로켓처럼 솟아 올라 조가비 더미에서 몇 미터 떨어진 곳에 앉았다. 공격을 한 문어는 제 굴로 천천히 돌아갔다.

시간이 지나면서 매튜는 이들과 함께 있는 시간에 점점 익숙해졌다. 오늘날까지도 문어들이 다른 사람과 매튜를 대하는 태도가 다른 듯하다. 한번은 문어 하나가 그의 손을 잡더니 그를 끌고 걸어다녔다. 매튜는 마치 매우 아담하고, 다리가 여덟 개 달린 아이의 안내를 받아 해저를 여행하는 기분으로 따랐다. 10분 남짓의 짧은 투어는 그 문어의 굴 앞에서 끝났다.[19]

매튜는 생물학자는 아니지만 자신이 발견한 곳이 범상치 않다고 느꼈다. 그는 두족류에 관심이 있는 사람들과 과학자들이 모이는 웹사이트에 사진 몇 장을 올렸다.[20] 생물학자 크리스틴 허파드Christine Huffard가 그 사진을 보고 이 장소를 아냐고 내게 물어왔다. 나는 매튜가 올린 글을 읽고 놀랐다. 매튜가 가리키는 장소는 시드니에서 불과 몇 시간 거리에 있었다. 시내에 갈 일이 생겼을 때 매튜에게 연락한 뒤, 차를 몰아 그를 만나러 갔다.

매튜는 스쿠버 다이빙 광이었다. 차고에 자기 에어 컴프레서를 가져다 놓고, 자신이 직접 배합한 농축 공기를 공기통에 채웠다. 곧 우리는 그의 작은 보트를 타고 통통거리며 바다로 향했다. 그는 닻을 내렸고 우리는 닻줄을 따라 헤엄쳐 내려갔다. 작은 물고기 몇 마리가 우릴 지켜보고 있었다.

우리가 지금은 옥토폴리스Octopolis* 라고 부르는 장소는 대략 수심 15미터에 있다.[21] 도착하기 전까지는 거의 보이지 않으며, 주변 해저에 별다른 특색이 있는 것도 아니다. 가리비들은 작은 무리 또는 한 마리씩

* 문어의 도시라는 의미의 합성어. – 옮긴이

흩어져 살고 있고, 다양한 해초가 모래 위에서 나풀댔다. 물이 차가운 겨울이었고 나의 첫 옥토폴리스 방문은 조용했다. 우리가 만난 네 마리의 문어는 별다른 움직임이 없었다. 하지만 이곳이 비범한 장소라는 것은 느낄 수 있었다. 매튜가 말한대로 가리비 껍데기들이 직경이 약 2미터 정도 높이의 더미를 이루고 있었다. 오랜 시간 동안 조가비들이 쌓여 온 것처럼 보였다. 30센티미터 높이의 단단한 바위 같은 물체가 가운데에 놓여 있었고, 그곳에서 가장 큰 문어가 그 물체를 굴로 삼고 있었다. 나는 길이를 측정한 뒤 사진을 찍었고, 여력이 될 때마다 계속 방문했다. 얼마 지나지 않아 매튜가 처음 옥토폴리스에서 목격한 것처럼, 많은 문어들과 복잡한 행동들을 관찰할 수 있었다.

공기와 시간이 충분했다면 우리가 얼마나 더 거기에 머물렀을지 모르겠다. 문어들이 활발하게 움직이는 광경은 정말 매혹적이었다. 문어들은 각자 조가비 사이의 굴 속에 들어앉아 서로를 주시하다가도, 간헐적으로 굴에서 나와 조가비 더미 위를 돌아다니거나 모래 위로 움직였다. 별 일 없이 서로를 지나치는 문어도 있었지만, 어떤 문어는 다리를 내밀어 상대를 쿡 찔러 보거나 탐색했다. 그러면 그에 대한 응수로 다리 한두 개가 돌아온다. 이 반응이 진정 국면으로 이어져 각자의 길로 갈 때도 있지만, 몸싸움으로 번지기도 한다.

첫 번째 사진은 이들이 어떻게 생겼는지 보여 주기 위해 현장 가까이에서 찍은 것이다. 이 문어는 시드니문어*Octopus tetricus*로 호주와 뉴질랜드에서만 발견되는 중간 크기의 문어다. 이 개체는 꽤 큰 편으로, 밑바닥에서부터 몸통의 꼭대기까지 길이는 60센티미터가 조금 안 될 것이다. 이 문어는 오른쪽에 있는 문어를 향해 달려들고 있다.

다음은 조가비 더미 위에서 벌어진 장면이다.[22] 왼쪽 문어는 오른쪽에 있는 문어에게 달려들고 있고 오른쪽 녀석은 몸을 뻗어 도망치려 하고 있다.

그 다음 사진은 서식지 가장자리에 있는 모래판에서 벌어진 꽤 심각한 싸움이다.

한번은 조가비 더미의 변화를 연구하기 위해 말뚝 몇 개를 박아 현장의 대략적인 경계를 표시해 두었다. 약 18센티미터 길

이의 말뚝은 플라스틱 재질이어서, 금속 볼트를 테이프로 감아 무게를 더했다. 나는 이 말뚝 끝이 모래 위로 2센티미터 정도만 나오도록 현장의 사방에 박아 놓았다. 거의 눈에 띄지 않았고 어디에 있는지 모른다면 찾기도 어려울 정도였다. 몇 개월 후 현장을 다시 찾았을 때, 말뚝 하나가 뽑혀 나가 약간 떨어져 있는 문어 굴 근처의 잡동사니 더미에 놓여 있는 것을 발견했다. 아마도 문어는 말뚝이 먹을 수도 없고, 집을 지키는 데도 특별히 유용하지 않다고 판명했을 것이다. 그러나 우리가 가지고 내려간 줄자와 카메라 같은 물건들과 마찬가지로, 말뚝이라는 새로운 물건이 문어에게 흥미를 불러일으켰을 것이다.

문어가 낯선 사물을 다루는 사례에 대한 또 다른 연구는 좀 더 현실적인 이유에서 출발했다. 2009년 인도네시아의 연구팀은 야생 문어들이 반으로 쪼개진 코코넛 껍데기 반쪽을 휴대용 은신처로 사용하는 것을 보고 놀랐다.[23] 깔끔하게 잘린 것으로 보아 십중팔구 인간이 먹고 버린 것이었다. 문어들은 코코넛 껍데기를 잘 써먹었다. 껍데기 두 개를 엇갈리게 포갠 다음, 그 두 짝을 자기 몸 아래로 감싸 안고 '거미처럼' 다리를 길게 뻗어 해저를 누볐다. 그리고는 껍데기를 공 형태로 만들어 그 안으로 숨어들었다. 다양한 동물들이 주운 물건을 주거지로 사용하고(예를 들어 소라게), 일부는 먹이를 채집하는 데 도구를 사용한다(침팬지나 몇몇 까마귀들). 그러나 이 사례처럼 '복합적'으로 물체를 조립하고 해체하여 사용하는 경우는 극히 드물다. 사실 이런 행동을 비교할 동물이 있는지도 분명치 않다. 많은 동물이 둥지를 만들 때 다양한 재료를 사용한다. 다시 말해 둥지들은 대체로 '복합적'인 건축물이다.

코코넛 집 행동은 내가 생각하는 문어 지능의 특징을 잘 보여 준다. 이는 그들이 **어떻게** 똑똑한 동물이 되었는지를 분명하게 보여 주는 사례다. 문어는 호기심이 많고 유연하다는 면에서 똑똑하다. 모험을 할 줄 알고 기회를 포착하는 능력이 뛰어나다. 이 아이디어를 바탕으로, 동물의 범주와 생명의 역사 속에서 문어가 어떤 위치에 있는지에 대한 나의 견해를 덧붙이고자 한다.

이전 장에서 마이클 트레스트먼의 생각을 빌려 와, 다양한 종류의 동물의 신체 구조 중에서 오직 세 집단에만 '복잡하고 활동적인 신체'를 가진 종이 있다고 말했다. 척삭동물(우리를 비롯해서), 절지동물(곤충과 게 등), 그리고 연체동물 중에서도 작은 집단인 두족류다. 절지동물은 5억 년도 전, 캄브리아기 초기에 가장 먼저 이 길을 걸어갔다. 그들이 복잡하고 활동적인 신체를 성취한 방식이 진화적 피드백을 촉발하여 다른 동물에게 영향을 미쳤을 수도 있다. 절지동물이 먼저 간 길을 척삭동물과 두족류가 뒤따른 것이다.

우리 인간의 경우를 제쳐두면, 다른 두 동물군이 택한 경로의 차이를 발견할 수 있다. 많은 절지동물은 사회적 삶과 협력에 특화되어 있다. 모든 절지동물이(실은 대다수의 절지동물 종이) 그렇진 않지만, 절지동물이 이룬 위대한 성취는 많은 경우 사회성과 관련되어 있다. 이 위대함은 개미와 꿀벌의 군집에서, 그리고 흰개미의 정교한 공조 시스템을 갖춘 도시에서 잘 나타난다.

두족류는 다르다. 그들은 결코 뭍으로 올라가지 않았으며(다른 연체동물 몇몇은 그랬지만), 절지동물보다 늦게 복잡한 행동의 길로 들어섰겠지만, 결국에는 더 큰 뇌를 진화시켰다. (여기서 나는 개미 군집을 하나의 유기체로 보지 않고, 많은 뇌를 가진 많은 개체로 간주한다.) 절지동물의 경우 매우 복잡한 행동을 많은 개체의 협력을 통해 성취하려고 한다.[24] 일부 사회적인 오징어도 있지만, 개미나 꿀벌 집단 같은 조직력은 아니다. 일부 오징어를 제외하면 두족류는 비사회적 형태의 지능을 습득했다. 그중에서도 문어는 가장 고독하고 기이한 복잡성을 획득하게 된다.

신경의 진화

이제 문어의 내부에 무엇이 있는지, 그리고 이러한 행동 너머에 있는 신경계가 어떻게 진화했는지 살펴보자.

큰 뇌의 역사는 대략 알파벳 Y의 형태를 띄고 있다. Y의 가운데 분기점에는 척추동물과 연체동물의 마지막 공통 조상이 있다. 여기서부터 많은 경로가 시작되지만, 나는 하나는 우리에게 이어지고 다른 하나는 두족류로 이어지는 두 길만을 이야기할 것이다. 초기 단계에서부터 두 경로 모두로 유전된 특징은 무엇이 있을까? Y자 가운데에 있는 조상은 분명 뉴런을 갖고 있었다.[25] 아마도 간단한 신경계를 가진 벌레를 닮은 생물이었을 것이다. 단순한 눈을 가졌을 수도 있다. 이 동물의 뉴런은 몸 앞쪽에 모여 있었을 수도 있지만, 그것을 뇌라고 할 정도는 아니었다. 그 단계부터 신경계의 진화는 각기 다른 계통에서 독립적으로 진행되었고, 그 중 두 계통은 각기 다른 구조의 큰 뇌로 이어졌다.

우리 계보에서는 동물의 등 가운데를 따라 신경 다발이 지나고 그 한쪽 끝에는 뇌가 있는 척삭동물 구조가 등장했다. 이 구조는 물고기, 파충류, 조류, 포유류에서 볼 수 있다. 두족류의 계보에서는 다른 신체 구조와 다른 종류의 신경계가 진화했다.[26] 이 신경계는 우리의 것보다 **분산**되어 있고 덜 중앙집중적이다.

무척추동물의 뉴런은 **신경절**ganglia이라는 작은 결절에 모여 있다. 이 신경절들은 몸 전체에 흩어져 있는데, 몸의 좌우에 각각 위치하여 자연스럽게 쌍을 이룬다. 이 신경절 쌍들은 위도와 경도처럼 몸을 세로와 가로로 가로지르는 연결체들로 이어져 있다. 이 모습이 마치 몸 속의 사다리 같아서 **사다리 신경계**라고도 불린다. 두족류의 조상도 아마 이와 비슷한 신경계를 가지고 있었을 것이다. 진화를 거치며 뉴런의 수가 폭발적으로 증가하는 과정에서도, 이 사다리 구조는 그대로 유지되었다.

뉴런이 급증하면서 일부 신경절은 크고 복잡해졌고, 새로운 신경절이 더해졌다. 동물의 몸 앞쪽에 집중된 뉴런은 점점 더 뇌에 가까운 형태를 띠게 되었다. 오래전 사다리 구조는 보이지 않지만, 완전히 사라진 것은 아니다. 두족류 신경계의 기본 구조는 여전히 우리와는 상당히 다르다.

아마도 가장 이상한 점은, 입에서 몸으로 음식물을 보내는 식도가 뇌의 한가운데를 통과한다는 것이다. 이것은 완전히 잘못된 것 같다. 처음에 그곳은 뇌가 있을 자리가 아니었을 것이다. 만약 문어가 '목구멍' 옆을 찌를 수 있는 날카로운 것을 먹는다면, 그 날카로운 물체는 바로 문어의 뇌를 향하게 된다. 실제로 문어에게 이런 문제가 발생한 사례가 발견되기도 했다.

더욱이 두족류의 신경계 대부분은 뇌가 아닌 몸 전체에 퍼져 있다. 문어의 경우 몸 중앙의 뇌에 있는 뉴런의 두 배에 가까운 뉴런이 다리에 있다. 다리는 자기만의 감각기와 제어기controller를 가지고 있다. 다리는 단지 촉각 뿐만 아니라 화학물질을 감각할 수 있는 능력, 다시 말해 냄새를 맡고 맛을 보는 능력이 있다. 문어 다리의 빨판 한 개에는 촉감과 맛을 감지하는 뉴런이 1만 개가 있다. 이 능력 때문에 잘려 나온 다리도 뻗기나 움켜쥐기 같은 다양한 기초적인 움직임을 취할 수 있다.

문어의 뇌와 다리는 어떤 관계가 있을까? 행동과 해부학적 측면을 모두 살펴본 초기 연구들은 다리가 상당히 독립적으로 움직인다는 것을 보여 주었다. 중앙 뇌와 다리를 연결하는 신경 통로는 너무 가늘어 보였다. 몇몇 행동 연구에는 문어가 자신의 다리가 어디에 있는지도 파악하지 않는다는 결과가 있다. 로저 핸런과 존 메신저가 저서 『두족류의 행동』에서 말했듯, 다리는 적어도 기초적인 움직임의 제어에 있어서는 뇌와 '기묘하게 분리되어' 있는 것처럼 보였다.

다리 하나의 내부적 협응은 상당히 우아해 보이기도 한다. 문어가 먹이를 끌어당길 때, 다리 끝으로 당기는 동작으로 인해 두 종류의 근육 활성화 파동이 만들어진다.[28] 하나는 다리 끝에서 안쪽으로, 다른 하나는 본체에서 바깥으로 뻗는 동작이다. 이 두 파동이 만나는 지점에서 일시적으로 팔꿈치와 같은 관절이 형성된다. 각 다리의 신경계에는 뉴런의 순환고리(학술 용어로는 순환recurrent 연결)가 있는데, 이것 덕분에 다리가 단순한 단기 기억 기능을 갖게 될 수도 있다. 하지만 이 시스템이 어떤 역할을 하는지는 알려져 있지 않다.[29]

문어는 특별히 중요한 상황에서는 자신의 모든 신체를 추스를 수 있다. 이 장의 첫머리에서 본 것처럼, 야생에서 문어를 만나 그 앞에 멈춰 서면, 몇몇 문어는 당신을 탐색하기 위해 다리 하나를 내민다. 종종 두 번째 다리가 뒤따르지만, 동물이 지켜보는 동안 먼저 나오는 것은 단 하나의 다리다. 이는 어떠한 의도성, 다시 말해 뇌의 지시를 받는 행위임을 암시한다. 다음 사진은 옥토폴리스에서 촬영한 영상의 한 장면으로, 이 또한 그러한 관점을 뒷받침한다. 화면 가운데에 있는 문어가 오른편에 있는 다른 문어에게 뛰어들면서 상대를 붙잡기 위해 다리 하나를 뻗고 있다.

　　국소적 제어와 하향식 제어가 혼합된 형태로 작동할 수도 있다. 예루살렘 히브리 대학교의 비냐민 호크너Binyamin Hochner 연구팀은 이 주제 관련 연구 중 가장 탁월한 실험 연구를 수행했다. 2011년, 비냐민 호크너와 타마르 구트닉Tamar Gutnick, 루스 번Ruth Byrne, 마이클 쿠버가 저술한 논문에는 매우 기발한 실험이 기술되어 있다. 연구팀은 문어가 먹이를 얻기 위해, 다리 하나를 움직여 미로를 통과시킨 뒤 특정 장소에 도달하도록 훈련시킬 수 있는지 알아보고자 했다. 이 실험의 핵심은 다리 자체의 감각 능력을 원천적으로 차단하는 것이었다. 이를 위해 연구팀은 다리가 목표 지점에 도달하려면 반드시 한 지점에서 물 밖으로 나와야 한다는 조건을 추가했다. 물 밖에서는 다리의 화학 감각으로 먹이의 위치를 파악할 수 없기 때문이다. 그 대신 미로의 벽은 투명하게 만들어, 문어가 자신의 눈으로 다리의 움직임과 목표 지점을 모두 볼 수 있도록 했다. 문어는 오직 시각 정보에만 의존해, 뇌의 명령으로 다리를 제어하는 과제에 직면한 것이다.

이 과제를 익히기까지 오랜 시간이 걸렸지만, 결국 실험에 동원된 거의 모든 문어가 성공했다. 눈으로 다리를 인도할 수 있다는 말이다. 논문은 동시에 문어가 이 과제를 능숙하게 수행할 수 있게 되었을 때도, 먹이를 찾는 다리가 주변을 더듬으며 스스로 탐색하는 것처럼 보인다고 기술했다. 문어의 몸은 두 가지 형태의 제어가 협력하여 작동하는 것으로 보인다. 눈으로 보고 다리의 전반적인 경로를 제어하는 중앙 제어와, 다리가 스스로 탐색 과정을 정교하게 조율하는 방식이 결합된 것이다.

몸과 제어

뉴런이 5억 개나 된다니, 왜 그렇게 많은 걸까? 문어의 뉴런은 어떤 역할을 할까? 이전 장에서 나는 이 장치를 유지하는 데 드는 비용을 강조했다. 왜 두족류는 이토록 이례적인 진화의 길을 걷게 되었을까? 아무도 그 답을 모르지만, 몇 가지 가능성을 그려 보고자 한다. 이 질문은 거의 모든 두족류에게 해당되지만, 나는 문어에 초점을 맞추겠다.

문어는 포식자다. 그들은 매복하고 기다리기보다는 이동하면서 사냥한다. 문어는 암초나 얕은 해저를 두리번거리며 돌아다닌다.[31] 동물심리학자들이 커다란 뇌의 진화를 설명할 때, 종종 그 동물의 사회적 삶에서부터 시작한다.[32] 사회적 삶의 복잡성은 높은 지능을 탄생시키는 것으로 보인다. 그런데 문어는 그다지 사회적이지 않다. 마지막 장에서 예외 사례도 살펴보겠지만, 문어의 이야기에서 사회적 삶은 큰 부분을 차지하지 않는다. 그보다 더 중요해 보이는 요소는 이동과 사냥이다. 이 생각을 날카롭게 벼리기 위해, 1980년대에 영장류 동물학자 캐서린 깁슨 Katherine Gibson이 발전시킨 개념을 적용할 것이다.[33] 그는 일부 포유류가 큰 뇌를 발달시킨 이유를 찾고 있었다. 문어 같은 동물에 대해서는 자신의 이론을 적용할 생각이 없었지만, 나는 깁슨의 견해가 두족류에도 잘 들어맞는다고 생각한다.

깁슨은 먹이를 찾는 방식을 두 가지로 구분했다. 한 가지 방법은 처리 과정이 필요 없고 항상 같은 방법으로 얻을 수 있는 먹이만 섭취하는 것이다. 깁슨은 날벌레를 잡는 개구리를 예로 들었다. 그는 이것과 '추출식' 먹이 사냥을 대비시켰다. 이는 껍데기를 벗기고 먹이를 떼어내는 등의 융통성과 상황 대처가 필요한 방식이다. 침팬지와 개구리를 비교해 보자. 침팬지는 다양한 먹잇감을 찾아 돌아다니며 이들의 먹이 중 대부분은 땅콩류나 씨앗, 집 속에 숨어 있는 흰개미처럼 발견한 뒤에도 전처리와 추출이 필요하다. 유연하고 까다로운 추출식 먹이 사냥 방식에 대한 깁슨의 설명은 문어에게 잘 들어맞는다. 많은 문어가 먹이로 게를 가장 선호하지만, 가리비부터 물고기(또는 다른 문어)까지 다양한 동물을 먹이로 삼는다. 그리고 껍데기나 다른 방어 수단을 처리하는 중요한 작업도 한다.

주로 태평양대문어를 연구하는 데이비드 쉴은 자신이 사육하는 문어에게 조개를 통째로 준다. 그러나 알래스카의 프린스윌리엄 해협에 사는 문어들은 조개를 일상적으로 먹지 않기 때문에, 이 새로운 먹잇감에 대해 가르쳐야 했다. 그는 처음에는 조개껍데기를 살짝 깬 뒤 문어에게 주었다. 나중에 그가 문어에게 껍데기가 멀쩡한 조개를 주었더니 문어는 그것이 먹이라는 것은 알지만 어떻게 살을 꺼내 먹을 수 있는지는 몰랐다. 문어는 다양한 방식을 시도한다. 껍데기를 긁거나 부리로 끄트머리를 쪼는 등 가능한 모든 방식으로 처리하다가…마침내 충분한 힘을 주면 껍데기를 뜯어낼 수 있다는 것을 배운다.

이런 방식의 사냥과 먹이 탐색은 문어의 탐험심과 호기심, 특히 새로운 물체에 대한 문어의 호기심을 잘 설명해 준다. 이 같은 성향은 먹이를 적당히 처리하는 갑오징어나 오징어보다는 문어에게서 더 잘 보인다. 일부 갑오징어는 매우 큰 뇌를 갖고 있다. 신체 대비 비율로 따지면 문어보다도 뇌가 클 것이다. 이것은 지금까지도 수수께끼이며, 갑오징어의 능력에 대해서는 덜 밝혀져 있다.

문어는 일반적인 의미(다른 문어들과 오랜 시간을 보내는가를 포함)에서는 그리 사회적이진 않다. 하지만 문어가 포식자로서 그리고 피식자로서 다른 동물과 맺는 관계는 어떤 의미에서 '사회적'이다. 보통 이런 상황에서는 다른 동물의 행동, 시야, 할 수도 있는 일에 맞춰 자신의 행동을 조정할 할 필요가 있다. 같은 종 안에서 이루어지는 '사회적' 삶에 필요한 능력은, 사냥을 하거나 생존에 필요한 능력과 비슷하다.[34]

문어의 생태적 특성은 아마도 문어의 거대한 신경계를 만드는 데 영향을 미쳤을 것이다. 이제 다른 아이디어를 제시하고 싶다. 2장에서 신경계의 진화에 대한 **감각-운동적 관점**과 **행위-형성적 관점**을 대조시켰다. 행위-형성적 접근법은 덜 알려져 있으며 이런 접근법이 개발되기까지 노력이 필요한 역사가 있었다. 이 접근법의 핵심 개념은 이것이다. 최초의 신경계는 감각 입력과 행동 출력을 매개하기 위해서가 아니라, 순전히 유기체 내부의 협응, 다시 말해 몸의 각 부분의 미세한 행위들을 전체의 거시적 행위로 어떻게 협응시킬 것인가 하는 문제에 대한 해결책으로 나타났다.

이런 점에 있어서 두족류, 특히 문어의 몸은 매우 독특한 대상이다. 연체동물의 '다리' 일부가 관절이나 껍데기 없이 촉수 다발로 분화한 결과, 매우 제어하기 어려운 기관이 생겨났다. 한편으로는 제어할 수만 있다면 매우 **유용한** 것이기도 했다. 문어가 몸에서 거의 모든 단단한 부분을 잃어버린 것은 도전이자 기회였다. 엄청나게 다양한 움직임이 가능해졌지만, 체계적이고 일관성을 가질 필요가 생겼다. 문어는 신체에 중앙집중적 관리 방식을 도입하여 이 도전에 대처하지 않았다. 대신 국지적 제어와 중앙집중적 제어를 혼합했다. 문어가 다리들을 중간 규모의 행위자로 만들었다고 말할 수도 있다. 그러나 문어는 또한 문어의 몸이라는 거대하고 복잡한 체계에 하향식 명령을 내리기도 한다.

신경계 진화의 초기부터 협응이 중요했던 것처럼, 문어에게도 협응은 중요한 역할을 한다. 문어의 뉴런이 대량으로 증가한 이유도 바로 이 협응을 위해서일 것이다. 단지 몸을 제어하기 위해 그 많은 뉴런이 필요했던 것이다.

협응의 문제로 문어 신경계의 **크기**를 설명할 수는 있겠지만, 문어의 지능적이고 유연한 행동을 설명하지는 못한다. 협응이 잘 이루어지는 동물도 그리 창의적이지 않을 수 있다. 문어에 대한 보다 온전한 접근법은 행위-형성적 접근법과, 깁슨으로부터 빌려온 먹이 탐색과 사냥에 대한 생각을 합치면 된다. 이것으로 문어의 창의성, 호기심, 그리고 예리한 감각을 설명할 수 있게 된다. 더 과감한 추론도 가능하다. 거대한 신경계는 오직 몸을 협응시키기 위한 목적으로 진화했지만, 그 결과로 생긴 엄청난 신경 복잡성 때문에 다른 능력들이 그냥 부산물로 따라왔거나, 혹은 이미 갖춰진 시스템 위에 덧붙여졌다는 이야기다. 앞 문장에서 '혹은'(부산물 혹은 추가물)이라는 표현을 썼지만, 양자택일의 문제가 아니다. 사람을 구별해 인식하는 것과 같은 일부 능력은 우연한 부산물일 수 있고, 문제 해결과 같은 능력은 문어의 기회주의적 생활 방식에 대응하여 진화를 통해 뇌가 변형된 결과일 수 있다.

이 관점에서 뉴런은 처음에는 몸의 필요에 의해 많아졌고, 시간이 흘러 문어는 많은 것을 할 수 있는 뇌를 갖게 된다. 진화적 측면에서 보면, 문어가 하는 놀라운 행동의 **일부**는 분명 우연히 생긴 듯하다. 갇혀 있을 때 하는 그 놀라운 행동들, 장난과 재주, 인간과의 교류를 떠올려 보라. 문어에게는 필요 이상의 지능이 존재하는 것처럼 보인다.

수렴과 분기

지금까지 우리가 알고 있는 한도 내에서, 두 갈래로 나뉘게 된 과정을 설명했다. 한 갈래는 우리와 같은 척삭동물로 이어지고, 다른 하나는 문어를 비롯한 두족류로 이어지는 길이었다. 이제 진화의 두 계통을 따라 무엇이 생겨났는지를 정리하고 비교해 보자.

가장 극적으로 유사한 것은 눈이다. 우리의 공통 조상이 한 쌍의 안점을 갖고 있었을지는 모르지만 지금 우리 같은 눈을 갖고 있지는 않았다. 척추동물과 두족류는 수정체로 망막에 상을 맺는 '카메라' 눈을 각자 독립적으로 진화시켰다. 여러 종류의 학습 능력도 양쪽 모두에서 나타난다. 보상과 처벌을 통한 학습, 효과가 있는 것과 없는 것을 탐지하는 학습은 진화의 과정에서 몇 번에 걸쳐 독립적으로 생겨난 듯하다.[35] 설령 인간과 문어의 공통 조상에게 학습 능력이 있었어도, 두 계통을 따라 내려오면서 매우 정교해졌을 것이다. 두 동물은 정신 면에서도 미묘한 유사성을 보인다. 문어는 우리와 마찬가지로 단기 기억과 장기 기억의 구분이 있다. 문어는 먹이도 아닌 데다가 당장 쓸모도 없는 새로운 물건을 갖고 놀기도 한다. 그들은 수면과 유사한 상태에 들어가기도 한다. 갑오징어는 인간이 꿈을 꿀 때처럼 일종의 렘 rapid eye movement, REM 수면 상태를 갖고 있는 것으로 보인다.[36] (문어가 비슷한 수면을 하는지는 아직 분명치 않다.)

그런가 하면 더 고차원적인 유사점도 있다. 예를 들어, 특정한 인간을 인지하는 능력과 다른 개체에 대한 관심이 그렇다. 우리의 공통 조상은 분명 이 중 어느 하나도 할 수 없었으리라. (그 단순하고 작은 생물이 세계를 인식했다고 상상하기는 어렵다.) 이 같은 능력은 사회적이거나 일부일처제의 생활을 할 때 의미가 있다. 문어는 일부일처제로 지내지 않고, 무질서한 성생활을 영위하며, 그다지 사회적이지도 않아 보인다. 똑똑한 동물이 자신의 세계에서 물건을 어떻게 다루는지 알려 주는 지표가 하나 있다. 이들은 끊임없이 흘러들어오는 정보를 의미 있는 대상 단위로 잘라내서, 그 대상의 겉모습이 변하더라도 그것을 다시 알아볼 수 있다. 나는 문어의 정신에서 이 놀라운 특징을 발견했다. 놀랍도록 우리와 친숙하고 유사함을 말이다.

어떤 특징은 유사성과 차이점, 수렴과 분기가 뒤섞여 있다. 우리는 심장을 갖고 있고 문어도 그렇다. 하지만 문어는 하나가 아닌 **세 개**의 심장을 갖고 있다. 문어의 심장은 청록색의 피를 뿜어낸다. 문어의 청록색 피는 구리 분자 때문이다. 우리의 피에서는 철분이 분자를 운반하기 때문에 붉다. 반면 문어의 피에서는 구리가 그 역할을 한다. 그리고 물론 신경계가 있다. 우리의 것처럼 크지만 다른 구조에 기반을 두고 있고, 몸과 뇌의 관계도 우리 신경계와는 사뭇 다르다.

문어는 심리학에서 **체화된 인지**embodied cognition로 알려진 이론적 흐름의 중요성을 보여 주는 좋은 사례로 종종 언급된다. 이 개념은 문어가 아닌 동물 전반에 적용하기 위해 만들어진 것으로, 로봇 공학의 영향을 받았다. 한 가지 중심적 개념은 우리가 세상에 대처하는 '똑똑함'의 상당 부분이 뇌 뿐만 아니라 신체에서 비롯된다는 것이다.[37] 우리 몸의 고유한 구조 안에, 환경 그리고 우리가 환경을 어떻게 다루어야 하는지에 대한 정보가 암호화되어 있기 때문에, 모든 정보를 뇌에 저장할 필요는 없다는 것이다. 예를 들어, 우리 사지의 관절과 각도는 걷기와 같은 동작이 자연스럽게 일어나도록 만든다. 걷는 법을 안다는 것은 그에 적합한 신체를 가졌다는 뜻이다. 힐렐 치엘Hillel Chiel과 랜덜 비어Randall Beer가 말했듯이, 동물의 신체 구조는 행위를 이끄는 '제약과 기회'를 모두 만들어 낸다.

특히 비냐민 호크너를 비롯한 몇몇 문어 연구자가 이 사고방식에 영향을 받았다. 호크너는 이 생각들이 문어와 인간의 차이점을 이해하는 데 도움이 될 수 있다고 믿는다. 문어는 **다른 체**

화different embodiment를 갖고 있고, 그 때문에 다른 종류의 심리를 갖게 되었다는 것이다.

나도 마지막 논점에 동의한다. 그러나 체화된 인지의 원칙들은 문어의 존재 방식의 기이함에 잘 맞지 않는다. 체화된 인지를 옹호하는 이들은 신체의 형태와 조직이 정보를 암호화하고 있다고 말한다. 하지만 그러려면 신체에 어떠한 형태가 있어야 하는데, 문어는 다른 동물에 비해 고정된 형태가 없는 편이다.[38] 문어는 다리를 뻗어 몸을 길게 일으켜 세울 수도 있고, 자기 눈보다 약간 더 큰 구멍을 비집고 들어갈 수 있으며, 미사일처럼 유선형이 될 수도 있고, 유리병에 들어갈 정도로 몸을 구길 수도 있다. 치엘이나 비어 같은 체화된 인지의 옹호자들은 신체가 어떻게 지능적 행위의 자원이 되는지 설명한다. 예컨대, 그들은 지각에 도움이 되는 신체 부위들 사이의 간격과 관절의 위치와 각도 등을 언급한다. 문어의 몸은 이 중 어떤 것도 갖고 있지 않다. 신체 부위의 고정된 간격도, 관절도, 자연스러운 각도도 없다. 나아가 체화된 인지를 논할 때 강조하는 '신체냐 뇌냐'의 대비는 문어에게 적용할 수 없다. 문어의 신경계는 온몸에 퍼져 있고, 뇌는 시작과 끝이 분명하지 않으므로 뇌보다는 전체 신경계라는 단어가 더 적절하다.[39] 문어는 몸 전체에 신경이 가득 퍼져 있다. 문어의 신체는 뇌나 신경계가 제어하는 **별개**의 것이 아니다.

물론 문어는 실로 '다른 체화'를 갖고 있다. 그러나 문어의 체화는 너무나 특이해서 이 체화된 인지의 일반적인 관점에 전혀 부합하지 않는다. 보통은 뇌를 전능한 CEO로 보는 입장과, 신체에 저장된 지능을 강조하는 입장 사이에서 논쟁이 벌어진다. 양쪽 입장 모두 뇌 기반한 지식과 신체 기반한 지식의 구분에 의존한다. 문어는 이 두 일반적인 프레임의 바깥에 있다. 문어의 체화는 체화된 인지 이론에서 흔히 강조되는 종류와는 완전히 다르다. 어떤 의미에서 문어는 **탈체화**disembodied되었다. 의도는 없었지만 탈체화라는 표현은 문어가 비물질적 존재라는 느낌을 준다. 문어는 신체를 가진 물질적 존재다. 하지만 문어의 신체는 변화무쌍하며 가능성으로 가득하다. 제약을 가하고 행동을 지도하는 신체가 주는 비용이나 이득은 아무것도 없다. 문어는 통상적인 신체와 뇌의 구분 너머에 산다.

4.

백색소음에서 의식으로

그것은 어떤 느낌인가

문어가 된다는 것은 어떤 느낌일까? 해파리가 되는 것은? 애초에 어떤 느낌이라는게 있기는 할까? 살아 있다는 느낌을 '처음' 경험한 동물은 누구였을까?

나는 이 책의 서두에서 정신mind을 이해하기 위해 '연속성'을 주장한 윌리엄 제임스의 말을 인용했다. 우리가 갖고 있는 경험의 정교한 형태는 다른 생물의 단순한 형태에서 유래했다. 제임스가 말했듯이, 의식은 처음부터 완전한 상태로 우주에 **난입**하지 않았으리라. 생명의 역사는 중간 형태들의 역사이자, 점진적 변화의 역사이며, 회색 지대의 역사다. 이 표현들을 빌어 정신에 대한 많은 것을 설명할 수 있다. 지각, 행위, 기억, 이 모든 것들은 전구체precursor에서부터 서서히 실체가 나타났다. 누군가가 이렇게 묻는다고 상상해 보자. 박테리아가 **정말로** 자신의 주변환경을 지각하는가? 꿀벌은 정말로 일어난 일을 **기억하는가**? 이 질문에는 명확하게 예 혹은 아니요로 답하기 어렵다. 생명체의 정신은 세계에 대한 최소한의 민감도에서 보다 정교한 종류의 민감도로 부드럽게 전이했으니, 날카로운 경계선을 그어 생각할 이유는 없다.

기억이나 지각 등에 대해서는 점진주의적인 접근이 여러모로 합리적이다. 하지만 그 주관적 경험, 다시 말해 우리의 삶의 느낌은 또 다른 문제다. 수년 전, 토머스 네이글Thomas Nagel은 우리에게 주관적 경험이 제시하는 수수께끼를 보여 주고자 **그것은 어떤 느낌인가**what its like라는 표현을 사용했다.[1] 그는 이렇게 물었다. 박쥐가 된다는 것은 어떤 느낌일까? 분명 **어떻**기는 하겠지만 인간인 것과는 매우 다를 것이다. 여기서 **어떤**like이라는 표현은 오해의 소지가 있다. **이** 느낌과 **저** 느낌이 같은지를 판단하는, 마치 비교와 유사성의 판단이 관건이라는 것처럼 보이기 때문이다. 유사성은 핵심이 아니다. 오히려 인간의 삶에서 일어나는 많은 일들은 **어떤 느낌**을 준다. 아침에 일어나는 것, 하늘을 바라보는 것, 음식을 먹는 것…. 이 모든 일이 느낌을 준다는 것이다. 그것을 이해해야 한다. 그러나 우리가 진화적이고 점진주의적 관점을 취하면, 우리는 기묘한 문제에 다다르게 된다. 삶이 어떻게 느껴진다는 상태가 서서히 생겨날 수 있는가? 동물이 느낌을 갖는 것과 갖지 않는 것의 중간에 있을 수 있을까? 어떻게 한 동물이 주관적 경험이 있지도 없지도 않은, 그런 어중간한 상태에 있을 수 있단 말인가?

경험의 진화

나는 여기서 이 같은 문제들에 대해 진전을 이루고자 한다. 문제를 완전히 해결했다고 주장하진 않겠다. 다만 제임스가 제시한 목표에 근접할 수는 있을 것이다.[2] 먼저 몇 가지를 정리하고 시작하겠다. 설명이 필요한 가장 기본적인 현상은 **주관적 경험**, 즉 우리에게 삶이 무언가처럼 느껴진다는 사실이다.[3] 어떤 이들은 주관적 경험으로 **의식**consciousness을 설명할 수 있다고 본다. 주관적 경험과 의식이 동일하다고 간주하는 것이다. 반면 나는 의식이 주관적 경험의 유일한 형태가 아니라, 한 가지 형태라고 본다. 이 구분을 뒷받침하는 예시로 통증을 들 수 있다. 나는 오징어가 통증을 느끼는지, 바닷가재와 꿀벌도 그러한지 궁금하다. 내가 던지는 질문의 요지는 이것이다. 오징어에게는 신체 훼손이 어떻게 느껴지는가? **나쁘게 느껴질까?** 오늘날 이 질문은 **오징어에게 의식이 있는가**라고 표현되기도 한다. 하지만 이 같은 질문은, 오징어에게 너무 높은 수준을 요구한다는 오해를 불러일으킨다. 오래된 표현을 쓰자면, 만일 이들이 오징어나 문어가 됨을 느낀다면 이들은 **감각성**sentient을 지닌 존재다. 감각성은 의식보다 앞서 존재한다. 그렇다면 감각성은 어디에서 오는가?

감각성은 **이원론자**dualist들의 생각처럼, 알 수 없는 곳에서부터 물질 세계로 들어와 덧붙은 영혼 같은 실체가 아니다. 그렇다고 **범심론자**panpsychist들의 생각처럼 온 자연에 스며들어 있지도 않다.[4] 그것은 주변 세계에 대한 관점을 가진 살아 있는 시스템이 된다는 말이다. 감각성은 자기 주변 세계에 대한 감각과 행위의 진화 과정에서 생겨났으며, 이로 인해 주변 세계에 대한 관점을 가진 살아 있는 시스템이 되었다. 하지만 이런 접근법을 취하면 곧 난처한 상황에 처한다. 감각과 행위는 매우 광범위하게 퍼져 있고, 주관적 경험이 없다고 여겨지는 생물 범위에서도 발견되기 때문이다. 2장에서 보았듯이 박테리아조차 세계를 감각하고 행위한다. 자극에 대한 반응과 세포의 경계를 넘나드는 화학물질의 제어가 생명의 기본 요소라는 주장도 가능하다. 이 주장을 끝까지 밀고 나간다면, 모든 살아 있는 것들이 약간의 주관적 경험을 가진다는 결론에 다다른다.—이 견해를 터무니없다고 생각하지는 않지만, 이를 변호하기 위해서는 많은 노력이 필요할 것이다—하지만 만약 이 결론에 동의하지 않는다면, 우리에게는 다른 길이 남는다. 즉, **동물**과 다른 생명체의 세계를 다루는 방식에 결정적인 차이를 만드는 무언가가 있어야만 한다.

이 질문에 접근하는 한 가지 쉬운 방법은, 유기체 자체 혹은 유기체가 세계와 관계 맺는 방식이 복잡하기 때문이라고 설명하는 것이다. 하지만 복잡성에는 여러 종류가 있고 이 같은 설명은 너무 막연하다. 우리에게는 더 구체적인 답이 필요하다. 이제부터 경험의 기원에 관한 이야기의 일부임은 분명하지만, 그 정확한 역할은 아직 파악하기 어려운 구체적인 요인을 한 가지 살펴보고자 한다. 동물은 진화를 거치며 감각과 행위가 정교해졌고, 더불어 두 활동 사이에 새로운 종류의 연결 방식이 진화했다. 특히 순환고리, 즉 피드백을 포함하는 연결이 그렇다.

당신과 나 같은 생명체라면 익숙할 한 예를 들어보자. 당신이 다음에 할 행동은 당신이 지금 감지하는 것의 영향을 받는다. 또한 당신이 이 다음에 **감각**할 것은 당신이 지금 **하는** 행동에 영향을 받는다. 당신은 책을 읽고 페이지를 넘기며, 페이지를 넘기는 행위는 당신이 보게 될 것에 영향을 미친다. 감각과 행위는 서로에게 영향을 미친다. 우리는 이를 잘 알고 있고 설명할 수도 있다. 하지만 감각과 행위의 이러한 얽힘은 우리가 세상을 경험하는 방식, 즉 그 '느낌' 자체를 더욱 근본적으로 바꿔 놓는다.

시각장애인을 위한 **시각대체촉각시스템**tactile vision substitution systerm, TVSS의 사례를 생각해 보자.[5] 비디오카메라를 시각장애인의 피부(예를 들어 등 피부)에 붙어 있는 패드와 연결한 장치이다. 카메라에 포착된 광학적 이미지가 피부로 느낄 수 있는 에너지의 한 형태(진동이나 전기 자극)로 변환된다. 이 장치로 어느 정도 훈련을 받은 기기 착용자들은, 이 장치가 단지 촉각적 자극이 아닌 **공간에 위치한 사물**의 경험을 준다고 말했다. 예를 들어, 만일 개 한 마리가 이 기기를 착용하고 있는 당신 앞을 지나간다면, 이 시스템이 작동해 특정 형태의 압력 또는 진동을 당신의 등에 가할 것이다. 누군가에게 이것이 단지 등에 전해지는 진동이 아니라, 사물이 앞을 지나가는 경험이 될 것이다. 그러나 이것은 오직 착용자가 카메라를 **제어**할 수 있을 때, 즉 행위를 통해 들어오는 자극의 흐름에 영향을 미칠 수 있을 때만 일어난다. 장치 사용자가 카메라를 사물 가까이로 움직이거나, 각도를 변경하는 등을 할 수 있어야 한다. 가장 간편한 방법은 카메라를 착용자의 몸에 장착하는 것이다. 그러면 착용자는 사물을 확대해서 볼 수도 있고, 시야에 나타나거나 사라지게 할 수 있다. 이 때의 주관적 경험은 행위와 감각 입력 사이의 상호작용과 내밀하게 연결되어 있다. 순간순간 일어나는 감각과 행위의 순간적인 피드백은 감각 입력 그 자체가 어떻게 느껴지는가에 영향을 미친다.

행위가 지각에 영향을 미친다는 생각은 보편적이고 잘 아는 내용처럼 느껴지지만, 지난 수백 년 동안 철학자들은 이를 특별히 중요하게 다루지 않았다. 철학에서는 이 영역이 주류 철학 사상 발전사의 바깥에 있다고 여겨졌고, 최근 몇 년까지도 그래 왔다. 대신 전체 그림의 작은 **조각**에 대해서는 엄청난 양의 연구가 수행되었다. 즉, 감각기관을 통해 들어오는 것과 그 결과로 일어난 생각이나 믿음 사이의 연결만을 살펴 온 것이다. 행위와의 연결에 대해서는 거의 아무것도 언급되지 않았고, 행위가 다음에 감지할 것에 어떻게 영향을 미치는지에 대해서는 훨씬 더 적게 언급되었다.

마음 이론에서 다루는 감각 입력과 수용성에 대한 집착을 줄곧 못마땅하게 여긴 철학자들도 있다. 그들은 입력의 중요성을 아예 거부하고, 대신 스스로를 결정하는 생명체, **원천**source으로서의 주체가 세계를 자신의 방식대로 구성한다고 이야기하려 했다. 이는 지나친 반작용이다. 이들은 마치 한 번에 한 쪽 측면에만 집중할 수 있는 사람들처럼 굴었다. 감각과 행위 사이에 끊임없는 **교류**traffic, 즉 주고받는 흐름이 있다는 당연한 사실을 받아들이는 것은 의외로 어려운 일이었다.

일상의 경험에는 두 개의 인과적 호arc가 있다. 하나는 감각-운동의 호로 우리의 감각과 행위를 연결한다. 다른 하나는 **운동-감각**의 호다. 왜 책장을 넘기는가? 그 행동이 당신이 다음에 보게 될 것에 영향을 미치기 때문이다. 두 번째 호는 몸 안에 머무르지 않고 외부의 공간으로 확장되기 때문에 첫 번째 호만큼 철저하게 제어할 수 없다. 어쩌면 당신이 책장을 넘기려고 하는데 누군가가 책을 낚아채거나 당신의 손을 붙잡을 수도 있다. 감각에서 운동으로 흐르는 경로와 운동에서 감각으로 흐르는 경로는 동등하지 않다. 그러나 그동안 천대받아 온, 행위가 우리가 그 다음 감각할 대상에 미치는 영향은 무척 중요하다. 이는 결국 우리가 하는 많은 행동의 **이유**다. 우리는 우리가 마주칠 감각을 제어하기 위해 행동한다.

철학자들은 종종 경험의 **흐름**이라는 비유를 사용한다. 그들은 우리 경험이라는 강물 속에 잠겨 있다고 말한다. 그러나 이 같은 표현에는 상당한 오해의 소지가 있다. 실제 강물의 흐름은 우리의 제어 밖에 있기 때문이다. 우리는 헤엄쳐서 우리의 위치를 바꿀 수 있고, 그렇게 우리가 맞닥뜨리게 될 것들을 어느 정도 제어할 수 있다. 실제 삶 속에서는 우리는 그보다 훨씬 더 많은 것을 할 수 있다. 우리는 상호작용하는 사물의 형태를 바꿀 수도 있다. 우리가 강 속에 홀로 있다면 그런 노력은 허사로 돌아가기 마련이다.

당신이 다음에 마주할 감각에는 두 가지 원천이 있다. 하나는 당신이 방금 한 일이고, 다른 하나는 당신을 둘러싼 세계에서 벌어지는 사건이다. 전체적인 인과관계의 형태는 다음과 같다.[7]

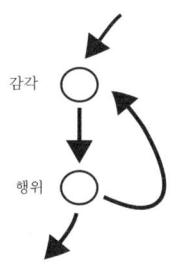

두 화살표가 감각으로 향한다. 각각의 맥락에서 각기 다른 역할을 하고, 때때로 하나가 다른 것보다 더 중요하지만, 거의 항상 둘 다 감각으로 향한다.

행위를 다시 감각으로 연결하는 순환고리는 우리에게만 있는 게 아니다. 그것은 매우 단순한 형태의 생명에도 존재한다.

하지만 이 순환고리는 동물에서 더 두드러진다. 왜냐면 동물은 더 많은 것을 **할 수** 있기 때문이다. 세포 내부의 미세한 섬유질 같은 요소에서 파생된 근육의 진화로 생명체는 스스로를 세상에 나타내는 새로운 수단을 갖게 되었다. 모든 살아 있는 존재는 화학물질을 만들고 변형시킴으로써, 그리고 자라나고 때로는 움직여서 주변 환경에 영향을 미친다. 그러나 큰 규모로 빠르고 일관된 행위를 일으킬 수 있는 것은 근육이다. 근육은 사물의 **조작** manipulation, 다시 말해 우리 주변에 있는 것을 의도적으로 빠르게 변형시키는 것을 가능케 했다.

동물의 진화는 이처럼 순환하는 인과의 경로에 여러 방식으로 영향을 받는다. 동물이 자기 주변에서 벌어지는 일을 해결하려 시도할 때, 가끔은 이 순환고리가 **문제**를 일으킨다. 일례로 어떤 물고기는 다른 개체와 의사소통을 하기 위해 전기 펄스를 발산하고, 자기 주변에서 일어나는 일을 전기를 통해 감각한다.[8] 그러나 자신이 만들어 낸 펄스는 자신의 감각에도 영향을 미칠 것이고, 물고기가 자신이 만든 펄스와 외부의 일로 인한 교란을 구분하기 어려워질 수 있다. 물고기는 이 문제를 해결하기 위해서 펄스를 발산할 때마다 자신의 감각계에 **사본**을 보내 자신이 만든 펄스의 영향을 상쇄시킨다. 물고기는 '자기'와 '타자' 사이의 구분, 즉 자신의 행위가 감각기관에 미치는 영향과 주변에서 일어나는 사건의 영향 사이의 구분을 추적하고 기록한다.

동물은 전기 펄스를 발산할 때만 이 같은 일을 겪는 것은 아니다. 스웨덴의 신경과학자 비요른 메르케르Björn Merker가 언급한 것처럼, 동물은 단지 움직이기 때문에 그런 일을 겪는다. 지렁이는 무언가에 닿으면 움츠러든다. 위험한 존재일 수도 있으니까. 하지만 지렁이가 앞으로 기어갈 때는 언제나 몸의 일부분에 같은 종류의 촉각이 계속 느껴질 것이다. 만일 지렁이가 무언가에 닿을 때마다 움츠러든다면, 결코 움직일 수 없을 것이다. 지렁이는 스스로 만들어 낸 접촉의 효과를 상쇄함으로써 나아가는 데 성공한다.

모든 유기체에게는 자기 자신과 외부 세계 사이의 구분이 존재한다. 비록 그것을 관찰자만이 볼 수 있다 할지라도. 또한 모든 유기체는 외부 세계에 영향을 미친다. 그 사실을 알든 모르든. 많은 동물들은 이러한 사실에 대해 나름대로 이해하고 기록하고 있는데, 그렇지 않으면 어떤 행위도 하기 어려워진다. 반면 식물들은 꽤 풍부한 감각을 갖고 있지만 움직이지 않는다. 박테리아는 움직이지만, 그들의 단순한 감각기관으로는 메르케르의 지렁이처럼 난관에 부딪힐 일이 없다.

지각과 행위의 이러한 상호작용은 심리학자들이 말하는 **지각 항상성**perceptual constancy에서도 볼 수 있다.[10] 우리는 한 사물을 다른 시점에서 보더라도 동일한 사물로 인식할 수 있다. 의자에 가까이 다가가거나 멀어질 때, 의자는 커지거나 작아지거나 움직이는 것처럼 보이지는 않는다. 자신의 행위로 인한 외관 변화와 빛의 변화와 같은 자신과 무관한 변화를 무의식적으로 보정하기 때문이다. 지각 항상성은 꽤 다양한 동물에게서 볼 수 있다. 척추동물뿐만 아니라 문어나 일부 거미도 이를 갖고 있다. 이 능력은 아마도 여러 다른 동물군에서 독자적으로 진화했을 것이다.

경험의 진화에서 또 다른 경로는 **통합**integration으로 이어진다. 각기 다른 감각기관을 통해 들어온 정보의 흐름이 하나의 그림으로 모인다. 이 현상은 인간에게서 뚜렷하게 나타난다. 우리는 보는 것을 듣고 만지는 것과 연결하는 방식으로 세계를 경험한다. 우리의 경험은 보통 여러 가지 감각이 통합된 단일한 장면이다.

이는 눈과 귀가 동일한 뇌에 연결돼 있기 때문에 어쩔 수 없는 일처럼 보이지만 꼭 그렇지는 않다. 이것은 신경이 연결되는 한 가지 방식일 뿐이며, 어떤 동물은 우리만큼 자신의 경험을 통합시키지 않는다. 일례로 많은 동물의 눈은 머리의 앞쪽이 아닌 양쪽 측면에 붙어 있다. 그러면 두 눈은 거의 또는 완전히 다른 시계(視界)를 가지며, 각각의 눈은 뇌의 한쪽에만 연결된다. 과학자들은 이런 동물의 한쪽 눈을 가림으로써 쉽게 시야를 제어할 수 있다. 그렇다면 뻔한 답이 있을 듯한 질문을 던져 보자. 우리가 뇌의 딱 한 쪽에만 뭔가를 보여 주면, 뇌의 다른 쪽도 그 정보를 얻을까? 여기서 전제하는 동물은 뇌에 부상을 입었거나 뇌를 조작한 동물이 아니므로, 뇌의 양쪽은 원래대로 연결되어 있다. 정보가 다른 쪽 뇌로도 건너가리라 생각할 사람도 있을 것이다. 한 동물이 본 것을 뇌의 절반만이 알게끔 진화했을 리가 없지 않은가? 그러나 이 질문을 가지고 비둘기를 연구했을 때, 정보가 다른 쪽 뇌로 **건너가지 않는다**는 것이 밝혀졌다.[11] 비둘기의 한쪽 눈을 가린 채 단순한 동작을 수행하도록 훈련한 다음, 반대쪽 눈을 가린 채 같은 동작을 하도록 테스트했다. 아홉 마리의 비둘기를 대상으로 한 연구에서 여덟 마리는 어떠한 '안구 간 전달inter-ocular transfer'도 보이지 않았다. 온전한 비둘기 한 마리가 배운 기술 같았던 게 알고 보니 반 마리가 배운 것이었다. 나머지 반 마리는 아무것도 몰랐다.

같은 실험을 문어를 대상으로 한 기록도 있다.[12] 시각 과제를 한쪽 눈으로만 훈련받은 문어는, 처음에는 훈련 받은 쪽 눈으로 테스트할 때만 그 과제를 기억했다. 훈련을 계속하자, 문어는 다른 눈을 사용해서 작업을 수행할 수 있게 되었다. 일부 정보가 다른 쪽의 뇌로 건너갔다는 점에서 비둘기와 문어는 달랐다. 그러나 그 전달이 쉽게 이뤄지지 않았다는 점에서는 우리와도 다르다. 최근 몇 년 동안, 트리에스테 대학교의 조르조 발로르티가라Giorgio Vallortigara 같은 동물 연구자들은 뇌의 양쪽 반구 사이의 분리와 연관된 정보 처리에서 여러 유사한 '균열fissure'이 있음을 발견했다.[13] 다양한 동물종이 시야의 왼쪽에서 보이는 포식자에게 더 민감하게 반응하는 경향이 나타난 것이다. 몇몇 종류의 물고기와 심지어 올챙이까지도 같은 종의 다른 개체의 모습이 자신의 왼편에 보이는 위치를 선호하는 것 같다. 반면, 다양한 동물들은 먹이를 포착하는 게 목적일 때는 자신의 오른편에 있는 것을 더 잘 인지한다.

이 같은 전문화에는 뚜렷한 단점이 있다. 한쪽에서 들어오는 공격에 취약하게 만들거나, 한쪽으로 먹이를 찾는 걸 더 어렵게 만들 테니 말이다. 발로르티가라를 비롯한 연구자들은, 그럼에도 불구하고 이것이 어느 정도는 합리적일 수 있다고 생각한다. 다른 종류의 과제는 다른 종류의 정보처리가 필요하므로, 뇌에 각각의 과제에 전문화된 영역을 설정하고 너무 긴밀하게 연결시키지 않는 게 최선일 수 있다는 것이다.

이러한 발견들은 인간을 대상으로 한 '분리뇌split brain' 실험을 연상시킨다.[14] 심각한 뇌전증인 경우, 인간의 뇌 상부를 구성하는 좌반구와 우반구 사이의 연결부인 **뇌량**corpus callosum을 절단하는 것이 환자에게 도움이 되기도 한다. 이 수술 이후 환자들이 꽤 정상적으로 행동하는 듯 보였기에, 연구자들이 이상한 낌새를 알아채기까지는 시간이 걸렸다. 환자의 뇌의 두 반구가 각기 다른 자극에 노출되면 상당히 극적인 분열이 발생했다. 뇌량 절단 수술이 하나의 두개골 안에 서로 다른 경험과 기능을 지닌 두 개의 지적 자아를 만든 것처럼 보일 정도였다. 뇌의 왼쪽은 보통 언어를 제어하므로(언제나 그런 것은 아니다), 당신이 분리뇌 환자에게 말을 걸면 대답하는 것은 왼쪽이다. 보통 뇌의 오른쪽은 말을 하지 않지만, 왼손을 제어할 수 있다. 그래서 촉각으로 물체를 골라내고, 그림을 그릴 수 있다. 다양한 실험에서 뇌의 좌우에 각기 다른 이미지를 제공했다. 피실험자에게 무엇을 보았는지 물으면 그의 언어적 반응은 뇌의 왼쪽이 본 것을 따르지만,

뇌의 오른쪽(왼손을 제어하는)은 이에 동의하지 않을 수도 있다. 분리뇌 환자에게서 보이는 특별한 경우인 정신의 단편화는 많은 동물의 삶에서는 일상적인 경우일지도 모르겠다.

　동물들은 다양한 방법으로 이 상황에 대처하는 것 같다. 새의 경우, 시각 정보는 앞서 설명한 눈을 가리는 실험에서보다도 더 단편화될 수 있다. 비둘기와 같은 조류의 망막에는 두 개의 다른 '영역', 즉 황색 영역과 적색 영역이 있다. 적색 영역으로는 새의 두 눈에 모두 보이는 정면의 좁은 영역을 보고, 황색 영역으로는 반대편 눈에서 안보이는 보다 넓은 영역을 본다. 비둘기는 양 눈 사이의 정보 전달에도 실패했을 뿐만 아니라 **같은 눈**의 다른 영역이 받아들이는 정보의 전달에도 꽤 나쁜 성적을 거두었다. 이는 새들의 독특한 행동을 설명할 수 있을지도 모른다. 매리언 도킨스Marian Dawkins는 간단한 실험을 했다. 암탉에게 낯선 물체(빨간색 장난감 망치)를 보여 주고, 다가가서 살펴보도록 한 것이다.[15] 암탉은 이 물체에 다가갈 때 머리를 좌우로 흔들며 접근했다. 눈의 여러 부위가 물체를 접할 수 있게 하는 행동처럼 보였다. 이것은 분명 뇌 전체가 해당 물체에 대한 정보를 얻는 방법일 것이다. 새들의 이리저리 머리를 흔드는 행위가 여러 방면에서 들어오는 정보를 받아들이기 위해 고안된 기술이라는 말이다.

　동물은 하나의 전체이며, 스스로를 살아 있게 유지하려는 물리적 객체이기에 생명이 있는 행위자에게 어느 정도의 통합은 필연적이다. 그러나 다른 의미에서 통합은 선택 사항이고, 성취이며, 발명이다. 경험을 한데 모으는 것은, 심지어 두 눈이 제공하는 정보를 통합하는 것조차도 진화가 할 수도 하지 않을 수도 있는 일이다.

후기 출현 대 변형

내가 지지하는 이야기는 점진적 변화다. 감지, 행위, 기억이 정교해지면서, 경험의 느낌도 그 과정에서 점차 복잡해졌다는 관점이다. 주관적 경험이 **전부 아니면 전무**의 문제가 아니란 걸 보여 주는 우리 인간의 사례가 있다. 우리는 잠에서 막 깼을 때처럼 의식이 반쯤만 있는 상태를 몇 가지 알고 있다. 시간의 척도는 다르지만 진화 또한 깨어나는 과정이다.[16]

그런데 어쩌면 이 모든 것이 틀렸을지도 모른다. 주관성이 단순하고 원시적인 형태에서 점진적으로 진화했다는 의견이 있다면, 우리의 뇌라는 가장 좋은 증거로 정반대의 주장을 펼칠 수 있다.

이 관점으로 가는 길은 한 사고 사례에서 시작된다. 1988년, 'DF'로만 알려진 한 여성이 샤워실의 온수기 고장으로 인한 일산화탄소에 중독되어 뇌 손상을 입었다. 그 사고로 DF는 시력을 거의 잃었다고 느꼈다. 그녀는 시야에 보이는 사물의 형태와

배치에 대한 모든 경험을 잃었다. 오직 희미한 색의 얼룩만이 남았다. 그럼에도 불구하고, 그녀는 여전히 자기 주변 공간에 있는 사물에 대해 상당히 효율적으로 **행위**할 수 있음이 드러났다. 일례로 그녀는 다양한 각도의 우편물 투입구에 편지를 넣을 수 있었다. 그러나 우편물 투입구의 각도를 설명하거나, 손가락으로 가리켜 보일 수는 없었다. 그녀는 의식적으로는 우편물 투입구를 전혀 볼 수 없었지만, 편지는 제대로 들어갔다.

시각을 연구하는 과학자 데이비드 밀너David Milner와 멜빈 구데일Melvyn Goodale은 DF를 집중적으로 연구했다.[17] 밀너와 구데일은 DF의 사례와 다른 종류의 뇌손상 및 기존의 해부학 연구를 연결해서, DF와 같은 특수한 경우뿐 아니라 우리에게 보편적으로 적용되는 이론을 구축했다. 이들은 시각 정보가 뇌 속에서 두 개의 '경로'를 따라 전달된다고 주장했다. 뇌 아래 쪽을 따라 흐르는 **복측경로**ventral stream는 사물의 분류, 인식, 묘사와 관계가 있다. 복측경로 위(정수리 가까이)를 지나는 **배측경로**dorsal stream는 길을 걸으며 장애물을 피하거나 우편함에서 편지를 꺼내는 일처럼 실시간으로 공간을 탐색하는 능력과 관계가 있다. 밀너와 구데일은 우리의 주관적 시각 경험, 다시 말해 시각 세계의 느낌은 오직 복측경로에서만 온다고 주장한다. 배측경로는 DF나 우리 모두에게서나 무의식적으로 작동한다. 사고 이후 복측경로를 잃어버린 DF는 그리하여 여전히 자기 앞에 있는 장애물을 피해 걸을 수 있음에도 거의 실명했다고 느꼈다.

이 사례들을 단순하게 해석하면, 눈으로 보는 어떠한 경험이라도 가지려면 복측경로가 필요하다는 말이 된다. 이는 아마도 지나치게 단순한 해석이다. 배측경로 시각 역시 무언가처럼 느껴질 가능성이 높다. 다만 보는 것처럼 느껴지지 않을 뿐이다. 이 두 '경로'에 대한 자세한 설명은 그렇게 중요하지 않다. 그보다는 이 연구로 밝혀진 또 다른 사실이 훨씬 놀랍다. 그것은 바로 상당히 복잡한 시각 정보의 처리—눈에서 뇌를 거쳐 손발에까지 이르는 모든 정보의 처리—가 **보기**라는 주관적 경험 없이도 발생할 수 있다는 것이다. 밀너와 구데일은 이 발견을 내가 앞서 묘사한 감각 정보의 통합과 연결 짓는다. 이들은 우리 뇌 속에서 시각적 경험으로 이어지는 활동이 세계에 대한 일관된 '내적 모형inner model'을 만든다고 생각한다. 통합 모형의 구축이 주관적 경험에 영향을 미친다는 생각은 분명 합리적이다. 그런데 그런 모형 없이는 주관적 경험이 전혀 존재할 수 없을까?

밀너와 구데일은 세계에 대한 지각이 우리보다 덜 통합된 다양한 동물들에 대해 논의한다. 1960년대 데이비드 잉글David Ingle은 외과수술을 통해 개구리 몇 마리의 신경계를 재배선했다(개구리의 신경계가 유난히 잘 재생된다는 사실에서 힌트를 얻었다).[17] 그는 개구리 뇌의 일부 신경 회로를 교차시켜서 실제로는 먹이가 오른쪽에 있을 때 왼쪽으로 덤벼들거나 그 반대로도 행동하는 개구리를 만들어낼 수 있었다. 하지만, 시각 시스템의 재배열이 개구리의 모든 시각 행동에 영향을 미치지는 않았다. 조작된 개구리들은 시각을 사용해 장애물을 회피할 때는 정상적으로 행동했다. 마치 자신의 시각 세계의 일부만 반전되어 있고 나머지는 정상인 듯 행동한 것이다. 밀너와 구데일은 다음과 같은 논평을 남겼다.

그렇다면 이렇게 재배선된 개구리들은 실제로 무엇을 **보았을까?** 여기에 대한 명확한 답은 없다. 이 질문은 뇌가 외부 세계에 대한 단일한 시각 표상을 가지고 있으며, 그것이 동물의 모든 행동을 지배한다고 믿을 때에만 의미가 있다. 잉글의 실험은 그것이 진실일 수 없음을 밝혀냈다.

개구리가 세계에 대한 단일한 표상을 갖고 있지 않으며, 대신 다른 종류의 감지를 처리하는 여러 개의 분리된 경로를 갖고 있다는 것을 받아들이면, 개구리가 무엇을 보는지 물을 필요가 없어진다. 밀너와 구데일의 표현을 빌자면 "수수께끼는 사라진다."

수수께끼 하나가 사라지고, 또 다른 수수께끼가 나타났다. 이 실험에서 세계를 인지하는 개구리가 된다는 것은 어떤 느낌일까? 밀너와 구데일은 그것은 **아무 느낌도 없다**nothing고 암시한다. 실험 속 개구리의 시각 기제機制는 시각이 인간에게 주는 주관적 경험을 줄 수 없기에 경험이 존재할 수 없다는 것이다.

밀너와 구데일의 논평은 오늘날 이 분야 연구자의 상당수가 수용할 만한 한 가지 아이디어를 보여 준다. 감각은 기본적인 일을 할 수 있고, 행위 또한 가능하더라도, 유기체의 경험은 '침묵 속에서' 일어난다. 그러다 진화의 어느 단계에서 주관적 경험을 만들어 내는 추가적인 능력들이 나타난다. 감각의 경로들이 하나로 모이고, 세계에 대한 '내적 모형'이 생겨나며, 시간과 자아에 대한 인식이 생긴다.

이 관점에서는, 우리가 경험하는 **것은** 우리 내부의 복잡한 활동들이 만들어 내고 유지하는 세계의 내적 모형이다. 느낌은 거기서 시작한다. 아니, 적어도 이런 능력들이 서서히 나타날 때 느낌도 서서히 나타나기 시작한다. 느낌이 나타난 장소는 원숭이와 유인원, 돌고래, 어쩌면 다른 포유류와 일부 새의 뇌다. 이 관점에 따르면, 우리가 단순한 동물들에게 주관적 경험이 있다고 생각할 때, 우리는 경험의 희미한 판본을 그 동물들에게 투사한다. 이것은 오류다. 우리의 경험은 단순한 동물에게는 없는 특성에 기대고 있기 때문이다.

신경과학자 스타니슬라스 드앤Stanislas Dehaene도 이 관점을 옹호했다.[19] 파리 인근에 있는 그의 연구실은 이 주제에 관해 지난 20년 간 가장 통찰력 있는 연구를 수행해 왔다. 드앤과 동료들은 여러 해 동안 의식의 경계선에 있는 지각을 살펴보았다—피실험자의 생각과 행동에 영향을 미치는 이미지를, 피실험자가 눈치채지 못할 정도로 매우 짧은 시간 동안 보여 주거나, 주의가 분산된 틈에 보여 주는 방법을 사용했다. 이 실험으로 인간은 경험

되지 않은 정보를 꽤 정교한 방식으로 처리한다는 것이 밝혀졌다. 예를 들어, 인간이 인식하지 못할 정도로 빠르게 단어의 조합을 보여줄 수 있다. 그러나 '매우 행복한 전쟁'처럼 부조리한 단어의 조합은 '행복하지 않은 전쟁'과 같은 좀 더 합리적인 조합과 다르게 뇌에 인식된다. 이 같은 의미를 구별하는 데 의식적 사고가 필요하다고 생각할 수 있으나 실은 그렇지 않다.

드앤은 우리가 의식을 사용하지 않고도 많은 것을 할 수 있지만, 어떤 것은 할 수 없다고 생각한다. 우리는 평소에 하지 않았고, 단계별로 일련의 행위를 해야 하는 새로운 과제를 무의식적으로 수행할 수 없다. 우리는 경험들 사이의 연관성을 무의식적으로 배울 수 있다—B를 보면 A 효과를 기대하는 법을 배운다—하지만 B와 A가 매우 관련이 깊을 때만 가능하다. A와 B 사이에 관계가 멀다면 우리가 연관성을 의식하고 있을 때에만 배울 수 있다. 빛이 보인 다음 연기가 날아온다면, 당신은 빛이 보일 때 눈을 깜빡여야 한다는 것을 배울 수 있겠지만, 빛과 연기가 매우 짧은 시간 안에 연이어 발생해야 한다. 빛과 연기의 간격이 1초 이상 벌어진다면 그 연관은 무의식적으로 배울 수 없게 된다. 드앤이 생각하기에, 우리가 지난 30여 년간 알게 된 것은 특정한 처리 **방식**—특히 **시간, 연속, 새로움**을 다루는 데 사용하는 방식이 있다는 것이다. 이 방식은 의식적 자각concious awareness을 수반하는 반면 다른 매우 복잡한 활동들은 그렇지 않다는 것이다.

1980년대로 돌아가서, 신경과학자 버너드 바스Bernard Baars는 의식을 설명하려는 최초의 현대적 시도로 **전역 작업공간**global workspace 이론을 도입한다. 바스는 우리는 뇌의 중앙 집중화된 '작업공간'에 전달된 정보에 대해서는 의식한다고 생각했다.[20] 드앤은 이 관점을 빌려와 더 발전시켰다. 이와 연관된 일군의 이론들에서는 우리가 **작업기억**working memory—우리가 추론하고 문제에 적용할 수 있는 이미지, 어휘, 소리를 담고 있는 특별한 종류의 기억—으로 공급되는 모든 정보를 의식한다고 주장한다. 내 동료인 뉴욕시립대학교의 제시 프린츠Jesse Prinz는 이런 종류의 견해를 옹호해 왔다.[21] 만일 당신이 주관적 경험에 전역 작업공간, 특별한 종류의 기억 또는 메커니즘이 필요하다고 생각한다면, 복잡한 뇌만이 무언가처럼 느껴지는 경험을 낳을 수 있다는 우리와 꽤 비슷한 주장을 하게 될 것이다. 이러한 뇌는 인간 밖에서도 찾을 수 있겠지만, 아마도 오직 포유류와 조류에서만 찾을 수 있을 것이다. 이 결론을 앞으로 주관적 경험에 대한 **후기 출현** latecomer 관점이라고 부를 것이다.[22] 이 관점은 (의식의) 불빛이 갑자기 번쩍하고 켜지지 않았다고 말한다. '깨어남'은 생명의 역사에서 뒤늦게 일어났으며, 이는 우리와 같은 동물에게서만 뚜렷하게 나타나는 특징들 때문이라고 주장한다.

방금 앞에서 바스, 드앤, 프린츠를 비롯한 많은 이론을 **의식**에 관한 것이라고 설명했다. 내가 의식이라는 단어를 쓰는 이유는 그들이 그 단어를 사용했기 때문이다. 여기서 이 이론들이 내

목표와 어떻게 관련되는지 파악하기 어려울 때가 있다. 내 목표
는 매우 넓은 의미의 주관적 경험이다. 나는 주관적 경험을 넓은
범주로 다루고 의식을 그 안의 더 좁은 범주로 다룬다—동물의
모든 느낌이 의식적일 필요는 없다는 것이다. 그렇다면 누군가
는 '전역 작업공간'은 의식에는 필요하지만 가장 기본적인 주관
적 경험에는 필요하지 않다고 말할 수 있을 것이다. 이 말은 가
능성을 넘어 거의 옳다고 생각한다. 내가 여기서 설명한 문헌만
가지고는 이 학자들이 의식과 주관적 경험에 대해 어떻게 생각
하는지 파악하기 어렵다. 이 학자들 중 일부는 의식과 주관적 경
험을 구별하지 않는다.[23] 그들은 자신들이 정신 활동이 어떤 조
건에서 '무엇인가처럼 느껴지는지'를 설명하는 이론을 제시하고
있다고 말한다.

경험에 관한 후기 출현 관점에 영감을 준 연구는 많은 진전
을 이루었다. 드앤은 불과 몇 년 전까지만 하더라도 터무니없는
생각이라고 여겨졌던 인간 의식 연구로 가는 길을 발견했다. 관
대하거나 그럴싸하다는 이유만으로 대안적인 그림을 고수하지
는 말아야 한다. 그렇지만 나는 후기 출현 관점에 대한 반박이
가능하고, 고려할 만한 대안도 분명 존재한다고 생각한다. 나는
이를 **변형**transformation 관점이라고 부르겠다. 이 관점에 따르면, 주
관적 경험의 한 형태가 먼저 등장하고 이후에 작업기억, 작업공
간, 감각의 통합 등이 나타났다. 이 복잡한 특징들이 나타났을
때, 동물이 된다는 것이 어떻게 느껴지는지를 변형시켰다. 경험

은 이 특징들 때문에 재형성되었을 뿐이며, 새로 생겨난 것은 아니다. 변형 관점을 뒷받침하는 가장 설득력 있는 논증은 이것이다. 우리 삶에는 주관적 경험의 오래된 형태로 보이는 것들이 있는데, 이것들은 더 조직화되고 복잡한 정신 과정 속으로 **침범**해 들어간다. 갑작스런 통증이나, 생리학자 데릭 덴튼Derek Denton이 말한 **원초적 감정**—갈증이나 호흡 곤란 같은 중요한 신체적 결핍과 상태를 파악하는 느낌들—의 침범에 대해 생각해 보자.[24] 덴튼이 말하듯, 이런 느낌들은 '지배적'이다. 쉽게 떨쳐낼 수 없이 경험 속으로 밀려들어온다는 의미다. 이런 느낌들(통증이나 호흡 곤란 등)이 뒤늦게 진화한 포유류의 복잡한 인지 처리 능력 때문에 나타났다고 생각하는가? 나는 이에 동의하지 않는다. 그보다는 동물이 세계에 대한 '내적 모형'이나 정교한 형태의 기억 없이도 통증이나 갈증을 느낄 수 있다는 주장이 더 그럴듯해 보인다.

통증의 사례를 살펴보자. 단순한 동물조차 통증에 고통스럽게 꿈틀거리고 몸부림치며 반응하는 방식을 보면, 처음에는 그들이 통증을 느낀다는 것이 명백하다고 말할 수 있을 것이다. 그러나 문제는 그리 단순하지 않다. 신체 손상에 따른 반응의 상당수가 통증을 수반하는 것처럼 보이지만 실제로는 그렇지 않기 때문이다. 예를 들어 척수가 절단되어 손상을 입은 부위와 뇌를 연결하는 통로가 없는 쥐들도 '통증 행동pain behavior'으로 보이는 몇 가지 행동을 보일 수 있으며, 심지어 신체 손상에 반응하는 학습의 한 형태를 보이기도 한다. 동물의 다양한 반사 반응reflex response이 통증처럼 보이는 이유는 우리가 동물에게 공감하기 때문이다. 우리는 겉으로 보이는 모습을 넘어설 필요가 있다.

다행히 우리는 그럴 수 있다. 가장 설득력 있는 증거는 반사라고 보기에는 너무 유연한 통증과 관련된 행동들이다. 문제의 동물들은 우리와는 꽤 다른 뇌를 갖고 있고 '후기 출현'의 요구 사항을 만족시킬 가능성이 없는데도 말이다. 물고기의 사례를 하나 들어보겠다. 실험을 통해 제브라피쉬가 두 가지 환경 중 어디를 선호하는지 확인했다. 그런 다음 통증을 유발하는 화학물질을 주사하고, 선호하지 않는 환경에 진통제를 녹여 놓았다. 물고기들은 이제 후자의 환경을 더 선호하게 되었는데, 오직 진통제가 녹아 있을 때만 그랬다. 그들은 평소라면 하지 않았을 선택을 했다. 더 고통스럽거나 덜 고통스러운 **환경**이라는 개념 자체가 그들에게는 완전히 낯선 상황에서 말이다. 진화는 이런 상황에 대한 반사 반응을 미리 설정해줄 수 없다. 이것은 본능이 아니라 실제로 통증을 느낀 결과다.

마찬가지로, 닭을 대상으로 한 연구에서 다리를 다친 닭들은 평소라면 덜 선호했을 먹이에 진통제가 들어 있을 경우에는 그 먹이를 선택했다. 로버트 엘우드Robert Elwood는 소라게를 대상으로 비슷한 실험을 했다. 소라게는 다양한 연체동물이 남긴 조가비 속에 사는 작은 게로 곤충의 친척인 절지동물에 속한다. 엘우드는 소라게에게 작은 전기 충격을 주었고, 전기 충격으로 소라게가 조가비를 벗어나게 유도할 수 있음을 발견했다. 하지만 항상 통하지는 않았다. 소라게는 든든한 조가비 속에 있을 경우에는 그렇지 않을 때보다 나오려 하지 않았고, 따라서 더 오래 전기 충격을 참아냈다. 또한 주변에 포식자의 냄새가 나고 몸을 보호할 조가비가 절실한 상황에서는 전기 충격을 더 견딜 가능성이 높았다.

이런 종류의 실험이 **모든** 동물이 통증을 느낀다고 시사하는 것은 아니다. 곤충은 게와 함께 거대한 동물군(절지동물)에 속해 있다. 그러나 곤충은 상당히 심각한 부상을 입은 다음에도 신체적으로 가능한 한 평소처럼 행동한다. 부상을 입은 신체 부위를 보호하거나 돌보지 않으며 그저 하고 있던 일을 계속한다. 반면 게와 몇몇 새우 종류는 손상된 부위를 돌본다. 하지만 여전히 이 동물들이 뭔가를 느끼는지 의심할 수 있다. 의심이야 옆집 사람에 대해서도 할 수 있지 않은가. 회의주의적 태도는 언제나 가능하지만 동물의 통증에 대한 증거가 될 만한 여러 사례들이 쌓이고 있다. 이 결과들은 통증이 기본적이며 보편적인 주관적 경험의 형태이며, 우리와 매우 다른 뇌를 가진 동물에게도 존재한다는 관점을 뒷받침한다.

이 그림에서는, 초기에 단순한 형태의 주관적 경험이 존재했고, 진화로 인해 신경계가 더 복잡하게 변형된다. 이 변형과 함께 주관적인 측면이 있는 새로운 능력—정교한 기억과 같은 능력들—이 더해졌고, 한때 경험에 기여한 다른 능력들은 뒷전으로 밀려났다. 그렇다면 우리는 주관적 경험의 오래된 형태를 어떻게 상상할 수 있을까? 우리의 상상력은 오늘날의 복잡한 정신에 묶여 있으니 어쩌면 불가능할 수도 있다. 하지만 시도는 해보자.

이 장의 제목은 시모나 긴스버그Simona Ginsberg와 에바 야블론카Eva Jablonka의 논문의 한 구절에서 빌려 왔다.[25] 생물학의 서로 다른 분야에서 일하는 두 이스라엘 과학자는 주관적 경험의 진화적 기원을 그려보고자 함께 논문을 썼다. 논문의 한 지점에서 그들은 원시적이고 우리와 먼 동물의 경험을 **백색소음**이라는 단어로 묘사한다. 특징을 구별할 수 없는 지직거리는 소리가 이 모든 것의 시초라고 상상해 보라.

이 주제를 이해하려고 할 때마다 나는 계속해서 그 은유로 돌아간다. 이것은 단지 하나의 은유일 따름이다. 대부분의 경우 전혀 들을 수 없었을 유기체들에게 적용된 소리의 은유다. 이 이미지가 왜 계속 내게 남아 있는지는 잘 모르겠다. 어쨌든 이 은유는 올바른 방향을 가리킨다. 신진대사의 전류가 타닥 하며 튀는 소리와 위에서 제시한 이야기의 **구조**를 떠올리게 한다. 그 구조란, 경험은 초기에 지직거리는 잡음에서 시작하여 점차 조직화된다.

우리의 경우, 주관적 경험은 지각과 제어, 다시 말해 우리가 감지한 것을 사용하여 무엇을 할지 알아내는 것과 밀접한 관련이 있다. 왜 그럴까? 주관적 경험은 왜 다른 것들과 연관되지 않을까? 왜 기본적인 신체 리듬, 세포 분열, 생명 그 자체로 가득 차 있지 않을까? 누군가는 이렇게 말할 것이다. 실제로는 그러한 것들로 가득하며, 우리가 인식하는 것보다 훨씬 더 그렇다고. 나는 그렇게 생각하지 않으며, 그 증거도 있다. 주관적 경험은 단순히 생명체의 시스템이 작동하고 있어서 나타난 것이 아니라, 문제를 파악하고 자신의 상태를 조절하면서 생겨났다. 여기서 문제가 꼭 외부의 사건일 필요는 없다. 내면에서도 일어날 수 있기 때문이다. 그러나 문제는 중요하고, 반응을 요구하기 때문에 탐지되어야 한다. 감각성에는 어떤 **지향점**이 있다. 단지 살아 있는 활동 속에 잠겨 있는 것이 아니다.

긴즈버그와 야블론카는 주관적 경험의 첫 번째 형태로 '백색소음'을 상상했다. 주관적 경험이 나타나기 이전부터 존재한 백색소음은 어쩌면 경험이 **부재**했음을 말해 준다. 어쩌면 비유를 너무 멀리 끌고 왔을 수도 있다. 하지만 그런 상태에서 고통과 쾌락 같은 원초적 감성과 느낌이 작용하여 오래된 형태의 주관적 경험이 생겨났다.

이 논리가 맞다면, 2장에서 논의한 신경계를 가진 최초의 동물에 대해 몇 가지 잠정적 결론을 내릴 수 있을 것이다. 초기의 신경계의 역할은 동물을 하나로서 움직이게 하고 협응된 행위를 가능하게 하는 것이 거의 전부라고 가정하자. 오늘날 헤엄치는 해파리의 일정한 수축 패턴과, 에디아카라기 생물들의 태연한 삶도 이 범주에 포함된다. 여기서 신경계는 주로 활동을 만들고 유지하는 역할을 했으며, 활동을 조절하는 것은 부차적 역할이었다. 만약 그렇다면, 이것은 아무것도 느껴지지 않는 동물 생명의 한 형태일 수 있다. 단순한 경험은 풍부한 형태로 세계와 관여하기 시작한 캄브리아기부터 시작되었을 것이다.[26]

경험은 단 하나의 사건이나 하나의 진화 경로에서 일어난 단 한 가지 과정을 거치며 시작되지 않았다. 그보다는 몇 가지 과정들이 동시에 진행되었을 것이다. 캄브리아기에는 이 장에서 논의해 온 다양한 동물들이 이미 서로로부터 분화한 상태였다. 아마도 그 분화는 모든 것이 보다 고요했던 에디아카라기에 일어났을 것이다. 캄브리아기에 이르러 척추동물은 이미 자신만의 길(혹은 자신만의 여러 길) 위에 있었고, 절지동물과 연체동물도 각자의 길을 가고 있었다. 게, 문어, 그리고 고양이가 모두 어떤 종류의 주관적 경험을 갖고 있다고 가정해 보자. 그렇다면 최소한 주관적 경험이라는 특징에는 세 종류의 다른 기원이 존재한다.[27] 어쩌면 그보다 더 많을 수도 있다.

이후 드앤, 바스, 밀너, 구데일이 묘사한 기제가 작동하면서 세계에 대한 통합된 관점이 나타나고 보다 뚜렷한 자아의 감각이 생겨난다. 이제 우리는 **의식**conciousness에 더 가까워졌다. 나는 이것을 단 한 번의 분명한 단계로 보지 않는다. 대신, 나는 '의식'을 여러 방식으로 통일되고 일관성 있는 주관적 경험의 형태들을 가리키는 뒤섞이고 남용되었지만 유용한 용어라고 생각한다. 여기서도 이런 종류의 경험이 각기 다른 진화의 경로 상에서 여러 번 등장했을 가능성이 높다. 백색소음에서 오래된 단순한 형태의 경험을 거쳐 의식으로 이어졌다.

문어의 경우

이제 독특하면서도 역사적으로 중요한 동물인 문어에게 돌아가 보자.[28] 문어는 이 그림의 어디에 있을까? **문어에게 경험이란 무엇일까?**

먼저 문어는 거대한 신경계와 복잡하고 활동적인 몸을 지닌 유기체다. 풍부한 감각 능력과 특출한 행동 능력을 가졌다. 만약 주관적 경험이 생명체의 감각과 행위에서 비롯된다면 문어는 그것들을 풍부하게 가지고 있을 것이다. 하지만 그것이 전부는 아니다. 형언하기 어렵고 생경한 형태이긴 하지만, 문어는 이따금씩 이 장에서 묘사한 기본적인 수준을 넘어선 면모를 보이기도 한다.

문어는, 적어도 일부 종의 문어는 기회주의적이며 탐험과 같은 방식으로 세계와 상호작용한다. 그들은 호기심이 많고 새로움을 받아들이며, 그 신체만큼이나 행동도 변화무쌍하다. 문어의 이런 특징은 스타니슬라스 드앤이 인간의 정신적 삶에서 의식과 연관 지었던 것을 떠올리게 한다. 그가 말했듯이, 새로운 것은 우리를 의식하지 않는 일상에서 벗어나게 하고, 의식적인 성찰을 하게 만든다. 문어의 탐험은 조심스럽다가도, 때로는 당혹스러울 정도로 무모하다. 앞에서 나는 매튜 로렌스가 옥토폴리스 현장 근처에서 스쿠버 다이빙을 하다가 만난 문어가 그의 손을 붙잡고 해저를 여행한 이야기를 소개했다. 우리는 그 문어가 왜 그런 행동을 했는지 전혀 짐작할 수 없다. 나는 다른 장소에서 스쿠버 다이빙을 하다가 한쪽 손으로 바닥을 짚고 작은 갯민숭달팽이의 사진을 찍었다. 나는 바닥에 뭔가 있다는 걸 알아챘다. 내 옆의 해초 덤불에서 가느다란 문어 다리 하나가 바닥을 짚은 내 손가락을 향해 천천히 뻗어 나오고 있었다. 문어는 해초 속에 숨어 몸을 공처럼 말고 있었고, 틈 사이로 눈 하나가 보였다. 그 눈으로 나를 지켜보면서 조심스럽게 다리 하나를 내밀고 있었다. 다리를 내밀면서 나를 계속 관찰하는, 매우 세심한 주의를 기울이는 탐색 행위였다. 나는 그에게 불확실하고 새로운 대상이었다. 해초 덤불에는 몸을 숨기고 동태를 엿볼 수 있는 공간이 있었다. 그 은신처 안에서 다리 하나를 내밀어 조사했다는 것은, 어쩌면 맛을 보려 했을지도 모르겠다.

앞서 나는 **지각 항상성**에 대해 논의했다. 지각 항상성은 동물이 관찰 조건—거리, 빛 등—의 변화에도 대상을 재인식하는 능력이다. 동물이 대상을 그 자체로 인식하기 위해서는 자기 자신의 위치와 시각이 미치는 영향을 배제할 수 있어야 한다. 심리학자와 철학자들은 종종 이 능력을 정교한 형태의 지각과 연관 짓는다. 지각 항상성은 동물이 외부의 대상을 **외부 대상으로**

지각하고 있음을 보여 준다. 다시 말해 동물의 시점이 바뀌더라도 그대로 존재할 수 있는 사물임을 인지한다는 것이다. 1956년의 한 오래된 실험에서, 특정 형태의 사물에 다가가고 다른 형태의 사물은 피하도록 문어를 학습시켰다.[29] 그중 일부 실험에서는 크기가 다른 사각형으로 가르쳤다. 수조에 앉아 있는 문어의 맞은편에 사각형 하나가 놓이면, 어떤 사각형에는 접근하고(보상을 받기 위해), 다른 사각형에는 접근하지 말아야 한다(전기충격 처벌을 받지 않으려면). 이 문어들은 훈련 과정을 잘 수행해 냈다. 연구자들은 지나가는 말로 '몇 번'인가 문어에게 작은 사각형을 평소보다 절반 정도 떨어진 거리에 놓았다고 한다. 그러면 작은 사각형은 실제보다 더 크게 보일 것이다—적어도 문어의 망막에 맺히는 사각형의 크기는 더 클 것이다. 연구자들은 그런 실험에서도 모든 문어가 사각형의 실제 크기에 맞는 행위를 수행했다고 말한다. 문어는 거리에 따른 크기의 변화를 이해하고 이를 구별할 수 있었다.

이 보고서의 놀라운 점은 이 사실이 꽤 중요한 관찰임에도 불구하고, 그냥 여담 수준으로 언급되었다는 것이다. 지각 항상성 실험에는 번호도 부여하지 않았고, 아무도 이 아이디어의 후속 연구를 이어가지 않은 듯하다. 만약 이 발견이 인정받는다면, 문어가 적어도 어느 정도의 지각 항상성을 갖고 있다는 증거라고 할 수 있다. 이는 비단 문어만이 아닌, 꿀벌이나 몇몇 거미를 비롯한 다른 무척추동물도 이룩한 성취이다.

문어는 능숙한 항해자다. 나는 은신처에서 나와 돌아다니는 문어를 볼 때마다, 할 수만 있다면 따라다니며 많은 여정에 동참했다. 너무 가까이 다가가지만 않는다면, 문어는 내게 거의 주의를 기울이지 않는다. 문어는 보통 먹이를 찾아다니는데, 두서없이 먼 길을 떠났다가 다시 은신처로 돌아온다. 나는 문어들이 꽤 뿌연 물 속을 15분 이상 배회하고도 다시 길을 잘 찾아온다는 것에 종종 놀란다. 집에서부터 한 방향으로만 쭉 갔다면 돌아오기가 그리 어렵지 않을 것이다. 그러나 문어의 이동 경로는 왕복이 아닌, 순환고리 형태를 띤다. 몇 년 전, 제니퍼 매더는 카리브해에서 문어 한 마리가 사냥 여행을 떠나는 것을 관찰하며 이런 종류의 행동에 대한 면밀한 연구를 수행했고, 이와 같이 고리 형태 경로를 기록했다.[30] 문어들이 길찾기를 잘하는 이유에 대해서는 알려져 있지 않다—어떤 지형지물, 지침 또는 기억을 사용하는지 말이다. 하지만 몇몇 문어 종은 분명히 뛰어난 항해사라고 할 수 있다.

우리와 문어의 마지막 공통 조상—에디아카라기의 벌레를 닮은 생물—은 이러한 능력 중 어느 하나도 갖지 못했음을 다시 떠올려 보자. 동물이 능동적이고 이동하는 삶, 즉 제어가 가능하고 목표 지향적이며 빠른 움직임으로 가득한 삶을 영위하기 시작했을 때, 세계를 보고 다루는 많은 방식들 중에 더 적합한 방식이 있었을 것이다. 여러 동물들은 독립적으로 지각 항상성을 진화시켰다. 문어는 우리가 세계를 보는 방식과는 매우 다른 방식으로 세계를 볼 수밖에 없지만, 대상을 식별하고 재인식함으로 세계를 다루며, 자아와 다른 존재의 구분을 어느 정도 이해하는 것으로 보인다. 문어 주변에 있으면 문어 또한 주변의 대상에, 특히 새로운 것들에 상당한 **주의**를 기울인다고 밖에 생각할 수 없게 된다.

앞서 나는 물고기와 닭, 소라게의 통증 행동에 관한 몇몇 연구를 언급했다. 문어가 통증에 어떻게 반응하는지를 알기란 쉽지 않다. 호주의 우리 연구 현장인 옥토폴리스에서, 대형 수컷 문어가 다른 수컷들과 돌아다니면서 몸싸움을 하는 등 공격적 상호작용을 벌이는 모습을 영상으로 많이 기록했다. 그는 종종 다리를 쭉 뻗어서 몸을 우뚝 '일으켜 세웠고' 때로는 엉덩이를 머리 위로 높이 치켜들기도 했다. 우리는 그가 자신의 몸을 가능한 한 크게 보이게 하려 했다고 생각한다. 때로 이러한 디스플레이 display는 다른 문어를 향한 공격의 전조였다. 한번은 그가 이 같은 자세를 취하자, 작지만 사나운 물고기(레더재킷Oligoplites saurus) 한 마리가 잽싸게 달려들어 그의 치켜든 엉덩이를 깨물었다. 다음 쪽의 사진은 당시 상황의 모습인데 위쪽 중앙에서 레더 재킷이 깨무는 모습을 볼 수 있다.

문어는 꼭 사람처럼 반응했다. 깜짝 놀라 펄쩍 뛰었고 다리들은 어쩔 줄 몰라했다.

그러고 나서 그는 곧바로 다른 문어들을 두들겨패는 일로 돌아갔다. 그 물린 자국은 우리에겐 행운이었는데, 눈에 띄는 흔적이 남아서 관찰을 마칠 때까지 먼 거리에서도 그 개체를 식별할 수 있었다.

우리가 보았듯이, 어떤 동물은 몸의 상처 입은 부위를 돌보고 보호한다. 엉덩이를 물린 문어는 그렇게 하지 않았다. 그의 처음 반응은 그가 분명 물린 것을 느꼈음을 보여 주었지만, 그 뒤로는 아무 일이 없었다. 우리는 아마도 이것이 심각한 부상이 아니었으며, 당시 싸움질을 하느라 바빴기 때문이라고 생각한다. 진 알루페이Jean Alupay와 동료들은 2013년 발표한 논문에서 우리가 관찰한 것과 다른 종의 문어의 상처를 돌보는 일 등 통증에 연관된 행동을 하는지 주의 깊게 살펴보았다. 이상한 결과를 예상할 만한 이유가 있었다. 알루페이가 연구한 종을 포함한 일부 문어 종은 포식자로부터 달아나기 위해 필요하다면 자신의 다리를 뜯어내기도 하기 때문이다. 연구 결과, 실험에서 다리가 짓눌린(너무 심하지 않게) 문어들은 경우에 따라 스스로 다리를 잘라냈고, 항상 그렇지는 않았지만, 그들은 모두 부상 입은 부위를 한동안 살피고 보호했다. 앞서 언급했다시피 이 같은 돌봄과 보호는 통증의 지표로 보인다.

문어의 경우, 경험에 관한 모든 것이 뇌와 신체의 특이한 관계 때문에 더 복잡해진다. 문어가 다리가 하는 일에 대해 일종의 혼합 제어를 한다고 가정해 보자. 3장에서 논의된 행동 실험들도 이 가정을 뒷받침한다. 문어는 복잡한 행동 능력을 진화시키면서, 다리에 부분적으로 자율권을 위임했다. 그 결과, 문어의 다리들은 뉴런으로 가득 차고, 일부 행위를 국지적으로 제어할 수 있게 되었다. 그렇다면 문어의 경험은 어떨까?

문어는 일종의 이중적 상황에 처해 있을 가능성이 있다. 문어에게 자신의 다리는 부분적으로는 **자신의 것**이다. 다리에 지시를 내리고 사물을 조작하는 데 쓸 수 있다. 하지만 중추 뇌의 관점에서 보면, 다리의 일부분은 **자신의 것이 아니**며, 독자적인 행위자들이다.

우리의 경우를 들어 몇 가지를 비유를 생각해 보자.[32] 눈 깜빡임이나 호흡 같은 행위에서 시작하자. 이것들은 보통 무의식적으로 일어나는 활동이지만, 주의를 기울이면 제어가 가능하다. 문어의 다리 움직임에도 이와 유사한 조합이 있다. 그러나이 비유는 완벽하지 않다. 호흡은 보통 무의식적인 활동이지만, 의식적으로 개입하면 매우 섬세하게 제어할 수 있다. 이것이 가능한 이유는 주의가 자동으로 일어나는 과정을 의식의 제어 아래 놓기 때문이다. 문어의 경우, 앞서 말한 혼합 제어 해석이 옳다면, 중추의 움직임 제어는 결코 완전하지 않으며 말초 체계가 항상 제 목소리를 낸다. 너무 의인화한 표현이지만, 의도에 따라 다리를 뻗어 놓고는 국지적인 미세 조정이 제대로 되기를 **기대하는** 것이다.

그렇다면 문어의 행위는 우리 같은 동물에게서는 보통 분명히 구분되는, 혹은 그렇게 보이는 요소의 혼합이다. 우리가 행동할 때, 자아와 환경의 경계는 보통 꽤 명확하다. 예를 들어 당신이 팔을 움직이면, 당신은 팔의 전반적인 방향은 물론, 그 움직임의 세세한 부분까지 모두 제어한다. 환경의 다른 여러 대상들은 당신의 통제를 직접적으로 받지는 않지만, 팔과 다리로 조작해서 간접적으로 움직일 수는 있다. 주변 대상의 움직임이 통제를 받지 않는다는 것은, 보통은 그것이 당신의 일부가 아니라는 신호다(무릎 반사 같은 부분적인 예외가 있긴 하다). 만약 당신이 문어였다면 이같은 구분은 모호해질 것이다. 어느 정도는 당신의 팔을 제어하면서 또 어느 정도는 팔이 움직이는 것을 그저 바라볼 뿐이다.

이 이야기는 '중앙의 문어central octopus'의 관점에서 말하는 것이다. 이 점이 오산일 수도 있다. 게다가 너무 단순하게 인간과 비교해서 추정하는 것일지도 모른다. 악기를 잘 다루게 되면, 손가락 움직임을 미세하게 조정하는 것을 비롯한 여러 동작이 너무 빠르게 이루어져서 의식적으로 제어할 수 없게 된다. 벨기에 앤트워프의 철학자 벤체 나너이Bence Nanay는 문어와 인간의 비교에 대한 상당히 다른 해석을 보내 왔다. 나너이는 좀 더 충분히 들여다보면, 문어에게서 보이는 이상하고 새로운 관계들을 인간에게서도 볼 수 있다고 생각했다. 이는 쉽게 찾을 수는 없지만 분명히 존재한다.[33] 당신이 어느 대상을 향해 손을 뻗고 있다고 가정해 보자. 손을 뻗는 목표의 위치나 크기가 갑자기 바뀌면, 당신의 손을 뻗는 움직임은 극도로 빠르게―0.1초도 안 되어―바뀐다. 너무나 빠른 행위이기 때문에 무의식적이다. 피실험자들은 그 차이를 눈치채지 못한다. 그들은 **자신**이 움직임을 바꿨는지도 알아차리지 못하고, 대상의 변화도 알아차리지 못한다. 여기서 '피실험자'들이 알아차리지 못했다는 것은, 그들에게 변화가 있었냐고 물었을 때 없었다고 답했다는 의미다.

문어의 경우처럼, 손을 뻗는다는 하향식의 의사결정이 있지만, 빠르고 무의식적인 미세 조정도 있다. 문어의 경우 그 미세 조정의 폭이 더 크고―그래서 미세 조정이라고 말하기는 어렵다―, 단지 빠르게만 일어나지 않는다. 문어는 자신의 다리가 방황하는 모습을 마치 구경꾼처럼 지켜볼 수 있다. 우리에게는 이런 조정이 너무 빠르게 일어나서 보지 못하는 것이다.

인간의 경우, 팔 움직임의 이 같은 빠른 조정은 뇌에서 시작되며 시각에 의해 유도된다. 문어의 경우, 다리의 움직임은 시각이 아닌 다리 자체가 갖고 있는 화학적, 촉각적 감각을 통해 유도된다(사실 이 문제는 그리 명확하지 않다. 다음 장에서 이에 대해 더 살펴볼 것이다). 어쨌든 나너이가 해석하기로는, 문어는 인간의 행위 속에도 미미하고 눈에 띄지 않게 존재하는 것을 극단적으로 보여 준다는 것이다. 인간의 경우, 먼저 하향식 명령이 있고 그 다음 필요한 미세조정이 추가된다. 문어의 경우, 아마도 중앙의 명령과 말초의 결정 사이에 계속되는 상호작용이 있다. 다리가 나가서 방황하면 문어는 그 다리가 방향을 잃지 않고 궤도를

글루미문어이리고도 부르는 시드니문어*Octopus tetricus*가 다리를 머리 위로 올리고 있다. 이 책 속 사진의 문어는 대부분 이 종으로, 호주와 뉴질랜드에서 볼 수 있다.

이 문어는 뒤에 있는 해초와 아주 비슷한 색상을 만들어 냈다.

다음 네 장의 사진은 호주 옥토폴리스 현장에서 벌어진 문어 두 마리 간의 싸움을 촬영한 동영상을 캡처한 것이다.

패배한 문어는 상대를 떨쳐내고 쏜살같이 달아난다.

오른쪽에서 왼쪽으로 분사 추진으로 움직이는 문어.
앞쪽에 묘사된 싸움에서 이긴 것과 같은 동물이다.

호주대왕갑오징어*Sepia apama*. 5장에서 이야기한 칸딘스키다.

호주대왕갑오징어의 얼굴과 다리 주위에 노화와 관련된 쇠퇴의 초기 징후가 서서히 나타나고 있다.

팔을 치켜든 채 정적 포즈를 취한 채 오랜 시간을 보낸 호주대왕갑오징어 로댕.

호주대왕갑오징어의 눈동자는 W자 모양이다. 피부 근육에 의해 조정되는 작은 색소망인 색소세포는 눈 주변을 따라 보인다. (이 사진은 책에서 빛을 더하고 찍은 유일한 사진이다.)

이 두 사진은 4초 간격으로 찍은 것인데, 그 사이 짙은 노란색이 붉은색으로 바뀌었다.

짝짓기 준비 중인 두 마리의 호주대왕갑오징어(왼쪽이 수컷이다). 이 동물들이 내가 시드니 근처에서 촬영한 갑오징어와 같은 종인지에 대해서는 과학적인 논의가 있었다. 적어도 현재로서는 호주대왕갑오징어 한 종만이 공식적으로 인정되고 있다. 화이앨라에서 촬영.

호주대왕갑오징어가 피부층의 메커니즘을 이용하여 다양한 색들을 보여 준다. 화이앨라에서 촬영.

나에게 많은 것을 가르쳐 준 대왕갑오징어 연구자 카리나 홀과
거대하고 친근한 호주대왕갑오징어 한 마리가 나란히 헤엄치고 있다.

붉은색, 오렌지색, 은백색의 복잡한 무늬를 만들어내는 호주대왕갑오징어.
이 페이지에 있는 두 동물 모두 일시적으로 눈 위 피부 돌기를 세우고 있다.

유지하도록 조정—어쩌면 주의를 기울여서, 다시 말해 문어의 의지력을 발휘해서—할 것이다.

내가 앞서 인용한 '체화된 인지' 논문에서, 힐렐 치엘과 랜덜 비어는 행위가 어떻게 작동하는지에 대한 오래된 관점과 새로운 관점을 대비시킨다.[34] 오래된 관점은 신경계를 '연주자를 위한 레퍼토리를 고르고 정확히 어떻게 연주해야 하는지를 지시하는 신체의 지휘자'라고 본다. 그 대신 저자들은 '신경계는 재즈 즉흥 연주에 참여하는 연주자 그룹의 일원이며, 최종적인 결과는 연주자 사이의 계속되는 주고받기 속에서 창발emerge한다'는 새로운 관점을 제시한다. 나는 이것이 일반론으로 받아들여질 수 있으리라 생각하지는 않는다. 신경계가 여러 연주자들 중 하나라는 관점은, 대부분의 동물에서 신경계가 하는 역할을 과소평가하게 만든다고 생각한다. 하지만 문어의 경우에는 이러한 은유가 잘 맞을 수 있다. 문어에게 대비는 신경계와 신체 사이가 아닌, 중앙의 뇌와 자체적인 신경계를 갖고 있는 생명체의 나머지 부분들 사이에서 발생한다.

문어의 경우 중앙의 뇌라는 지휘자가 있다. 그러나 이 지휘자가 다루는 연주자들은 즉흥 연주에 익숙하며 지휘는 적당히 받아들이는 재즈 연주자다. 어쩌면 연주자들이 알아서 멋진 연주를 할 것이라고 믿는 지휘자가 대략적이고 일반적인 지휘만을 건네는 것일지도 모른다.

5.

색채 만들기

호주대왕갑오징어

1장에서 우리는 바다의 암초 아래로 다니는 동물을 만났다. 바다를 떠다니는 동안 그 동물의 색깔은 시시각각 변했다. 처음엔 암적색이었다가 회색 얼룩무늬와 은색 정맥이 드러났다. 다리의 이곳저곳에 푸른색과 녹색이 번져갔다. 이 장에서 우리는 이 변화무쌍한 동물과 함께 다시 바다로 들어갈 것이다.

　호주대왕갑오징어는 호버크래프트에 문어를 붙여 놓은 것처럼 생겼다. 거북의 등껍질을 닮은 등에 돌출된 머리가 있고, 그 머리에서 여덟 개의 다리가 뻗어나온다. 다리는 유연하고 관절이 없으며 빨판이 달려 있어서 문어의 다리와 대체로 비슷하다. 갑오징어를 겉으로 보면 다리가 한줄로 조잡하게 나 있는 것처럼 보이지만 실제로는 입 주위로 배열되어 있다. 어떻게 보면

능수능란하게 움직이는 거대한 여덟 개의 입술 같다. 입 근처에는 먹이를 낚아채기 위해 재빨리 뻗을 수 있는 두 개의 더 긴 '먹이잡이 촉수'가 숨겨져 있다. 입에는 단단한 부리가 달려 있다. 갑오징어의 몸에는 척추라든지 진짜 뼈는 없지만, 서핑보드처럼 생긴 단단한 '갑cuttlebone'이 방패를 닮은 등 안쪽에 들어 있다. 방패의 양쪽에는 몇 센티미터 길이의 지느러미가 치마처럼 둘려져 있다. 갑오징어는 이 지느러미를 물결치듯 움직여 천천히 이동한다. 빨리 이동하고 싶을 때는 분사 추진을 사용하는데, 몸 아래에 있는 '수관'을 어디로든 향하게 할 수 있다. 대부분의 갑오징어는 인치 단위로 잴 수 있을 만큼 작다. 하지만 호주대왕갑오징어는 약 1미터까지 자랄 수 있다.

이 동물은 1미터 길이의 몸과 거의 모든 색을 띨 수 있는 피부를 갖고 있다. 색은 보통 몇 초 안에, 때로는 1초도 안되는 순간 사이에 변한다. 이 전기선은 갑오징어를 우주선처럼 보이게 만든다. 하지만 이 동물을 이해하려는, 납득하려는 모든 시도는 혼란속으로 빠진다. 계속 지켜보고 있으니 눈에서부터 밝은 새빨간 무늬가 이어져 나온다. 이제는 피눈물을 흘리는 우주선이란 말인가?

두족류는 일반적으로(모두는 아니지만 상당수가) 색 변화의 명수다. 이 명수들 중에서도 호주대왕갑오징어는 아마 그 정점에 있든지, 아니면 적어도 가장 화려할 것이다. 자연에서 색 변화는 흔한 일이다. 우리가 잘 아는 카멜레온처럼 많은 동물이 겉으로 나타나는 자신의 몸 색을 어느 정도 바꿀 수 있다. 그러나 두족류는 더 빠르고 더 넓은 범위의 색깔 변화를 만들어 낸다. 호주대왕갑오징어는, 몸 전체가 패턴이 상영되는 스크린이다. 그 패턴들은 단지 일련의 스냅숏이 아니다. 선과 무늬가 구름처럼 부드럽게 움직인다. 이들은 **표현력**이 무척 풍부해 보인다. 무언가 할 말이 많은 것처럼 보이기도 한다. 만약 그렇다면 그들은 무엇을, 누구에게 말하고 있는 걸까?

호주대왕갑오징어는 다른 방면으로도 놀라운데, 이 커다란 야생 동물에게서 친절한 면모를 발견할 때는 마음이 스르르 녹는다. 단순히 인간의 존재를 용인하는 정도를 말하는 게 아니다. 이 동물이 낯선 존재와 관계 맺으려는 태도는 적극적이기까지 하다. 모든 호주대왕갑오징어가 그런 것은 아니지만 그렇다고 드문 일도 아니다. 이들과 마주친다면 꽤 높은 확률로 친근한 호기심을 드러내는 걸 볼 수 있을 것이다. 그 동물은 고요한 '휴식' 상태를 나타내는 색과 모양의 패턴을 피부에 드러내면서 당신에게 다가온다. 갑오징어는 가까이 맴돌며, 당신을 파악하려는 듯이 보인다.

호주대왕갑오징어는 거의 연구가 되지 않은 동물이다. 포획 상태로 사육된 적이 별로 없다. 실험실에서 이들을 상세히 연구한 극소수의 연구자 중 하나인 알렉산드라 슈넬Alexandra Schnell은 호주대왕갑오징어가 문어와 마찬가지로 포획되었을 때 복잡한 반응의 징후를 보여 준다고 말한다.[1] 호주대왕갑오징어는 방문객을 정확하게 조준해서 물을 뿜어 기습한다. 하지만 호주대왕갑오징어는 문어 친척들보다 훨씬 불가사의하고 다른 세계에서 온 존재인 듯한 면모를 보인다. 호주대왕갑오징어는 절대적으로도 상대적으로도 큰 뇌를 갖고 있다. 내가 아는 한, 호주대왕갑오징어가 몇몇 문어에게서 볼 수 있는 가장 확실한 지능의 표식들—퍼즐 풀기, 도구 사용, 물체 탐험—을 보여 준 적은 없다. 하지만 그들은 먼저 문어만큼 많이 연구되지 않았고, 그들의 삶의 방식도 문어와는 다르기에, 문어가 하는 그런 행동들이 그리 유용하지 않을 것이다. 문어가 해저를 기어다니는 탐험가라면 호주대왕갑오징어는 수영선수이다.

호주대왕갑오징어에게 문어만큼 변화무쌍한 창의성은 없을지 모르지만, 한 번의 만남으로 오래도록 계속 뇌리에 남을 특징을 갖고 있다. 그 친근한 호기심, 또는 당신 주변을 맴돌다가도 멀어지며 경계하는 듯한 관계 맺음, 그리고 그 끝없이 이어지는 경이로운 색채의 변화까지 말이다.

색채 만들기

두족류의 피부는 뇌가 직접 제어하는 겹겹의 스크린이다. 뇌에서 몸을 거쳐 피부까지 연결된 뉴런이 근육을 제어한다. 근육은 다시 모니터의 화소와 같은 수백만 개의 색소 주머니를 제어한다. 갑오징어가 무언가를 감지하거나 결정하면 그의 색은 즉각 바뀐다.

작동 원리는 이렇다.[2] 갑오징어의 피부에는 보호막 역할을 하는 바깥층, 즉 **진피**dermis가 있다. 그 바로 아래의 피부층에는 갑오징어의 색채 제어에 가장 중요한 역할을 하는 장치인 **색소포** chromatophore가 있다. 하나의 색소포 단위는 여러 종류의 세포로 구성되어 있다. 어떤 세포는 색소 주머니를 갖고 있다. 그 주위에 있는 약 10~20개의 근육세포가 색소 주머니를 잡아당겨 다양한 모양으로 만든다. 이 근육은 뇌의 제어를 받는다. 주머니에 들어 있는 색깔을 보여지게 하려면 근육은 이 주머니를 팽팽하게 잡아당기고 반대의 효과를 위해서는 주머니를 느슨하게 한다.

각각의 색소포는 단 한 가지 색깔만 담고 있다. 두족류는 종에 따라 다른 색깔을 사용하는데, 보통은 세 종류를 갖고 있다. 호주대왕갑오징어의 색소포는 붉은색, 노란색, 흑갈색이다. 각 색소포의 직경은 1밀리미터도 되지 않는다.

이 장치는 두족류가 색깔을 어떻게 만드는지 어느 정도 설명해 줄 수 있지만, 완벽하지는 않다. 호주대왕갑오징어는 한 개의 색소포로는 붉은색이나 노란색을 만들 수 있고, 두 개의 색소포를 조합하여 오렌지색을 만들 수도 있다. 그러나 이 메커니즘만 가지고는 갑오징어가 띨 수 있는 각양각색을 어떻게 만들어지는 지를 설명할 수가 없다. 푸른색이나 녹색, 보라색, 은백색을 만들 방법이 전혀 없기 때문이다. 이 색깔들은 그 다음 피부층의 메커니즘으로 만들어진다. 여기에는 여러 종류의 **반사세포**reflecting cell 가 있다. 이 세포들은 색소포처럼 고정된 색깔을 띠는 것이 아니라, 들어오는 빛을 반사한다. 이때는 단순히 거울처럼 반사만 해서는 안 된다. 빛은 **홍색소포**iridophores에서 미세한 판들의 층을 통과하며 반사되고 여과된다. 이 판들은 빛의 여러 파장들을 분리하고 방향을 정해, 처음 들어온 빛과 다른 색상을 반사한다. 그 결과 색소포로는 만들어낼 수 없는 녹색과 파란색이 나온다. 홍색소포는 뇌에 직접적으로 연결되어 있지는 않으나, 다른 화학적 신호를 통해 느린 속도로 제어되는 것으로 보인다. 홍색소포 바로 밑에 자리한 **백색소포**lencophores는 또 다른 종류의 반사세포다. 이 세포는 빛을 조작하지 않고 그대로 되반사한다. 그 결과 백색소포는 보통은 흰색으로 보이지만, 주변에 있는 어떠한 색이든 반사할 수 있다. 색소포는 반사세포보다 더 윗층에 있기 때문에, 반사세포가 일으키는 모든 효과는 색소포의 작용에 의해 변조된다. 색소포가 늘어나면 반사세포까지 내려가는 빛과, 반사되어 나오는 빛에 영향을 미친다.

갑오징어의 피부의 단면을 옆에서 본다고 상상해 보자. 가장 위에 표피층이 보일 것이고 그 다음 작은 색소주머니 수백만 개로 이루어진 층이 보일 것이다. 이 주머니들은 그 안에 있는 색소가 보이거나 가려지도록 밀고 당기기를 계속한다. 이는 많은 근육의 활동을 통해 엄청난 속도로 이루어진다. 어떤 빛은 이 층을 통과하여 다른 층에 닿을 것이다. 여기서 빛은 거울들로 인

해 반사되고 걸러진다. 속도는 느리지만 이 세포들도 색소세포
처럼 다른 곳에서 온 화학물질에 의해 모양이 변화한다. 그 밑으
로는 좀 더 단순한 반사세포가 여기까지 도달한 빛을 그대로 반
사한다.

갑오징어 피부층을 스케치하면 이렇다.

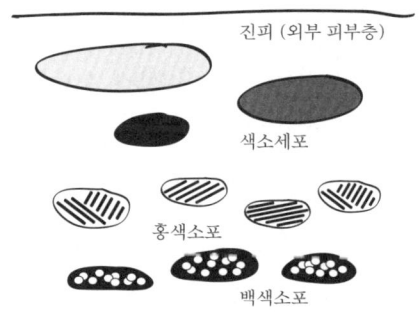

호주대왕갑오징어가 약 천만 개의 색소포를 갖고 있다고 가
정해 보자. 그렇다면, 대략 천만 화소 LED 스크린으로 볼 수 있
을 것이다. 내가 대략이란 표현을 쓴 데는 두 가지 이유가 있다.
하나는 이 갑오징어 스크린의 화소는 우리의 스크린처럼 완전
히 독립적으로 제어되는 것이 아니라 어느 정도 규모의 덩어리
단위로 제어되기 때문이다. 다른 하나는 각각의 색소포가 단 하
나의 색깔만 갖고 있기 때문이다. 어떤 화소들은 다른 화소 위에
있어서, 같은 부분에서 다양한 색깔을 만들어낼 수 있다. 색소포
아래에 있는 피부층이 복잡성을 더하는 것이다.

두족류의 색소층은 얇고 깨지기 쉽다. 나이가 들거나 상처를 입어 피부를 잃은 갑오징어는 매우 다르게 보인다. 칙칙한 흰색 반점들이 나타날 것이다. 갑오징어의 마법 같은 피부는 수수한 흰색 몸 위에 덮인 얇은 막에 불과하다.

내가 관찰한 개체들이 가장 자주 보이는 '기본' 색은 붉은색이었다. 이 붉은색은 암적색부터 소방차의 빨간색까지 넓은 범위를 말한다. 붉은색을 배경으로 보통 물속에서 은백색을 띠는 장식이 보인다. 흰색으로 이루어진 점과 선은 아른거리는 별과 진주로 만든 실처럼 보인다. 노란색, 오렌지색, 올리브색은 얼룩으로 나타난다. 그들은 정적인 패턴을 유지할 수는 있지만, 색깔이 오랫동안 고정되는 경우는 드물다. 그들의 '역동적인' 패턴은 마치 갑오징어의 피부라는 스크린 위에서 상영되는 영화와 같다. 자주 볼 수 있는 장면은 **흘러가는 구름** 영상이다. 어둡고 밝은 무늬가 교차하는 흐름이 몸을 따라 앞에서 뒤로 또는 뒤에서 앞으로 일정하게 움직인다. 언젠가 한 개체를 위에서 보았는데, 그의 몸 왼편으로는 바위 밑에 있는 다른 갑오징어에게 흘러가는 구름 영상을 보여 주고 있었고, 몸 오른편은 수면 쪽을 향한 채 위장색을 보이고 있었다.

갑오징어의 색깔 변화는 흔히 몸과 피부의 형태 변화와 함께 일어난다. 때로는 '돌기papillae'라고 하는 피부 주름 수십 개를 등에 세워 놓은 채 헤엄친다. 이 돌기들은 마치 스테고사우루스 등에 있는 골판의 작은 버전(2.5센티미터 정도)처럼 보인다. 돌기는 부드럽고 단 몇 초 안에 만들어진다. 갑오징어의 눈에서는 피부의 변형이 섬세하고 정교하게 이루어진다. 많은 갑오징어가 각각의 눈 위에 가느다란 깃털 형태의 피부 주름을 만들어 낸다. 이것은 마치 세심하게 만든 속눈썹 연장 장식처럼 보인다.

휴식을 취할 때 갑오징어가 앞쪽으로 늘어뜨리는 여덟 개의 다리는 서로 꽤 비슷하게 보인다. 두족류의 다리에는 왼쪽과 오른쪽에 각각 1부터 4까지 번호가 매겨져 있다. 가장 위에서부터 좌측 1번과 우측 1번이 시작된다. 앞에서 보면 이 다리는 '내부'에 있는 것처럼 보인다. 그 다리 바깥쪽으로 좌측 2번과 우측 2번이 있고 그 다음 3번 두 개, 그리고 마지막으로 4번 다리들이 있다. 호주대왕갑오징어는 수컷의 4번 다리가 암컷의 4번 다리보다 크다. 수컷들은 상대를 위협할 때 종종 4번 다리를 넓고 납작한 칼날 형태로 만든다.

또 다른 위협적인 몸짓은 '첫 번째' 다리를 뿔처럼 치켜드는 것이다. 이 뿔을 우아하게 물결치는 모양으로 만드는 개체도 있고, 소용돌이, 갈고리 또는 곤봉 모양으로 만드는 개체도 있다. 가장 정교한 경우에는, 다리로 서너 가지 모양을 한 번에 만든 갑오징어도 있다. 1번 다리는 곧게 높이 치켜들고, 2번 다리는 그보다 낮은 높이에서 뿔처럼 세우되 끝을 말아올린다. 그 아래 3번 다리가 있고, 마지막으로 4번 다리를 가능한 한 크게 보이도록 납작하게 펼쳐보인다. 호주대왕갑오징어는 그들에게 무해하지만 싫어하는 물고기가 몇 종 있는데, 그들이 다가오면 다리를 뿔과 갈고리 모양으로 치켜들어 맞이한다.

　이 모든 행동은 개체마다 어느 정도 다르다. 나는 가끔 한 개체를 여러 날에 걸쳐, 몇 번인가는 일주일 넘게 관찰할 수 있었다. 몸 전체의 색깔과 형태를 마음대로 변화시킬 수 있는 동물을 다시 식별하기란 쉬운 일이 아닌데, 눈에 띄는 상처 덕분에 가능했다. 그러다 나는 치맛자락 같은 지느러미에 있는 흰색 자국을 일종의 지문으로 생각하면 된다는 것을 알았다. 이 부분의 자국은 거의 변하지 않기 때문이다. 각각의 개체는 같은 성별과 비슷한 크기, 그리고 같은 시기에 같은 장소에 있었음에도 불구하고 나에게 다르게 반응한다. 가장 환영하는 듯한 상호작용의 방식은 앞서 언급한 친근한 호기심이었다. 어떤 개체들은 편안한 상태에서 보이는 색상과 무늬를 내며 내게 다가와 나를 세심하게 관찰했다. 가장 친근한 태도를 보인 녀석은 나를 만지기 위해 다리를 내밀었다. 이는 매우 드문 일이다. 그는 수관과 지느러미를 천천히 움직이며 물 속에 떠 있었다. 같이 떠다니면서 그는 내가 다가가면 물러서고, 내가 물러서면 어느 정도 다가오는 식으로 일정한 거리를 유지했다. 하지만 결국, 그는 곁을 내주었고 우리의 거리는 팔이 닿을 수 있을 정도로 가까워졌다. 나는 그의 다리 가까이로 손을 내밀었지만 만지지는 않았다. 그가 다리 한두 개를 내밀어 내 손을 만졌다.

　이 같은 일은 오직 한 차례만 일어났다. 잠깐의 접촉 이후 갑오징어는 다시 멀찍이 간격을 유지하기 시작했다. 그는 나를 만져볼 정도의 관심은 있었지만, 한 번 만졌으니 다시 원래 있던 자리로 돌아간 것이다. 이 행위에 대한 가능한 해석 중 하나는 갑오징어가 과연 내가 먹을 만한 것인지 살펴보았다는 것이다. 보통 게나 물고기를 통째로 잡아먹는 갑오징어일지라도 인간은 너무 크다. 나는 그들이 나를 점심거리로 보고 관심을 가졌다고 생각하지 않는다.

사람에게 살갑든 거리를 두든, 어떤 개체들은 그들만의 독특한 색채 변화를 보인다. 나는 종종 다른 개체가 미처 생각지 못한 색깔이나 특별하고 화려한 패턴을 만들어 내는 갑오징어를 만났다. 나는 그들 중 첫 번째를 마티스라고 이름 붙였다. 마티스는 내가 몇 년 전 며칠 동안 찾아갔던 친근한 갑오징어다. 색깔도 독특했지만 그를 돋보이게 만드는 건 따로 있었다. 그는 조용히 떠다닐 때는 붉은색과 흰색이 섞인 모습이었다가 갑자기 몸에서 밝은 노란색이 터져나왔다. 이 섬광이 몸 전체를 감싸 다른 무늬들이 보이지 않기까지는 1초도 걸리지 않았다. 정맥 같은 줄무늬가 섞인 암적색이었다가, 1초도 안 되어서 갑오징어 모양의 태양처럼 보였다. 그 태양이 뿜는 색깔은 천천히 사라지곤 했다. 노란색에 이어 오렌지색이 나오더니 어두워졌다. 그때쯤이면 무늬가 다시 돌아왔다. 10초 정도 지나면 그는 다시 암적색이 되어 있었다.

노랗게 색을 바꿀 때는 다리를 들어올리거나 하는 과시 행위가 없었다. 나는 다른 두족류 동물의 경우 '전신의 노란색'이 경고의 표시라고 묘사한 것을 본 적이 있다. 마티스가 경고를 내보였을 가능성은 있다고 생각하지만, 왜 그의 나머지 모든 것은 너무나 차분해 보였을까? 마티스는 때때로 거슬리는 물고기에 대한 반응으로 노란색 무늬를 만들었지만, 이때는 다리 모양도 그랬고 색도 좀 더 진한 노란색이었다. 내가 본 샛노랑색 섬광은 어딘가 다른 행동 같았다. 녀석은 그저 색채의 폭발을 좋아했던 것 같았다.

그 이후에도 이런 '노란색 섬광'을 만드는 갑오징어들을 많이 봤지만, 누구도 마티스만큼 물속을 그토록 환하게 밝히지는 못했다. 내가 앞서 말한 갑오징어의 색깔 변화 메커니즘을 떠올려 보면 그 원리를 이해하기는 어렵지 않다. 호주대왕갑오징어는 노란색 색소포를 가지고 있으므로 순식간에 노란색 색소포를 확장시키고 다른 것들을 모두 수축시키는 방법을 사용했을 것이다.

마티스를 만나고 한참 후 내가 마주친 어떤 갑오징어보다 뛰어난 패턴을 보여 주는 갑오징어가 나타났다. 그에게 어울리는 이름은 오직 칸딘스키뿐이었다.

칸딘스키에게는 고정된 습관과 뚜렷한 거처가 있었다. 마티스와는 달리 칸딘스키는 눈에 띄는 단일한 색깔은 없었다. 그는 다른 갑오징어들과 비슷한 종류의 무늬와 색깔을 만들었지만, 좀 더 화려했다. 2009년, 나는 칸딘스키의 완벽한 사진을 찍기 위해 일주일가량 그의 거처를 찾았다. 매일 오후 늦게 도착해 4미터 아래에 있는 그의 은신처 위 수면에서 기다렸다. 그는 마침내 은신처에서 나와 자기 바위 꼭대기에 진을 치고는 바다 쪽을 향해 앉아 있곤 했다. 다리 두 개를 치켜들었고, 나머지 다리들은 그 밑에서 이리저리로 움직였다. 나는 그를 만나기 위해 몇 번이나 물속으로 내려갔다.

내가 도착하면 그는 다리를 마치 의장용 창처럼 사방으로 들어올렸다. 때로는 다리 두 개를 머리 위로 꼬아 올렸다. 들어올린 다리는 보통 불안의 표시이고 때론 적대감의 표시이지만, 칸딘스키는 다르다고 생각한다. 그는 내가 꽤 멀리 떨어져 있을 때도 정교한 무늬들을 지속적으로 만들어냈기 때문이다. 그는 자신의 피부에 붉은색과 오렌지색을 혼합해 번쩍이게 하는 걸 좋아했으며 창백한 오렌지색과 녹색을 섞는 것도 좋아했다. 종종 이 색상들을 '흘러가는 구름' 형태로 보여 주기도 했다. 눈물 같은 무늬가 다리 안쪽을 따라 흘렀다. 그는 잠시 동안 좋아하는 바위 근처를 떠다니다가 얕은 해안 쪽을 돌아다닌다. 그는 친근한 성격은 아니었지만 은신처 근처의 암초 사이를 돌아다닐 때 내가 가까이 따라오는 걸 허락했다.

친근하고 호기심이 많아 보이는 갑오징어도 있는 반면, 다이버에게 강력한 적대감을 보이는 갑오징어도 있다. 다행히도 친근함을 보이는 경우보다는 드물지만 말이다. 내가 기억하는 가장 극적인 광경은 매우 친근한 갑오징어들이 살던 곳에서 만난 큰 수컷 갑오징어와의 만남이다. 나는 그 바위 많은 절벽 쪽에

갈 때면 이전에 경험했던 친근감으로 가득한 만남을 떠올린다. 그러나 그때 내가 본 것은 색깔과 형상으로 표현된 완벽한 적대 감이었다.

그곳에 도착해서 내가 가장 먼저 본 것은 돌부리 밑에서 소용돌이 치는 다리들이었다. 다리들은 노랑-오렌지-갈색을 띠고 있었다. 그는 흔들리는 해초에 둘러싸여 다리를 사방으로 뻗은 채 밖을 내다보고 있었다. 나는 처음에 이 행동이 위장일지도 모른다고 생각했다. 그의 몸이 흔들리는 모습이 해초의 움직임과 일치했기 때문이었다. 나는 더 가까이 다가갔고 그가 더 많은 색깔을 내보이고 있음을 발견했다. 은색-백색의 자국들이었다. 이것은 갑오징어의 얼굴과 다리 주변에서 흔히 볼 수 있는 안정된 은색의 맥동과는 다른, 번쩍이는 큰 얼룩이었다. 그의 아래쪽 다리들은 부채처럼 넓게 펼쳐져 있었고, 다른 다리들은 뿔의 숲을 이루고 있었다. 그는 잠깐 지켜보다가 빠르게 내 앞으로 다가왔다. 나는 황급히 뒤로 헤엄쳤다. 그는 얼마간 계속 다가오다가 추격을 멈추고는 자신의 은신처로 돌아갔다. 나는 기다렸다가 다시 조심스럽게 접근했다. 그는 마치 중세 공성 무기에 제트 추진체를 단 것 마냥 튀어나왔다.

추격전을 벌이는 와중에 그가 보여 준 모습은 내가 지금껏 본 갑오징어의 모습 중 가장 무시무시했다. 불타는 듯한 오렌지색에 뿔과 낫 형태를 띤 다리들, 그리고 철갑을 떠올리게 하는 피부의 주름들이 있었다. 때때로 그의 안쪽에 있는 다리들은 뒤

틀린 채로 높이 들려 있었다. 한 순간 두 가닥을 제외한 거의 모든 다리들을 세워서 함께 꼬았다. 나는 그가 지옥의 아가리를 닮았다고 생각했다. 그는 마치 연체동물로서 인간을 공포에 떨게만들 방법을 잘 알고 있는 듯했고, 우리 심장을 겨냥한 저주받은 광경을 만들어 내려 애쓰는 것 같았다.

나는 그에게 주의를 기울이면서 조심스럽게 도망쳤다. 그는 계속 나를 쫓아왔지만 이내 나는 그가 달려든다고 해도 결코 나에게 미치지 못한다는 걸 눈치채고 도망가는 속도를 줄였다. 나는 나를 향한 돌진에 얼마만큼의 허세와 얼마만큼의 공격 의도가 있었는지 궁금해졌다. 마침내 나는 새로운 전략을 시도했다. 그가 나에게 다리를 살기등등하게 흔든다면, 나도 똑같이 되받아 흔들어주면 어떨까? 그가 다시 나왔을 때 나는 훨씬 천천히 물러서면서 팔을 앞으로 들고 스쿠버 장비를 이리저리 휘저었다. 이 행동은 그의 주의를 끌었다. 그는 여전히 앞으로 다가오는 **시늉**을 했지만, 실제로 그리 많이 움직이지 않았고 꿈틀거리던 다리의 움직임이 진정되기 시작했다. 그는 공격적인 모습을 점차 줄였고 곧 다리들은 편히 내려앉았고 뾰족한 피부 주름은 사라졌다. 나는 마침내 그에게 가까이 다가갈 수 있었다. 그는 나를 정면으로 바라보기를 멈추고 내 어깨 너머를 보는 것 같았다. 훨씬 안정된 모습이었다. 그런데 내가 그의 정면으로 바로 다가가자 그도 갑자기 다시 내게 달려들었다. 처음에는 머리를 낮추었다가 다리를 마구 휘두르기 시작했다. 나는 이 정도가 우리가 친해질 수 있는 최대치라고 판단했다.

인간과 갑오징어의 상호작용에는 또 다른 독특한 방식이 있다. 사실 여기서는 '상호작용'이라는 단어가 그리 적합하진 않다. 어떤 갑오징어는 그 정도가 너무 강력해서 뭐라 형언하기가 어려울 정도로 무관심으로 일관한 채 행동한다. 어떤 의미에서 이는 가장 흥미로운 행동이다. 이 갑오징어들은 전혀 당신을 살아 있는 존재로 인식하지 않는 것처럼 보인다. 이들은 가만히 있을 때조차 (다른 갑오징어들이 하듯) 사람을 정면으로 바라보지 않고, 어깨 너머 먼 곳을 바라본다. 당신이 조금 움직이면, 갑오징어도 그에 맞춰서 움직인다. 비접촉 상태를 유지하려는 것이다.

이 심오한 무관심은 주변의 암초 주변을 순환고리 경로로 탐사하는 갑오징어에게서 볼 수 있다. 이 여정에서 갑오징어는 바위 밑을 샅샅이 비집고 돌아다니거나 그저 배회한다. 대부분의 시간 동안 먹이나 짝을 찾고 있겠지만, 종종 그다지 노력하지 않는다는 느낌을 준다. 탐사 중인 갑오징어는 때때로 친근하거나, 아니면 호기심이 많아서 잠시 멈춰서 당신을 바라보지만, 다시 헤엄쳐 간다. 하지만 어떤 갑오징어들은 당신이 아무리 가까이 다가가더라도 무시한다. 심지어 녀석의 눈 바로 옆에 당신이 있더라도 말이다. 한번은 갑오징어에게 너무나 철저하게 무시 당해서, 일부러 그의 이동 경로를 막아섰다. 갑오징어가 어떤 행동을 할지 궁금해서였다. 그러자 실존주의적 '치킨게임'이 벌어졌다. 그는 줄곧 나의 존재를 인정하기를 거부하며 계속 가까이 다가왔다. 나와의 거리가 단 30센티미터 정도가 되자 그가 나를 올려다보았다. 그때 그의 표정은 그저 전혀 관심없어 보인다는 말로 밖에 표현할 수 없는 그런 것이었다. 그는 내 옆을 슬쩍 지나쳐 계속 헤엄쳤다.

우리의 역할은 무엇일까? 그들에게 우리는 무엇이란 말인가? 분명 우리는 움직이는 거대한 동물로 인식될 것이다. 그렇다면 우린 잠재적으로 위험하거나 적어도 뭔가 관심의 대상이지 않을까? 다른 갑오징어는 분명 우리를 연구해야 할 방문객이나 요란한 모습을 취해 쫓아내야 할 불청객으로 본다. 그러나 때로 갑오징어는 우리를 전혀 살아 있는 생명체로 여기지 않는 것처럼 보이기도 한다. 그토록 깊은 무시를 당하면 과연 그들의 물속 세계에서 당신이 실제로 존재하기는 하는지 의심하게 된다. 마치 자신이 유령이라는 걸 깨닫지 못하는 유령처럼 말이다.

색을 본다는 것

두족류의 색에 대한 그림이 거의 완성되어가는 이 시점에, 우리는 무척 황당한 사실과 맞닥뜨리게 된다. 거의 모든 두족류는 색맹이라고 한다.

이 말도 안되는 결론은 생리학적 증거와 행동 연구 증거 모두에 기반한 것이다.[3] 첫째, 색의 차이를 감지할 수 있으려면 색깔의 차이와 빛의 **밝기** 차이를 구분할 수 있는 장치가 눈에 있어야 한다. 이를 수행하는 일반적인 방법은 각기 다른 종류의 **광수용체**photoreceptor를 구비하는 것이다. 광수용체 세포에는 빛을 받았을 때 모양이 바뀌는 분자들이 있다. 형태의 변화는 세포 내에서 다른 화학적 사건들을 촉발시킨다. 광수용체는 빛의 세계와 뇌의 신호 네트워크를 연결하는 정보 전달 장치인 셈이다. 어떤 눈이든 색을 보려면 이처럼 들어오는 빛의 파장에 따라 각기 다르게 반응하는 광수용체를 갖고 있어야 한다. 대부분의 인간은 세 종류의 광수용체를 갖고 있다. 색을 보려면 최소한 두 개는 갖고 있어야 하지만 대부분의 두족류는 하나만 갖고 있다.

몇몇 두족류 종에 대해서는 행동 실험도 이뤄졌다. 두족류가 색깔만 다른 두 개의 자극을 구분할 수 있을까? 실험을 거친 종들은 성공하지 못했다.

난감한 일이다. 색깔로 그렇게나 **많은 것을 하는** 동물들인데 말이다. 그들은 위장을 하기 위해 주변 환경과 몸의 색을 맞추는 데도 매우 뛰어나다. 어떻게 볼 수 없는 색에 맞출 수 있는 것일까? 생물학자들은 이렇게 설명한다. 먼저 두족류는 주변에 흔한 색깔을 바탕으로 밝기의 미묘한 차이를 지표로 삼아 색(색조)을 구분할 가능성이 있다. 둘째로 피부에 있는 반사세포가 도움이 될 수 있다. 외부의 색깔을 반사함으로써 자신이 볼 수는 없는 색깔을 만들어 내는 것이다.

이 설명은 두족류의 몇몇 행동을 이해할 수 있게 만든다. 반사를 이용하면 위장색을 만들 수 있다.—**만일** 당신이 일치시키고자 하는 배경의 색깔이 다른 방향에서도 당신에게 오고 있다면 말이다. 단순한 반사로는, 어떤 동물이 자신의 배경에 있는 색깔에 자신의 색깔을 맞춰 변색시키는데, 그 동물의 전면에 닿고 있는 빛의 색깔은 다른 경우는 설명하지 못한다. 이런 경우이 두족류 동물은 색소포와 반사세포를 조합해 능동적으로 정확한 색깔을 만들어야 하고, 어떤 색깔을 만들어 내야 할지를 알아야 한다. 두족류는 분명 이것을 할 줄 아는 것으로 보인다. 이들은 종종 전면에 다른 색이 있을 때도 배경의 색깔과 자신의 색깔을 맞출 수 있는 것 같다.

내가 이 책을 집필하는 동안, 퍼즐의 조각이 하나씩 맞춰지기 시작했다. 첫 조각이 맞춰진 때는 2010년이었는데 리디아 매스거Lydia Mäthger, 스티븐 로버츠Steven Roberts, 로저 핸런Roger Hanlon은 갑오징어 한 종의 눈에 있는 광수용체 분자가 갑오징어의 **피부**에도 존재할 가능성이 있다는 논문을 발표했다.[4] 하지만 그것만으로는 설명되지 않는 부분이 많다. 첫째, 이 분자들이 눈이 아닌 다른 기관에 있을 때는 시각과 관계 없는 역할을 할 가능성이 있다.[5] 둘째, 피부에 있는 광수용체 분자가 빛을 감각한다고 할지라도 색깔을 인식하는 문제를 해결하지 못한다. 엉뚱한 곳에서 광수용체가 발견되더라도 여전히 갑오징어는 단 한 종류의 광수용체를 갖고 있을 뿐이다. 단 하나의 광수용체만 가지고는 색깔을 볼 수 없다고 여겨진다.

이들의 논문이 발표된 후 수년간 후속 연구는 거의 없었다. 나는 인터넷에서 이를 연구하는 것으로 보이는 유일한 사람을 찾았다. 캘리포니아의 대학원생인 데즈먼드 라미레스Desmond Ramirez였다. 그에게 연락이 닿았을 때 그는 자신이 그 문제에 대해 연구하고 있다고 확인해 주었지만, 세부적인 내용은 밝히지 않았다. 그리고 몇 년이 더 지났다. 나는 그저 왜 예전의 연구 결과에 대한 후속 연구가 없는지 궁금해 하는 서평을 막 쓴 참이었는데, 며칠 후에 라미레스가 논문을 발표했다.[6] 토드 오클리Todd Oakley와 함께 쓴 그의 논문은 먼저 특정 문어 종인 캘리포니아 두점박이문어Octopus bimaculoides의 피부에서 광수용체 유전자가 활성화된다는 것을 보여 주었다. 결정적으로, 이 문어의 피부가 빛에 감응하며, 심지어 피부가 몸에서 분리된 상태에서도 색소포의 모양을 바꿀 수 있음을 보여 주었다.[7] 문어의 피부는 그 자체로 빛을 **감각**하면서 동시에 피부의 색깔에 영향을 미치는 **반응**을 일으킬 수 있다는 것이다. 3장에서 나는 문어의 신경계가 어떻게 몸의 많은 부분에 퍼져 있는지 논의했다. 내가 3장에서 발전시키려 했던 이미지는, 뇌에 의해 제어를 받는 신체가 아닌, 어느 정도까지는 **스스로**를 제어하는 신체였다. 이제 우리는 문어가 피부를 통해서도 볼 수 있다는 것을 배웠다. 문어의 피부는 단지 빛에만 영향을 받는 게 아니라(극소수의 동물들도 이것이 가능하다) 화소처럼 정교한 색채 제어 기제를 조작하여 반응한다.

피부를 통해 볼 수 있다는 건 어떤 느낌일까? 상의 초점을 맞추는 것은 불가능할 것이다. 오직 빛의 전반적인 변화와 크기 정도만 감지할 수 있을 것이다. 피부의 감각이 뇌로 연결되는지, 아니면 그 정보가 국지적으로만 머무르는지는 아직 모른다. 두 가능성 모두 상상력을 자극한다. 만약 피부의 감각이 뇌에 전달된다면, 문어의 시각적 민감성은 눈이 닿을 수 있는 곳을 넘어서 모든 방향으로 확장될 것이다. 만일 피부의 감각이 뇌에 도달하지 않는다면, 각각의 다리는 자신이 본 것을 자신만 알고 있을지도 모른다.

라미레스와 오클리의 발견은 중요한 발전이지만, 내가 앞서 강조한 색깔 인식의 문제를 해결하지는 못한다. 라미레스와 오클리가 연구한 문어의 피부에 있는 광수용체는 문어의 눈에 있는 광수용체와 동일한 파장에 민감하다. 만일 몸 전체로 볼 수 있다고 하더라도, 문어에게는 흑백으로 보일 것이다. 색깔을 주변과 일치시키는 문제는 여전히 남아 있다. 하지만 나는 라미레스의 연구가 이 문제의 해결에 실마리를 제공해 줄 것이라고 생각한다. 매스거와 동료들이 쓴 과거의 논문에 한 가지 힌트가 있었다. 그들은 피부의 광수용체가 눈에 있는 것과 화학적으로 동일하더라도, 피부의 광수용체가 감각하는 빛은 주변의 색소포나 다른 세포에 의해 조절될 수 있다고 기록했다. 이것은 한 종류의 광수용체가 두 종류인 것처럼 행동할 수 있다는 말이다. 몇몇 나비가 비슷한 방법을 사용한다.

이는 몇 가지 방식으로 작동 가능하다. 한 가지 가능성은 색소포가 감광세포light-sensitive cell 위에 올라가 필터처럼 작동하는 것이다. 그러면 그 광수용체는 달리 색깔의 색소포와 짝을 이룬 광수용체와는 다르게 색깔이 있는 빛에 반응할 것이다. 생태학자이자 난초 전문가이자 예술가인 루 조스트Lou Jost는 또 다른 가능성을 제시했다.[8] 그는 색깔을 바꾸는 행위 자체가 그 수법이 될 수 있다고 생각했다. 많은 색소포가 모인 피부층 밑에 어떤 감광세포들이 있다고 가정해 보자. 각기 다른 색깔의 색소포가 확장되고 수축하면서, 이 피부층을 거치는 빛은 각기 다른 방식으로 영향을 받을 것이다.[9] 어떤 색소포가 확장되었는지, 그리고 감각기관에 어느 정도의 빛이 들어오고 있는지를 계속 파악한다면, 그 빛의 색깔에 대해 어느 정도 알 수 있다. 이 동물은 색깔을 바꿀 때 필터를 갈아끼우는 카메라맨과 같을 것이다. 어떤 유기체가 각기 다른 색깔의 필터를 갖고 있으며, 매 순간 어떤 필터가 작동되는지 알고 있다면, 흑백의 감각기관만으로도 색깔을 감지할 수 있다.

이 모든 가능성은 색소포와 감광세포의 위치, 그리고 다른 알려지지 않은 요인들에 기반한다. 하지만 이런 기제들 중 하나가 작동하지 **않는다면** 어떤 의미에서는 놀라울 것이다. 색깔을 가진 색소포들 아래에 빛을 감지하는 구조가 있다면, 이 동물이 색소포를 변화시킬 경우 불가피하게 그 밑에 있는 빛을 감지하는 구조에 영향을 미칠 것이며, 이 영향은 들어오는 빛의 색깔과 상관관계가 있을 것이다. 이 정보를 사용한다면 가능하다. 두족류가 이 정보를 사용하는 쪽으로의 진화적 전이는 어려운 변화가 아닐 것이다.

보인다는 것

위장에 관해서라면 문어는 타의 추종을 불허한다. 불과 몇 발짝 멀리에 있는 관찰자, 그것도 문어를 찾고 있는 관찰자로부터 완벽하게 자신을 숨길 수 있다. 갑오징어와 달리, 문어는 신체에 단단한 부위가 거의 없기에 거의 모든 형태가 될 수 있다는 사실도 문어의 위장을 도와준다. 호주대왕갑오징어는 문어만큼 완벽하게 관찰자를 속일 수는 없지만, 거의 문어의 수준에 근접한 갑오징어도 있다. 내가 본 가장 훌륭한 갑오징어의 위장술은 '사신갑오징어reaper cuttlefish, *Sepia mestus*'의 작품이었다. 사신갑오징어는 15센티미터까지 자라는 작은 종이다. 그 음산한 이름과는 달리 상상할 수 있는 한 가장 사랑스럽게 생긴 동물이다. 보통 옅은 붉은색 몸통에 노란 아이라인을 하고 있다. 나는 해초 속에서 이 녀석을 찾았다. 우리의 눈이 마주치자 그는 매우 초조해하며 나를 피했다. 우리 사이에 장애물을 두려고 해초와 바위 사이를 계속 헤엄쳐 다녔다. 그러다 한순간 그는 바위 몇 개가 흩어져 있는 평평한 바닥으로 사라졌다. 갑자기 시야에서 그가 보이지 않게 되었다.

나는 이 갑오징어가 얼룩덜룩한 바위 같은 모습을 취할 수 있다는 걸 알고 있었기에, 어디선가 바위 모양을 하고 있으리라 기대하고 그를 찾아다녔다. 바닥 한가운데에 있는 작은 바위를 보기는 했는데 그냥 바위겠거니 생각하고 지나쳤다. 건너편 바닥도 살펴봤지만 그의 흔적은 보이지 않았다. 나는 처음 왔던 곳으로 돌아와 다시 바닥을 훑어보았다. 바위도 다시 살펴봤다. 좀 더 자세히 보니, 그것은 갑오징어였다. 내가 자신을 계속 들여다보고 있다는 게 분명해지자, 그는 바위 위장을 포기하고 본래의 어두운 분홍색으로 돌아왔다. 나는 이 갑오징어들이 바위 흉내를 낸다는 것을 알고 있었기에, 바위처럼 보이는 녀석을 찾고 있었다. 그런데도 그는 나를 완벽히 속여 넘겼다.

갑오징어가 색깔을 바꾸는 걸 보고 있던 그때, 갑자기 녹색 곰치 한 마리가 아가리를 벌리고 달려들어 갑오징어를 공격했다. 갑오징어는 먹물을 내뿜었다―갑오징어도 문어나 오징어와 같은 종류의 먹물을 갖고 있다. 먹물은 화재 현장의 검은 연기구름처럼 퍼져나갔다. 나는 어떤 일이 벌어지는지 자세히 보고 싶었지만, 주변이 이제 모두 시커멓게 되었고 갑오징어가 곰치에게 잡혀 무력하게 흔들리는 모습만 잠깐 볼 수 있었다. 내가 갑오징어의 주의를 분산시키는 바람에 곰치가 기회를 얻은 것 같아 끔찍한 기분이 들었다.

그는 먹물을 계속 뿜어냈다. 곰치의 맹렬한 공격에 나는 곧 갑오징어를 포기했다. 그런데 그때, 검은 먹물구름 속에서 갑오징어가 솟구쳐 올라왔다. 걷잡을 수 없이 뒤엉킨 색깔을 띠고, 이상하리만치 납작해졌으며, 지느러미를 부채처럼 펼친 채 있었다. 넋이 나간 듯했고, 상처도 입은 듯했지만, 여전히 헤엄칠 수 있었다. 그의 몸 뒤쪽에 커다란 이빨 자국 하나가 있었지만, 노란 아이라인은 여전했다. 그는 처음에는 비틀거리며 헤엄치다가, 곧 자세를 바로잡고 다른 바위를 향해 나아갔다.

나는 그를 다시 보고 놀랐다. 곰치는 특히 바위와 해초들 사이에서 벌어지는 근접전에서는 거의 완벽한 포식자나 다름없다. 이빨과 근육, 그리고 뱀과 같은 힘을 자랑한다. 곰치가 갑오징어를 덮쳤을 때는 전혀 가망이 없어 보였다. 갑오징어는 이빨이나, 뼈나 딱딱한 껍데기가 없었다. 납작한 뱀, 아니 장난감 호버크래프트처럼 보이니 말이다. 그러나 갑오징어는 탈출에 성공했다.[10]

두족류의 색깔 변화가 갖는 본래의 기능—곧 색깔 변화가 진화한 이유—은 위장 때문이라고 여겨진다.[11] 두족류가 껍데기를 버리고 날카로운 이빨을 가진 물고기로 가득한 바다를 배회하기 시작하면서 위장은 그들이 잡아먹히는 것을 피하는 방법 중 하나였다. 위장은 신호 보내기의 반대. 눈에 띄거나 인식되지 **않기** 위해서 색을 만드는 것이다. 일부 종에서는 나중에 신호 보내기 기능이 생겨났다—위장 기제가 의사소통과 정보 전파의 수단으로 새로운 쓰임을 얻은 것이다. 이제 색깔과 패턴은 경쟁자나 잠재적 짝과 같은 관찰자에게 보여지기 위해 만들어지고 있다.

위장과 신호 보내기의 중간에는 바로 **데이마틱 디스플레이** deimatic display 행동이 있다. 이는 포식자로부터 달아나면서 생성하는 강한 대비의 패턴을 가리킨다. 데이마틱 디스플레이의 목적에 대한 가설에 따르면, 이것은 적을 놀라게 하거나 혼동하게 하려는 시도다—갑자기 생경하고 이상한 모습을 보여서 포식자로 하여금 잠시 멈추거나 방향 감각을 잃게 하려는 것이다. 여기서 데이마틱 디스플레이는 눈에 띄기 위한 행위이지만 수신자 쪽에 정보를 보내지는 않는다. 단지 혼란스럽게 하거나 방해하기 위한 행위일 따름이다.

짝짓기 기간 동안, 수컷 호주대왕갑오징어들은 정교하게 색깔을 변화시키고 몸을 뒤트는 의례적인 디스플레이를 내보인다. 가장 드라마틱하게 볼 수 있는 곳은 호주 남부 해안의 공업도시 화이앨라 근처 한 장소이다.[12] 수천 마리의 호주대왕갑오징어가 매년 겨울마다 이곳 해안에 모여 짝짓기를 하고 알을 낳는다. 그들이 왜 이곳을 선택하는지는 아무도 모르지만 모든 두족류의 신호 중 가장 극적인 장면을 보기에는 최적의 장소다.

큰 수컷은 암컷의 '배우자'처럼 행동하면서 암컷을 독점하고 다른 수컷들을 몰아내려 할 것이다. 다른 수컷 경쟁자가 나타나면 두 수컷은 경쟁적으로 표현을 시작한다. 그들은 물속 꽤 가까이서 나란히 눕는다. 종종 몸을 부드럽게 구부리면서 최대한 몸을 쭉 늘린다. 그리고는 색깔 변화와 패턴을 뿜낸다. 한쪽으로 몸을 뻗은 다음 180도 회전해서 반대 방향으로 몸을 뻗친다. 침착하고 정확하게 회전하는 모습은 마치 프랑스 궁정에서 추는 춤처럼 보인다. 몸을 길게 뻗는 모습 때문에 요가 대회처럼 보이기도 한다.

요가와 궁중 춤사위를 섞어 추다 보면 어느 갑오징어가 더 큰지 잘 가려지고, 거의 항상 큰 녀석이 승자가 된다. 작은 갑오징어는 물러선다. 암컷은 물속을 조용히 떠다니다가 흥분한 동반자 가까이 머물거나, 혹은 떠나거나 할 것이다. 갑오징어의 짝짓기는 동물의 왕국의 기준으로는 평화롭게 이루어진다. 그들은 머리와 머리를 맞대고 교미한다. 수컷은 암컷을 앞쪽에서 붙잡으려 한다. 암컷이 이를 받아들이면 수컷은 자신의 다리로 암컷의 머리를 감싼다. 이 자세에 도달하면, 몇 분간 정적이 흐른다. 그동안 수컷은 자신의 수관으로 암컷에게 물을 불어넣는다. 그리고 왼쪽 네 번째 다리를 사용해 정자 주머니를 꺼내 암컷의 부리 밑에 있는 특별한 저장소에 넣고, 빠른 움직임으로 그 주머니를 터뜨려 연다. 둘은 떨어진다.

오징어 또한 상당한 양의 신호를 보내는데, 대부분의 신호는 복잡한 데다가 역할을 이해하기가 어렵다. 몇몇 신호는 명확하고, 여러 종에서 공통적으로 나타난다. 수컷이 암컷에게 접근하면 암컷은 때때로 '아니요, 괜찮아요'라고 말하는 뚜렷한 흰색 줄무늬를 내보낼 것이다. 잠시 후 이런 신호 체계에 대해 조금 더 설명하겠지만, 그에 앞서 갑오징어의 색깔에 대해 내가 생각한 다른 것들에 대해 개괄적으로 설명하고 싶다.

먼저 위장과 신호 보내기가 두족류 색깔 변화의 두 **기능**이라는 입장을 받아들이자. 진화를 통해 색깔 변화가 생겨나고, 그리고 그것이 계속 유지되는 이유가 바로 이 둘 때문이라는 의미이다. 그렇다고 해서 우리가 보는 색깔이 모두 신호 또는 위장이라는 뜻은 아니다. 몇몇 두족류, 특히 갑오징어는 단순한 생물학적 기능을 넘어선 표현력을 갖고 있다고 생각한다. 많은 패턴을 모두 위장이라고 보기 어려운 데다가, 주변에 그 신호의 '수신자'가 없을 때도 생성된다. 몇몇 갑오징어와 일부 문어는 외부의 그 어떤 것과도 연관돼 있지 않은 듯한, 흡사 만화경 같은 색깔 변화 과정을 지속적으로 보여 준다. 이는 오히려 그들 **내부**에서 의도치 않게 벌어지는 전기화학적 소란을 표현하는 듯 보인다. 피부 속의 색깔을 만드는 장치가 뇌의 전기적 네트워크에 연결되면, 모든 색깔과 무늬가 그저 그 안에서 벌어지는 일의 부차적 효과로 생성될지도 모른다.

나는 많은 호주대왕갑오징어의 색깔이 이처럼 동물의 내부에서 일어나는 과정이 의도치 않게 발현된 것이라고 해석한다. 그러한 패턴은 섬광이나 휘몰아치는 소용돌이 같기도 하고, 미묘한 변화만 보이기도 한다. 호주대왕갑오징어의 '얼굴'—눈과 첫 번째 다리들 사이의 공간—을 자세히 살펴보면, 아주 작은 색깔의 변화가 계속되는 걸 볼 수 있다. 어쩌면 이 부분에서 색깔 변화 장치는 '공회전' 중일지도 모른다. 나는 며칠 동안 **브랑쿠시**라고 이름 붙인 갑오징어를 보았는데, 그는 밝은 색을 내는 일이 거의 없었다. 브랑쿠시는 그 대신 안쪽 다리 한 짝을 뿔처럼 치켜세우고 그 끝은 해저를 향해 꺾은 독특한 형태로 고정시키더니 내가 떠날 때까지 조각상마냥 그 자세를 미동도 없이 유지했다. 브랑쿠시는 색깔보다는 형상을 선호했지만, 자세히 들여다보면 그의 얼굴에서 모든 빛깔이 쉴 새 없이 변하고 있는 걸 볼 수 있었다. 다른 호주대왕갑오징어들은 마치 색이 변하는 아이섀도처럼, 눈 바로 밑에서만 맥동하듯 꾸준히 색깔이 변할 따름이었다.

나는 갑오징어가 자신이 원할 때 피부를 정밀하게 제어할 수 있음을 알고 있다. 갑오징어는 매우 빠른 속도로 위장 상태에 들어가거나 위협적인 모습을 표출할 수 있다. 신호와 위장에 쓰이지 않는 모든 색채 변화는, 진화적 관점에서 볼 때 부작용이다. 만약 그것들이 많은 해를 끼쳤다면, 아마도 그 기능은 사라졌을 것이다. 보다 정확하게 말하자면, 어쩌면 작은 두족류에게는 원치 않게 주의을 끌게 되는 해를 입혔을 수 있지만, 호주대왕갑오징어처럼 대부분의 포식자들이 덤비지 않을 정도로 큰 녀석들에게는 별다른 해가 되지 않았을 것이다.

또 다른 가능성은 내가 앞서 설명한 색깔의 감각에 대한 추론과 연관돼 있다.[13] 두족류가 자신의 색깔을 바꿈으로써 피부 속 감각기에 도달하는 빛에 영향을 미친다고 가정해 보자. 이때 발생하는 낮은 정도의 색깔의 변화는 주변의 색상을 탐지하는 방법이 될 수 있다.

나는 나를 혼란스럽게 만든 색깔 변화의 상당 부분이 어쩌면 내 존재로 인해 촉발되었을 수도 있음을 깨달았다. 나는 보통 색깔 변화를 일으키는 모습을 어느 정도 거리를 유지한 채 옆에서 보려고 노력했다. 또한 문어 은신처에 비디오카메라를 설치하고 몇 시간 동안 떠나서, 주변에 아무도 없을 때 그들이 무엇을 하는지 살펴봤다. 문어들은 적어도 내가 보기에는, 심지어 가까이에 다른 문어가 없을 때에도 설명할 수 없는 일련의 색깔 변화를 보였다. 이런 경우에는 어쩌면 카메라가 문어의 관객일 것이다. 가능성 있는 이야기다. 하지만 이 사실을 있는 그대로 받아들이는 것 또한 가능하다. 나는 이 동물들이 위장과 신호 보내기를 위해 설계된 정교한 시스템을 가졌지만, 그 시스템이 뇌와 연결된 방식 탓에 온갖 종류의 기묘한 표현—재잘거리는 색채의 변화—을 낳는다고 생각한다.

개코원숭이와 오징어

신호는 송신되고 수신된다. 신호는 보이거나 들리기 위해 만들어진다. 동물의 세계에서 송신자와 수신자의 관계를 보다 자세히 들여다보기 위해, 우리는 물에서 나와 매우 다른 사례를 둘러볼 것이다. 동물 행동 연구에서 가장 영향력 있는 연구자 도로시 체니Dorothy Cheney와 로버트 세이파스Robert Seyfarth는 수년에 걸쳐 아프

리카 대륙 보츠와나의 오카방고 삼각주에 사는 야생 개코원숭이들을 연구했다.[14]

개코원숭이의 삶은 여러가지로 고되다. 아프리카의 거대한 포식자들의 위협은 끊이지 않으며, 개코원숭이 사회 안에서도 치열하게 경쟁해야 한다. 개코원숭이는 무리지어 살아간다. 체니와 세이파스가 연구한 무리는 약 80마리 가량으로 이루어져 있었으며, 복잡한 지배위계를 갖고 있었다. 암컷 개코원숭이들은 자신이 태어난 무리에 머물며 가족들의 위계질서(모계족)를 형성한다. 각각의 모계족 안에는 더 세부적인 지배관계가 있다. 대부분의 수컷은 청소년기가 되면 태어난 무리를 떠나 다른 무리로 이주한다. 수컷 개코원숭이는 더 짧고 더 힘든 삶을 산다. 더 많은 폭력과 위협을 겪는다. 그들은 무리에서 쫓겨나거나 다른 원숭이를 쫓아내는 일을 자주 경험한다. 무리가 안정적일 때조차, 암컷과 수컷 모두 변화와 난관을 겪고, 동맹을 형성하고 우정을 맺으며, 많은 시간을 털 손질에 쓴다.

이 모든 것은 체니와 세이파스의 책 『개코원숭이의 형이상학 Baboon's Metaphysics』에 꼼꼼하게 기록되어 있다. 복잡한 사회적 삶을 감안할 때, 의사소통이 있다는 것은 놀라운 일이 아니다. 하지만 개코원숭이들은 위협, 친교의 그르렁거림, 복종의 비명 등 서너 종류의 꽤 단순한 소리만 낼 수 있다. 의사소통 자체는 단순하지만, 체니와 세이파스가 보여 주듯 이는 정교한 행동으로 이어진다. 각 개체는 독특한 방식으로 소리를 내고, 개코원숭이는 방금 누가 소리를 냈는지 구별할 수 있다―그들은 **누가** 위협을 했고 누가 물러났는지 안다. 체니와 세이파스의 연구진은 기발한 녹음 재생 실험으로, 개코원숭이가 일련의 소리를 듣고 이를 매우 풍부한 방식으로 처리할 수 있다는 것을 알아냈다.

개코원숭이가 자신이 볼 수 없는 장소에서 다음과 같은 순서로 소리를 듣는다고 가정해 보자. A가 위협을 하고 B가 물러난다. 이것은 무슨 의미일까? 여기서 A와 B가 누구냐에 따라 다르다. A가 위계상 B보다 높은 위치에 있다면 이것은 놀랍거나 특별한 일이 아니다. 하지만 만일 A가 더 낮은 위치에 있다면 이는 위계질서의 변화를 의미한다. 무리의 대다수에게 중요한 문제이다. 녹음 재생 실험에서, 개코원숭이는 일련의 울음소리가 이런 종류의 중요한 사건일 때 훨씬 더 주의를 기울이는 등 다르게 행동했다. 체니와 세이파스에 따르면, 개코원숭이들은 자신들이 듣는 일련의 소리로부터 '서사'를 구성하는 것으로 보인다. 이 서사가 그들이 사회적 삶을 위해 사용하는 도구인 것이다.

개코원숭이를 두족류와 비교해 보자. 개코원숭이의 음성 소통 체계에서 생성 측면은 매우 단순하다. 서너 가지 울음소리만 낼 수 있기 때문이다. 한 개체가 낼 수 있는 소리의 선택지가 제한되어 있고, 울음소리는 특정 종류의 상호작용에 따라 일관되게 나타난다. 그러나 '해석' 측면은 복잡하다. 왜냐하면 이 소리의 의미에 따라 서사가 만들어지기 때문이다. 개코원숭이들은 단순한 생성 방식과 복잡한 해석 방식을 갖고 있다.

두족류는 그 반대다. 생성 측면은 피부 위의 수백만 개의 화소와 매 순간 생성되고 사라지는 다양한 패턴으로 생성하는 신호는 거의 무한에 가까울 정도로 복잡하다. 의사소통의 수단으로서 이 체계의 정보 전달 능력은 엄청나다. 메시지를 부호화할 방법이 있고, 누군가가 듣고 있다면, 이 방법으로 **무엇이든** 전할 수 있을 것이다. 그러나 두족류의 사회적 삶은 개코원숭이에 비해 훨씬 덜 복잡하다. (마지막 장에서 몇 가지 놀라운 이야기를 소개하겠지만, 이 비교를 뒤집을 만큼은 아니다. 누구도 두족류가 개코원숭이와 비교 가능할 정도의 사회적 삶을 영위한다고 생각하지 않는다.) 매우 강력한 신호 생성 시스템이 있지만 두족류의 언어는 대부분 공중으로 흩어진다. 어쩌면 언어라는 표현 자체가 적절하지 않을지도 모른다. 아무도 해석하지 않는다면, 그것은 실제로는 **언어**가 아니기 때문이다. 하지만 이 역시 사실이다—피부에서 벌어지는 온갖 재잘거림과 중얼거림으로 그들의 내부에서 벌어지는 일들은 바깥에 그대로 드러난다.

두족류의 한 종인 카리브해암초오징어Caribbean reef squid의 신호 생성은 1970년대와 1980년대에 파나마에서 연구한 마틴 모이니한Martin Moynihan과 아르카디오 로다니체Arcadio Rodaniche에 의해 상세하게 기록되어 있다.[15] 두 사람은 수년간 야생에서 이 동물들을 쫓아다니며 그들의 행동을 자세히 기록했다. 모이니한과 로다니체는 오징어들이 생성하는 패턴에서 상당한 복잡성을 발견했고, 그 때문에 이들은 오징어가 문법—명사와 형용사 등—을 가진 시각적 **언어**를 갖고 있다고 생각했다. 이는 꽤 급진적인 주장이었다. 그들이 평판 좋은 학술지에 발표한 약 150쪽에 달하는 연구 논문은 매우 특이한 출판물이었다. 거기에는 개인적인 성찰과, 온종일 스노클을 끼고 참을성 있게 따라다녔던 이 경계심 많은 동물들의 세계 속으로 들어가려는 끊임없는 시도가 담겨 있었다. 이 논문의 아름다운 삽화는 로다니체가 직접 그린 것이다. 그는 과학계에서 은퇴한 뒤에는 예술가가 되었다.

시각적 언어라는 주장의 근거는 오징어가 보여 주는 디스플레이의 복잡성이었다. 그들은 색깔과 몸의 자세를 조합하여 이를 나타냈다—그중 일부는 앞에서 묘사한 호주대왕갑오징어가 보여 준 것과 비슷했다. 모이니한과 로다니체는 관찰한 신호들에 **금빛 눈썹, 어두운 다리들, 바닥 가리키기, 노랑 반점, 위로 꼬임** 등의 이름을 붙여 기록했다. 한번은 벨리즈의 암초에서 이 오징어를 쫓아다닌 적이 있는데, 그들이 하는 행동의 복잡성에 놀랐다. 그러나 모이니한과 로다니체의 주장과는 부합하지 않는 측면도 있었다. 그들도 이를 인식하고 있었지만 정면으로 마주하진 않은 듯하다. 의사소통은 송신과 수신, 말하기와 듣기, 생성하고 해석하기라는 두 개의 상보적 역할의 문제다. 모이니한과 로다니체는 매우 복잡하게 생성된 신호들을 기록할 수 있었지만, 그 신호의 효과—그 무늬들이 어떻게 해석되는지—에 대해서는 많은 말을 하지 않았다. 그들은 짝짓기 상황에서의 신호와 반응의 조합에 대해서는 꽤 분명하게 밝혀낼 수 있었으나, 그들이 관측한 많은 디스플레이는 그 맥락 밖에서 생성되었다.

그들은 약 서른 개의 의례화된 디스플레이를 구분했고, 생성한 디스플레이를 다양한 패턴으로 조합하고 배열하고 있음을 발견했다. 그들은 이 패턴들이 분명 **어떤** 의미를 갖고 있을 것이라 말했지만 그게 무엇인지 밝혀내지는 못했다. '현재 우리가 가진 지식으로는, 우리가 관찰한 모든 특정한 패턴의 배열의 메시지나 의미의 차이를 전부 발견할 수 없었다. 그럼에도 불구하고 우리는 두 개의 조합 또는 배열이 서로 구분 가능하다면, 거기에 실질적인 기능적 차이가 있을 것이라고 가정해야 한다.' 그들이 볼 때에도 한 오징어와 다른 오징어 사이에 행동적 상호작용에는 그다지 복잡성이 보이지 않았다. 그렇다면 왜 그토록 복잡한 디스플레이를 생성하는 것일까?

이것은 여전히 수수께끼로 남아 있다. 비록 모이니한과 로다니체가 신호를 과대평가하고 언어에 대한 비유를 너무 많이 했다 할지라도, 왜 카리브해암초오징어가 그렇게 말을 많이 하는 듯 보이는지에 대한 의문은 여전히 남는다. 색깔, 포즈, 그리고 디스플레이의 배열이 여러가지 미묘한 사회적 역할을 수행할 가능성은 있다. 후대의 연구자들은 모이니한과 로다니체의 연구 중 이 부분에 대해 조금 회의적으로 생각하는 편이다. 하지만 어쩌면 우리가 말할 수 있는 것보다 더 많은 것들이 숨어 있을지도 모른다.

이 오징어는 두족류 중에서 가장 사회성이 높은 편이다.[16]

나는 개코원숭이와 두족류가 매우 뚜렷하게 대비된다고 생각한다. 두족류는 위장술이라는 유산 덕분에 표현력이 매우 풍부하다. 그야말로 뇌에 직접 연결된 비디오 스크린과 같다. 갑오징어와 다른 두족류 동물은 넘치도록 표현한다. 표현하지 못하면 죽을 것처럼 말이다. 이 같은 표현은 **어느 정도**는 진화에 의해 설계된 것이다. 때로는 위장을 위해, 또 때로는 경쟁자나 이성의 눈에 띄기 위한 것이다. 의도하진 않았겠지만, 두족류의 스크린은 이런저런 재잘거림이나 중얼거리는 듯한 표현도 보여 준다. 두족류가 색깔 인지의 숨겨진 능력을 갖고 있다 할지라도 그들이 내보내는 화려한 색깔은 보는 이들의 눈에는 닿지 않는다. 반면 개코원숭이는 거의 말을 하지 못한다. 이들의 의사소통 수단은 매우 제한적이다. 그러나 이들은 훨씬 더 많은 것을 듣는다.

개코원숭이와 두족류는 특별한 사례이며, 어떤 의미에서 **미완**의 사례다. 물론 진화가 어떤 목표를 향해 나아가는 것이라고 생각해서는 안될 일이지만 말이다. 진화는 우리 아니라 그 누군가를 향해서건 어디로도 나아가고 있지 않다. 그러나 나는 두 동물에게서 미완의 형질을 보지 않을 수가 없다. 신호의 근본적 두 요소인 송신자와 수신자, 생성자와 해석자의 서로 중첩되는 역할에서 이들은 각각 한 편으로만 치우쳐 있다. 개코원숭이의 경우에는 일일 연속극처럼 미칠 듯한 스트레스로 가득한 사회적 복잡성이 있지만 이를 표현할 수단은 거의 없다. 두족류는 단순한 사회적 삶을 살아가고 별로 할 말이 없지만, 그럼에도 불구하고 엄청나게 많은 것들을 표현하고 있다.

교향곡

한 여름의 늦은 오후, 나는 스쿠버 다이빙을 해서 내가 좋아하는 장소로 내려갔다. 호주대왕갑오징어들을 관찰했던 곳이었다. 갑오징어 한 마리가 거기에 있었다. 그는 중간 크기였고 아마도 수컷이었는데, 멀리서 보기에도 강렬한 색을 띠고 있었다. 그는 내가 근처에 왔는데도 전혀 개의치 않았고, 나에 대해 호기심을 갖거나 경계하지도 않았다. 그는 매우 차분했다.

나는 그의 은신처 바로 옆에 자리를 잡았다. 그가 나를 지나 바다로 향할 때 그의 색이 변하는 모습을 보았다. 매혹적이었다. 곧이어 흔히 볼 수 있는 붉은색이나 오렌지색과는 다른 **적갈색**이 나타났다. 그때까지 두족류가 내는 모든 붉은색과 오렌지색을 봤다고 생각했지만, 벽돌과 녹슨 쇠가 섞인 듯한 이 색은 정말 독특했다. 또한 회녹색과 다른 느낌의 붉은색, 그리고 내가 미처 포착하지 못한 희미하고 옅은 색들도 있었다.

나는 이 색들이 일정한 방식으로 변하고 있음을 깨달았다. 내가 헤아릴 수 있는 것보다 더 많은 방식이었다. 화음이 서로 겹치고 넘나들며 변하는 음악을 연상시켰다. 그는 순서대로 또는 한번에—어느 쪽이었는지 모르겠다—몇 가지 색깔을 바꾸었다. 그러고는 새로운 패턴, 새로운 조합으로 이어졌다. 잠깐 동안 그 상태로 머무르기도 하고 곧바로 다른 조합으로 바뀌기도 했다. 어두운 노란색과 연한 갈색의 조합, 그리고 보다 친숙한 붉은색들의 조합과 그밖의 조합들이 있었다. 뭘 하고 있었을까? 물속은 점차 어두워지고 있었고 바위 밑에 있는 그의 은신처는 이미 꽤 어두웠다. 그는 몸으로 별다른 디스플레이를 내보이지 않았다. 나는 그의 옆에서 숨을 최대한 적게 쉬며 머무르고 있었다. 나를 바라보는 눈은 거의 감겨 있는 것처럼 보였지만, 나는 갑오징어가 눈을 거의 감은 채로도 우리가 생각하는 것보다 더 많은 걸 볼 수 있음을 알고 있었다.

그는 황록색의 해초가 흔들리고 있는, 점점 어두워지는 바다를 바라보았다. 이 움직임을 보고, 들어오는 빛을 반영하여 '수동적'으로 색을 생성하는 사례이진 않을까 생각했다. 하지만 색의 변화는 그보다 더 잘 짜여진 듯했고, 그의 피부에서 볼 수 있는 색깔 대다수는 외부의 색깔과 부합하는 게 없었다. 그의 연주는 계속되었다.

나는 해초 틈에 낮게 웅크렸다. 그가 내게 **거의 아무런** 관심을 기울이지 않아서, 어쩌면 그가 잠들어 있거나 가수면 상태의 깊은 휴식 중에 이 변화가 일어나는 것은 아닐까 하는 생각이 들었다. 어쩌면 피부를 제어하는 뇌 일부분이 저절로 일련의 색깔들을 만드는지도 몰랐다. 어쩌면 이것이 갑오징어의 꿈은 아닐까. 잠자는 동안 작은 '깽' 소리를 내며 발을 움직이는 개들이 떠올랐다. 그는 제자리에 떠 있을 수 있게 해 주는 수관과 지느러미의 작은 움직임을 제외하고는 거의 움직이지 않았다. 피부 위의 끊임없는 색깔과 패턴의 전환을 제외하고는, 가능한 한 적은 신체 활동을 유지하는 것처럼 보였다.

그때 상황이 변하기 시작했다. 그의 몸이 굳는 듯 싶더니 일련의 긴 색깔과 무늬가 펼쳐지기 시작했다. 내가 지금껏 관찰한 것 중 가장 기이한 것이었다. 무엇보다도 이 디스플레이에 어떤 표적이나 대상이 없었기 때문이다. 그 일이 일어나는 거의 모든 시간 동안 그는 나에게서 등을 돌려 바다를 향하고 있었다. 그는 다리를 끌어당겨 자신의 부리를 드러냈다. 다리를 몸 밑으로 넣어 마치 미사일 같은 자세를 취하고, 노란 섬광을 발산했다. 나는 그가 다른 갑오징어나 침입자를 본 것인지 있는지 확인 해 보았다. 거기에는 아무도 없었다. 한 순간 그는 수컷들이 서로 경쟁할 때처럼 양쪽으로 몸을 늘리기 시작했다. 그리고는 가장 기이한 형태로 몸을 뒤틀었는데 피부는 갑자기 하얗게 변했고, 다리는 머리 위 아래로 뻗친 상태였다. 그의 행동은 이후 잠잠해졌다. 나는 뒤로 물러나 조금 위로 올라갔고, 은신처 옆에서 머무르며 그가 진정하는 것을 지켜보았다. 그러다가, 그는 갑자기 매우 격렬하고 공격적인 자세를 취했다. 다리를 바늘처럼 날카롭고 곧게 뻗었고, 몸 전체를 밝은 노랑-오렌지빛으로 물들였다. 그것은 마치 오케스트라가 갑자기 격렬한 불협화음을 연주하는 듯했다. 다리 끝은 뾰족했고 그의 몸은 뾰족한 돌기로 채워진 갑옷으로 덮혔다. 그러고는 간혹 나를 쳐다보거나 바다를 바라본 채로 잠시 돌아다녔다. 나는 그의 행동 모두가 나를 겨냥한 것인지 궁금했다. 하지만 그게 누구에게 보여 주기 위한 것이었다면 모든 방향을 다 겨냥한 것처럼 보였다. 그리고 나는 이 행위가 시작되었을 때부터, 노랑-오렌지색을 폭발시키고 다리를 뾰족하게 세웠을 때도 그의 은신처에서 물러나 있었다.

여전히 바깥을 향한 채, 그는 포르티시모 연주의 강도를 낮추며 점차 안정을 되찾기 시작했다. 여전히 이런 저런 자세와 디스플레이를 보여 주고 있었지만, 점차 잦아들고 있었다. 그러다 그는 가만히 멈춰섰다. 다리는 아래로 늘어지고 피부는 조용히 일렁이는 붉은색, 녹슨 빛깔, 그리고 녹색의 조합을 띠고 있었다. 내가 처음 여기 도착했을 때 본 그 색깔이었다. 몸을 돌리더니 그는 나를 바라보았다.

추위가 느껴졌고 물속은 점점 어두워지고 있었다. 갑오징어 곁에서 아마 40분 정도 있었던 것 같다. 그는 다시 잠잠해졌다. 교향곡인지 꿈인지 알 수 없는 무엇인가는 끝이 났고 나는 헤엄쳐 올라갔다.

6. 우리의 정신, 그리고 다른 정신들

흄에서 비고츠키까지

1739년 데이비드 흄David Hume이 **자아**를 찾기 위해 자기 정신의 내면을 들여다보았다고 한 말은 철학사 전체를 통틀어 가장 유명한 구절이다.[1] 그는 뒤죽박죽 섞인 경험 속에서도 불변하며 흔들리지 않는 존재를 찾으려 했다. 하지만 그는 찾을 수 없다고 단언한다. 그가 찾은 것은 빠르게 연이어 지나가는 이미지와 순간적인 정념과 같은 것이었다. "나는 항상 열기 혹은 냉기, 빛 혹은 그림자, 사랑 혹은 증오, 고통 또는 쾌감 같은 특정한 지각 따위에 치여 비틀거렸다. 나는 지각 없이는 한 순간이라도 나 자신을 목격할 수 없었으며, 그 지각 외에는 어떤 것도 관찰할 수 없었다." 그는 이 감각 혹은 지각이 자신을 구성하며, 그 이상은 없다고 말했다. 인간은 그저 '믿을 수 없을 정도의 속도로 이어지며 영원한 흐름과 움직임 속에 있는' 이미지와 감정의 다발 혹은 집합에 불과하다는 것이다.

흄의 내면 관찰은 이 장을 시작하는 이야기로 더할 나위 없이 좋다. 누구나 그의 작업을 따라해 볼 수 있기 때문이다. 우리가 직접 우리 내면을 관찰해 보면, 흄의 확신에 찬 표현과는 달리 그가 언급하지 않은 두 가지를 찾을 수 있다. 첫째로 흄은 자신의 내면에서 발견한 것을 감각의 '연속'이라고 기술한다. 하지만 그보다는 매번 감각의 **조합**을 발견한다고 말하는 편이 더 정확할 것이다. 우리의 경험은 보통 시각 정보와 소리, 우리 몸이 존재하는 장소에 대한 감각 등이 하나로 통합된 '장면'을 구성한다. 하나의 인상 다음 다른 인상으로 이어지는 것이 아니라, 몇 개의 인상이 하나로 묶여서 도달한다. 시간이 흐르면서 인상의 조합은 다음 조합으로 넘어간다.

흄이 놓친 두 번째는 좀 더 쉽게 발견할 수 있다. 많은 사람들이 자신의 내면을 들여다볼 때 의식 속에 동반되는 독백인 **내적 발화**inner speech의 흐름을 발견한다. 흄은 자신의 내적 발화를 발견하지 못했을까? 어떤 사람은 다른 사람보다 또렷한 내적 발화를 갖고 있다. 흄은 내적 발화가 약한 사람이었던 걸까?[2] 그럴 수도 있지만, 그보다는 흄이 내적 발화를 경험했지만, 그것을 그저 감각의 흐름의 일부라고 생각해서 특별하게 여기지 않았을 가능성이 더 높다. 내면에 색과 형태, 감정이 있듯이 언어의 메아리가 존재한다는 식으로 말이다.

흄이 내적 발화에 주의를 기울이지 않은 것은 그의 전체적인 철학적 구상 때문이었을 수도 있다. 그는 이론의 **형태**를 고수하고자 했다. 흄은 그로부터 50년 전 등장한 아이작 뉴턴Issac Newton의 물리학 이론에서 영감을 받았다. 뉴턴은 세계가 미세한 물체들로 이루어져 있으며, 이 물체들이 운동의 법칙과 그 물체들 사이에 작용하는 인력, 곧 중력의 지배를 받는다고 보았다. 흄은 뉴턴의 이론과 같은 맥락에서 정신의 요소들을 설명하고자 했다. 흄은 뉴턴이 발견한 물체들 사이의 인력처럼 자신이 감각적 인상과 관념 사이에 존재하는 '인력'을 발견했다고 생각했다. 흄은 물리학과 유사한 형태로 정신에 대한 과학을 만들고 싶어 했다. 그의 정신과학에서 관념은 정신의 원자처럼 움직였다. 내적 발화의 기묘한 속성은 이 계획과 관련이 거의 없었고, 자신의 정신을 살펴보는 것이 그의 철학적 목표와 잘 들어맞았다. 흄의 시대로부터 거의 두 세기가 지난 뒤, 세계를 보는 관점이 흄과는 매우 달랐던 미국의 철학자 존 듀이John Dewey는 이렇게 평했다.[3] "흄이 자신의 내면을 바라보았을 때 발견한 끊임없이 흐르는 **관념**들은 조용히 발화되는 일련의 단어들이었을 가능성이 다분하다."

듀이가 이 논평을 내놓은 때와 거의 같은 시기, 격동의 소비에트 연방 초창기 속에서 한 젊은 심리학자가 아동발달과 사고에 대한 새로운 이론을 세우고 있었다. 레프 비고츠키Lev Vygotsky는 지금의 벨라루스에서 은행가의 아들로 태어나 자랐다.[4] 1917년

그가 학업을 막 끝냈을 때 러시아혁명이 발발했다. 그는 한동안 지방 정부에서 볼셰비키와 일했으며, 마르크스 사상을 지지했으며, 마르크스주의 맥락에서 자신의 심리학 이론을 발전시켰다. 비고츠키는 아동이 단순한 반응에서 복잡한 사고를 할 수 있는 단계로 발달할 때, 말이라는 매개가 내면화되고 이를 통해 전이가 일어난다고 생각했다.

일상 발화ordinary speech, 즉 무언가를 말하고 듣는 행위는 우리 삶을 조직화하는 역할을 한다. 그것은 우리가 생각을 정리하고, 사물에 주의를 기울이고, 올바른 순서로 행위를 하게 만든다. 비고츠키는 어린이가 구어spoken language를 습득하면서 내적 발화도 습득한다고 생각했다. 어린이의 언어가 내적 그리고 외적 형태로 '가지'를 뻗는다는 것이다. 비고츠키에게 내적 발화란 단지 소리로 나오지 않은 일상의 발화가 아닌, 고유한 패턴과 리듬을 가진 무언가였다. 이 내면의 도구가 조직화된 사고를 가능케 하는 것이었다.

비고츠키는 소비에트 러시아에 몸만 묶여 있는 것이 아니라 사상적으로도 깊이 뿌리내려 있었기에, 서구에서 영향력이 크지 않았다. 1930년대에 그는 개인사적 위기와, 지적 위기를 겪으며 자신의 이론을 수정하기 시작했다. 그는 자신의 연구가 '부르주아적' 요소를 담고 있다는 위험한 비난에도 대처해야 했다. 비고츠키는 1934년 37세의 젊은 나이로 세상을 떠났다.

1962년, 그의 저작 『사고와 언어Thought and Language』가 영어로 번

역되어 출간되었다. 하지만 비고츠키는 지금까지도 심리학에서 비주류로 여겨진다. 오늘날 심리학계에서 그의 영향을 인정하는 저명 학자는 마이클 토마셀로Michael Tomasello를 비롯해 소수지만(내가 처음으로 비고츠키의 이름을 본 것은 토마셀로의 유명한 책의 감사의 말이었다), 그의 공로를 인정하든 인정하지 않든, 비고츠키가 그린 그림은 우리가 인간의 정신과 다른 정신들의 관계를 이해하려는 우리에게는 점점 더 중요해지고 있다.[5]

육신을 입은 언어

언어, 곧 우리의 말하고 듣는 능력의 심리학적 역할은 무엇일까? 특히, 그 모든 두서없고 장황한 내적 발화의 역할은 대체 무엇일까? 이 질문의 대답들은 첨예하게 대립한다. 누군가에게 내적 발화는 무의미한 잡담이며, 정신의 표면에 생긴 거품과도 같은, 그리 중요하지 않은 것이다. 그러나 비고츠키 같은 사람들에게 내적 발화는 필수적인 중요 도구다. 찰스 다윈은 1871년 『인간의 유래The Descent of Man』에 수록된 유명한 단평에서, 언어는 그게 내적이든 외적이든 복잡한 사고에 필요했다고 주장한다.

인류의 선조는 가장 불완전한 형태의 언어가 사용되기 전에도 현존하는 어떤 유인원보다도 고도로 발달한 정신 능력을 갖추고 있었을 것이다. 그러나 우리는 이 [언어] 능력을 지속적으로 사용하고 발전시키면서, 보다 길게 사유하는 것이 가능해졌고 또한 그것을 북돋았으리라고 확신해도 좋을 것이다. 수와 대수 없이는 길고 복잡한 계산이 불가능하듯, 길고 복잡한 사유는 어휘의 도움이 없다면, 그것이 소리내어 말한 것이든 조용히 속으로 말한 것이든, 이어 나갈 수 없다.

전제에서 결론까지 단계적으로 연결되는 복잡한 사고에 언어 혹은 그에 가까운 것이 필수적이라는 관점은, 얼핏 불가피하게 여겨질 수 있다. 조직화된 내적 정보처리는 언어가 없으면 일어날 수 없는 것처럼 보인다.

그러나 우리가 이처럼 말한다면, 그 순간 우리는 거짓을 말하게 되는 것이다. 이제는 다른 동물들도 언어의 도움 없이 내면에서 매우 복잡한 일들이 일어난다는 것이 분명해졌다. 앞선 장의 개코원숭이들을 떠올려 보자. 그들은 복잡한 동맹관계와 위계질서가 있는 사회 집단 안에서 살아간다. 개코원숭이는 서너 가지의 단순한 소리만 낼 수 있지만, 들은 소리를 내부에서 처리하는 과정은 그보다 훨씬 복잡하다. 그들은 각 개체의 울음소리를 인식할 수 있으며, 다른 개코원숭이들이 낸 일련의 소리를 해석해서 주변 사건들의 의미를 이해할 수 있다. 이는 개코원숭이가 표현할 수 있는 **말**보다 훨씬 복잡하다. 개코원숭이는 서사를 구성할 때 자신들이 가진 의사소통 체계로 표현할 수 있는 것을 훨씬 뛰어넘는, 관념들을 종합하는 방법을 갖고 있다.

개코원숭이 못지않게 흥미로운 사례들이 있다. 최근 까마귀와 앵무새, 먹이를 저장하는 어치jay 같은 특정 조류에 대한 우리의 관점에 계속해서 놀라운 변화가 있었다. 케임브리지 대학교의 니콜라 클레이튼Nicola Clayton과 동료들은 오랜 연구를 통해 새들이 각기 다른 종류의 먹이를 수백 곳의 별개의 장소에 비축한다는 점과, 어디에 먹이를 두었는지는 물론, 각각의 장소에 **무엇**을 저장해 두었는지까지—이렇게 하면 상하기 쉬운 먹이를 먼저 꺼내 먹을 수 있다—기억한다는 점을 발견했다.[6]

20세기 초 비고츠키는 이와 비슷한 사실을 인식했다. 비고츠키는 그의 이론에 방해가 되는 복잡한 동물의 사고 능력에 대한 초기 연구들을 어렴풋이 알고 있었다. 비고츠키는 처음에 언어의 내면화가 어떠한 종류든 복잡한 내적 정보처리에 필수적이라고 생각했지만, 이후에 볼프강 쾰러Wolfgang Köhler의 침팬지 연구를 알게 된다. 쾰러는 제1차 세계대전 당시 카나리아 제도의 테네리페 섬에서 4년 동안 현장 연구를 한 독일의 심리학자다.[7] 그는 섬에서 아홉 마리의 침팬지를 연구했고, 특히 그들이 새로운 상황에서 어떻게 먹이를 먹는지 살펴보았다. 쾰러에 따르면, 침팬지들은 때때로 새로운 문제를 자발적으로 해결하는 '통찰력'을 보여 주었다. 가장 널리 알려진 사례로, 그들은 상자를 차곡차곡 쌓아올린 다음 그 위로 올라가 손이 닿지 않는 곳에 있는 먹이를 꺼냈다. 퀼러는 언어와 복잡한 사고 사이에 필연적인 연결고리가 있다는 생각에 균열을 냈다.

인간의 사례에도 같은 방향을 가리키는 증거가 있다. 캐나다의 심리학자 멀린 도널드Merlin Donald는 1991년 펴낸 『현대 정신의 기원Origins of the Modern Mind』이라는 책에서 두 가지 '자연 실험'을 활용했다. 그는 먼저 문자가 발명되지 않았으며 수어도 없는 문화에서 살고 있는 청각 장애인들 삶을 살펴보았다. 그는 복잡한 사고에 언어가 필수적이라는 통념과는 달리 이들이 예상보다 더 보통의 삶을 살고 있다고 주장했다. 둘째로 그는 '장 수사Brother John'로 알려진 프랑스계 캐나다인 수도사의 놀라운 사례를 이용했다.[8] 장 수사는 앙드레 로슈 르쿠르André Roch Lecours와 이브 조아네트Yves Joanette의 1980년 논문에 등장하는 인물로, 대체로 정상적으로 생활했지만, 때때로 심각한 실어증aphasia 발작에 시달렸다. 실어증이 일어나면 그는 말하기는 물론이고 언어를 이해하는 능력, 즉 공적 언어와 내면의 언어 모두를 상실했다. 실어증이 일어나도 그의 의식은 또렷했다. 때로는 공공장소에서 실어증이 일어나기도 했는데, 그때마다 그는 가능한 한 창의적으로 상황에 대처해야 했다. 논문에는 장 수사가 기차를 타고 어느 마을을 방문할 때의 일화가 있다. 마을에 도착했는데 갑자기 실어증 발작이 일어났고, 그는 호텔을 찾고 음식을 주문해야 했다. 그는 몸짓을 사용하여(그가 이해할 수 없는 메뉴판에서 음식 이름이 있다고 생각되는 부분을 가리키는 것을 포함해) 식사 주문을 해냈고, 아무런 내면의 언어적 흐름 없이도 자신의 사고와 행위를 조직화했다. 복잡한 사고에 언어가 반드시 필요하다는 관점이 옳다면, 장수사는 이런 기능을 제대로 수행하지 못했어야 한다. 장은 이후에 그 일화를 묘사하면서 매우 어렵고 혼란스러웠지만, 문제를 해결할 수 있었고 정신적으로도 당시 상황을 인지하고 있었다고 말했다.

언어와 내적 발화에 대한 양극단의 입장은 점차 설 자리를 잃고 있다. 언어는 사유의 중요한 도구이고, 내적 발화 역시 단순히 머릿속에서 울려 퍼지는 정신적 물거품 같은 것이 아니다.[9] 그렇다고 해서 내적 발화가 생각의 조직화에 필수적인 것은 아니며, 언어가 복잡한 사유의 **유일한** 매개인 것도 아니다. 나는 이 장의 서두에서 흄이 자신의 내면에서 발견한 것들에 대해 언급하면서, 놀랍게도 그가 내적 발화를 무시하고 있다고 말했다. 하지만 내가 인용한 존 듀이의 논평을 보면 여러분도 똑같이 반응했을 것이다. 듀이는 흄이 말한 **관념들**이 단지 조용히 입 밖으로 내뱉은 일련의 단어일 뿐이라고 생각했다. 단어들이 실제로 존재한다 할지라도, 흄이 '열기 혹은 냉기, 빛 혹은 그림자, 사랑 혹은 증오' 또한 발견했다고 한 말은 틀렸을까? 분명 듀이 스스로도 그런 것들과 맞닥뜨렸을 것이다. 두 철학자들이 제시한 범주는 모두 불완전해 보인다.

다윈의 어조가 지나치게 강경하긴 하지만, 우리의 정신에서 언어가 차지하는 역할은 다윈이 묘사한 것과 크게 다르지 않을

지도 모른다. 언어는 관념을 배열하고 바로잡을 매체가 되어준다. 하버드의 심리학자 수전 캐리Susan Carey가 실험실에서 어린이들을 대상으로 실시한 최근 연구 사례가 있다.[10] 그는 아이들이 **선언적 삼단논법**disjunctive syllogism이라는 논리적 원리를 언제부터 사용할 수 있는지 살펴봤다. A **또는** B 중에 **어느 하나**가 참이라는 것을 안다고 가정해 보자. 그렇다면 A가 **참이 아님**을 알게 되면 B가 참이라고 결론짓게 될 것이다. 어린이가 '또는'이라는 단어를 배우기 전에 이 원리를 이해할 수 있을까? 한동안은 그럴 수 있다고 여겨졌으나, 이제는 이런 종류의 정신적 정보처리를 하기 위해서는 그 단어를 먼저 익혀야 한다고 밝혀졌다(만일 이 컵 또는 저 컵 밑에 스티커가 붙어 있는데, 이 컵 밑에는 없다는 걸 알게 되면, 그때…). 이런 종류의 연구에서 원인과 결과의 연결을 밝혀내기는 늘 어렵지만, 이 결과는 참으로 비고츠키적이라고 할 수 있겠다.

이 모든 것이 작동하는 내적 메커니즘은 무엇일까? 언어는 어떻게 육신을 입는 것일까? 여기에는 너무 많은 불확실성이 있다. 하지만 여러 사람의 연구 결과에 기반한 한 가지 그럴싸한 모형이 있다.[11]

일상 발화는 입력인 동시에 출력으로 기능한다. 듣기는 정신에 입력을 제공하고, 우리의 말하기는 출력이다. 우리는 말하고 들으며, **자신의 말도** 들을 수 있다. 이 문제에 쉽게 접근하려거든 소리내어 혼잣말을 해 보면 된다. 이제 이런 친숙한 사실들을 뇌과학에서 점차 더 중요해지고 있는 개념에 연결시킬 것이다.[12] 바로 **원심성 사본**efference copy이라는 개념이다(여기서 **원심성**이란 단어는 출력, 즉 행위 같은 것을 뜻한다). 이 개념을 소개하는 가장 좋은 방법은 시각의 예를 드는 것이다.

고개를 움직이거나 시선을 옮길 때 망막에 맺히는 상은 지속적으로 변하지만, 주변 사물의 변화로 지각되지는 않는다. 당신은 눈의 움직임을 계속 기록하고 보정하므로, 주변에서 무언가가 **실제로** 움직이면 이를 인지한다. 원심성 사본 메커니즘이 있다면, 행위를 결정하여 어떤 종류의 '명령'을 당신의 근육에 전달함과 동시에 그 명령의 희미한 이미지(대략적 의미에서 그 명령의 '사본')를 시각 입력을 처리하는 뇌의 영역으로 전송한다. 이로인해 자신의 움직임으로 인한 영향을 감안하여 처리할 수 있게 해 준다.

나는 4장에서 **원심성 사본**이라는 용어를 사용하지는 않았지만, 진화로 인해 행위와 감각 사이에 어떻게 새로운 종류의 순환고리가 생겨났는지를 살펴보면서 이 개념을 소개한 바 있다.[13] 몸을 움직여 이동하는 많은 동물들은 자신이 **하는** 일이, 자신이 **감각**하는 것에 영향을 미친다는 사실에 어떻게든 대처해야 한다. 지각되는 변화가 외부에서 일어나는 중요한 일 때문인지, 아니면 동물 자신의 행위 때문인지를 분간해야 하는 문제를 만들어 낸 것이다.

이 메커니즘은 지각의 문제를 해결하는 데 도움을 주는 동시에, 복잡한 행위 자체를 **수행**하는 역할을 한다. 당신이 행위를 하기로 결정하면, 원심성 사본은 뇌에 '내가 방금 한 일 때문에 상황이 이렇게 될 거야'라고 말하는 데에 사용될 수 있다. 만약 상황이 예상과 다르게 흘러간다면, 그것은 환경 요소가 변해서일 수도 있지만, 당신이 수행하려던 행위가 계획대로 이뤄지지 않았기 때문일 수도 있다. X를 하려는 **시도**가, 실제로 X를 하는 **결과**로 이어지는지 파악해야 하는 경우가 자주 있다. 예컨대 탁자를 밀면 어떠한 느낌이 들어야 하는지 당신은 알고 있다. 만약 예상과 다른 느낌이 든다면, 탁자에 바퀴가 달려 있어서일 수도 있지만, 당신이 탁자를 미는 데 성공하지 못했기 때문일 수도 있다.

이제 이 모든 것을 말하기에 적용해 보자. 모두가 자신이 생각한 대로 말이 나오길 바라는데, 말하기는 매우 복잡한 행위다. 말 할 때 생성되는 원심성 사본을 통해 당신이 내뱉은 말과 그에 대응하는 내면의 이미지를 비교할 수 있다. 우리는 무언가를 소리내어 말할 때, 우리가 말하려고 **의도**했던 소리를 내적으로 파악한다. 그리하여 말이 우리 입 밖으로 '제대로 나왔는지'를 판단할 수 있다. 일상 발화의 배경에는 내면의 **유사-발화**quasi-saying 와 **유사-듣기**quasi-hearing 가 있다.

우리가 지금까지 살펴본 바로는, 일상 발화의 숨겨진 면모가 복잡한 행위의 제어를 돕고 있다. 그러나 언어의 청각적 이미지, 내면에서 유사-발화된 문장들은 그 외에도 다른 역할을 갖고 있는 것으로 보인다. 일단 우리가 실제로 말하는 것을 확인하기 위해 말하는 것과 거의 같은 문장들을 생성한다면, 우리가 말할 **의도가 없는** 문장들, 곧 순전히 내면에서의 역할만 갖는 문장과 언어의 파편들을 모으는 것도 그리 큰 단계가 아니다. 우리의 청각적 상상 속에서 문장을 형성하는 것은 새로운 매개, 새로운 행위의 영역을 만든다. 우리는 문장을 만들어 그 결과를 경험할 수 있다. 우리가 어떤 단어들이 어울리는지 —내면에서—들을 때, 그에 상응하는 **관념**들이 어떻게 연결되는지를 익힐 수 있다. 우리는 언어를 배열하고, 가능한 조합을 만들어 봄으로써 정리하고 배우고 성찰할 수 있다.

앞서 나는 존 듀이를 언급했다. 그는 흄이 자신의 내면에서 발견한 것을 묘사할 때 내적 발화를 빠뜨렸다고 논평했다. 듀이에게 내적 발화는 중요했지만, 그 역할은 주로 흥미와 이야기 전달을 위한 도구였다. 그가 내적 발화의 다른 용도에 대해 논의하지 않았다는 건 이상한 일이다. 어쩌면 듀이가 매우 사회적인 철학자였기 때문일 것이다. 그는 우리가 하는 중요한 일의 대부분이 밖으로 드러난다고 생각했다. 비고츠키에 따르면, 내적 발화는 오늘날 **실행제어**executive control라고 일컬어지는 것 안에서 작동한다. 내적 발화는 올바른 순서대로 행위를 수행하는 방법(먼저 전원을 끄고, 그다음에 플러그를 뽑는다)을 제공하며 습관이나 충동에 대해 하향식의 통제(한 조각 더 먹지 말 것)를 가한다. 내적 발화는 관념을 조합했을 때(만약 내가 빛의 속도로 여행한다면 사물들이 어떻게 보일까?) 결과를 추측해보는 사고실험의 수단이 될 수도 있다. 대니얼 카너먼Daniel Kahneman을 비롯한 심리학자들의 용어를 빌리자면, 내적 발화는 **시스템 2**System 2 사유의 도구다.[14] 시스템 2 사유는 우리가 새로운 상황을 마주할 때 일어나는 느리고 신중한 사고방식이다. 이는 습관과 직관을 사용하여 빠르게 진행되는 **시스템 1**System 1 사유와 대조적이다. 시스템 2 사유는 올바른 논리 추론의 법칙을 따르려 하며, 사물을 여러 측면에서 보려 한다. 그것은 힘들고 느리지만 강력한 방법이다. 시스템 2 사유는 우리가 유혹을 피하는 방법(피하는 데 성공한다면)이자 어떤 새로운 행위가 문제를 정말로 해결할 수 있을지 판단하는 방법이다.

내적 발화는 시스템 2 사유에서 중요한 위치를 차지하고 있다. 내적 발화는 행위로 인한 결과들을 하나씩 따져보는 방법이자, 유혹에 맞설 논리를 제시하는 방법이다. 대니얼 데닛Daniel Dennett은 제임스 조이스James Joyce의 소설 속의 질주하는 내면의 독백을 차용하여, 이렇게 말이 내면에 자리잡은 결과를 머릿속의 **조이스적 기계**라고 불렀다.[15] 그러나 평범한 원심성 사본 체계가 어떻게 그토록 강력한 시스템 2 사유를 만들 수 있는 걸까? 단지 우리의 내면에 떠다니는 언어의 편린들이 존재한다는 것만으로는 이토록 많은 결과들이 나올 이유가 되지 못한다.

이를 설명하기 위한 실마리는 우리가 내적 발화의 문장을 들을 **수 있다**는 점에서 찾을 수 있다. 일상 발화만큼이나 내적 발화도 뇌를 많이 사용한다. 사실 일상 발화와 내적 발화는 무척 유사해서 사람들은 오직 자신의 청각적 상상 속에서만 존재하는 소리를 실제로 듣고 있다고 착각하기 쉽다. 2001년, 한 실험에서 피실험자들에게 헤드폰을 씌우고 아무런 특징이 없는 무작위의 소음을 들려 주면서, 간헐적으로 '화이트 크리스마스'라는 노래가 소음 속에서 매우 조용히 흘러나올 수 있다고 말했다.[16] 피실험자들은 혹시 노래가 들리면 버튼을 누르라고 안내 받았다. 실험 참가자의 3분의 1가량이 적어도 한 번은 버튼을 눌렀지만, 실제로 노래는 전혀 나오지 않았다. 이 실험에 대한 일반적인 해석은 피실험자가 실험 중 들을 수도 있는 노래를 상상했고, 때로는 자신의 청각적 상상을 실제로 듣는다고 착각했다는 것이다. 단어의 소리를 비롯해 우리가 머릿속으로 상상한 소리는 일상 속에서 지각하는 경험이 전파broadcast되는 것과 거의 비슷한 방식으로 우리의 정신 속으로 전파된다. 일단 내적 발화의 문장이 머릿속에서 완성되면, 그 문장은 마치 우리가 외부의 말을 들을 때와 똑같은 뇌의 처리 과정을 거친다. 그 덕분에, 새로운 관념의 조합이나 '무언가를 하라'는 촉구는 뇌가 고려할 수 있는 대상이 된다. 결과적으로 그 내면의 문장은 (밖에서 들리는) 일상적인 구어 문장이 우리에게 미치는 것과 똑같은 종류의 효과를 발휘할 수 있다. 화이트 크리스마스 실험에서 나타난 현상은, 자신의 행위와 자아 의식을 교란하는 '목소리가 들리는' 조현병schizophrenia의 일반적인 증상을 규명하려는 시도에 영향을 주었다.

내적 발화는 분명 우리가 복잡한 사고를 할 수 있게 해 주는 도구 중 하나다. 또 다른 도구는 내면의 그림과 형상, 즉 공간적 심상spatial imagery이다. 1970년대의 역사적인 연구에서, 영국의 심리학자 앨런 배들리Alan Baddeley와 그레이엄 히치Graham Hitch는 **작업기억** 모형을 제시했다.[17] 작업기억은 우리 모두가 가지고 있는 단기 저장소로, 매 순간 의식적으로 처리되는 몇 가지 정보 항목을 담는 곳이다. 배들리와 히치는 작업기억이 세 부분으로 이루어져 있다고 생각했다. 내적 발화와 같이 상상한 소리를 재생할 수 있는 **음운 루프**phonological loop, 그림과 형상을 처리할 때 사용하는 **시공간 스케치패드**visuo-spatial sketchpad, 그리고 이 두 가지 하위체계의 활동을 총괄하는 **중앙제어장치**executive control device다. 내면의 스케치와 형상들은 어떤 면에서는 내적 발화와 많이 다르지만, 이들 또한 복잡한 사고를 위한 도구이며 원심성 사본 메커니즘과 비슷한 기원을 갖고 있을 수 있다. 이 경우에는 아마도 그 기원은 우리가 손의 움직임이나 제스처를 통제하는 방식이었을 것이다.

이 분야에 대해서는 우리가 모르는 것이 많으며, 내가 제시한 그림의 몇몇 주요한 특징은 아직 추측의 영역에 머물러 있다. 내적 발화와 그 친척들의 기원이 원심성 사본 메커니즘에 있다는 것은 아직 증명되지 않은 가설에 불과하다. 내적 발화와 내적 심상이 각기 다른 기원을 가졌을 가능성도 있다. 순전히 상상력 그 자체에서 발현된 것일 수도 있으며, 복잡한 행위를 만드는 오래된 메커니즘의 산물과 닮은 것은 그저 우연일 수도 있다.

의식적 경험

내적 발화, 그리고 내적 언어가 뒤얽히는 스케치와 형태는 주관적 경험에 막대한 영향을 미친다. 보통의 인간이라면 무수히 많은 보이지 않는 행위를 펼칠 수 있는 내면의 장을 갖고 있다. 그 장에서 만들어지는 메아리와 논평, 재잘거림과 부추김은 우리 내면의 그 어떤 것만큼이나 생생하다. 가만히 앉아 변하지 않는 풍경을 바라볼 때도, 정신은 내면의 행위로 가득차 **생동감**이 넘칠 수 있다. 많은 이들에게 내적 발화는 부담스러울 만큼 두드러지기에 사람들은 이 끊임없는 내면의 수다에서 **벗어나기 위해** 명상을 하기도 한다. 가만히 앉아 변하지 않는 풍경을 바라보고 있을 때도, 정신은 이 같은 내면의 행위로 가득 차 **살아** 움직이며, 뒤죽박죽 뒤엉킨 채 들끓을 수 있다. 많은 이들에게 내적 발화는 너무나 선명하게 느껴져서 감당하기 힘들 정도다. 사람들이 명상을 통해 벗어나고자 하는 것은 바로 이 끊없는 재잘거림이다.

인간 사고의 이러한 특징은 주관적 경험의 기원에 대해 우리에게 무엇을 말해 주는가? 나는 4장에서 이를 두 부분으로 나누어 설명의 토대를 세웠다. 첫째, 동물 생명에 널리 퍼져 있는 특징들로부터 발생하는 기본 형태의 주관적 경험이 있다. 그 예로 통증을 들었다. 둘째, 보다 정교한 주관적 경험, 즉 그 용어 그대로 **의식적** 경험의 진화와 관련이 있다.

나는 이 장에서 논의한 내적 발화와 관련 현상들이라는 도구로 이 그림을 완성할 수 있다고 생각한다. 4장에서 나는 신경생물학자 버나드 바스가 처음 제시한 의식의 작업공간 이론을 소개했다. 바스는 의식적 사유를 수많은 정보가 함께 모이는 장소인 내면의 **전역 작업공간**으로 설명하고자 했다. 바스는 우리 뇌에서 벌어지는 일의 대부분은 무의식적으로 이루어지지만, 그중 극히 일부는 작업공간에 옮겨져서 의식할 수 있는 상태가 된다고 보았다.

1980년대 후반, 이 이론이 처음 제시되었을 때는 뇌의 특별한 **장소**, 곧 생각이 모종의 과정을 거쳐 주관적인 색채를 띠는 장소를 찾아내서 의식을 설명하려 했던 오래된 관점들과 너무 비슷해 보였다. 바스는 작업공간은 중앙 무대와도 같다는 공간적 은유를 사용했다. 그래서 전역 작업공간 이론을 지지하는 사람들은, "대체 그 작업공간이 뭐가 특별한 걸까요? 거기에 난쟁이들이 살고 있기라도 하는 겁니까?" 같은 질문을 받고 곤혹스러워 하는 걸 본 적 있다. 처음 전역 작업공간 이론이 등장했을 때는 어색해 보였지만, 바스는 중요한 실마리를 잡았고, 이 생각에 기반한 과학 연구를 통해 곧 이를 입증했다.

바스는 인간의 주관적 경험이 **통합된다**는 생각을 이론의 출발점으로 삼았다. 각기 다른 감각기관들이 전달한 정보와 우리 기억 속의 정보가 합쳐져 우리가 거주하며 행동하는 전체적인 **풍경**에 대한 감각을 제공한다. 2001년 프랑스의 신경생물학자 스타니슬라스 드앤과 리오넬 나카슈Lionel Naccache는 작업공간 이론의 2세대 버전을 내놓았다.[8] 드앤과 나카슈는 인간의 의식적 사고가 우리를 일상에서 벗어나게 하는 새로운 상황 및 행위와 특별한 관계가 있다고 주장했다. 우리는 습관대로 할 수 없게 되었을 때, 그래서 무언가 새로운 시도를 해야 할 때 문제를 의식적으로 대하기 시작한다. 새로운 행위를 할 때는 보통 서로 다른 여러 정보를 한데 모아 그 행위에서 무엇을 얻을 수 있는지 살펴볼 필요가 있다. 드앤과 나카슈에 의하면, 의식적 사유의 기능은 우리로 하여금 '큰 그림'을 그릴, 새롭고 정교한 행위를 할 수 있게 만드는 것이다.

이러한 접근법을 설명하기 위해서는 항상 두 가지 은유가 따라 나왔다. 보통은 '작업공간 이론'이라고 불리며, 바스, 드앤, 나카슈는 의식이 어떻게 작동하는지를 묘사할 때 **전파**라는 표현을 사용한다. 뇌 전체에 정보를 전파함으로써 그 정보가 의식적이 된다는 말이다. 때로는 작업공간과 전파 두 가지가 모두 필요한 것처럼 말한다(바스가 그렇게 말했다). 또 어떤 때에는 우리를 이해시키려고 두 개의 은유를 사용해 같은 것을 설명하는 것처럼 보인다.

하지만 내가 보기에 이 은유들은 매우 다르며, '전파'는 이 맥락에서 은유라고 보기조차 어렵다. 전파를 통한 통합이라는 아이디어는 내면의 작업공간이라는 아이디어의 다른 표현이 아니라, 그것을 대체한다고 보아야 한다. '내면의 공간은 어디에 있는가? 누가 그것을 보았는가?'—전파 모형을 사용하면 이런 질문들은 문제가 되지 않는다. 다음 단계는 내적 발화와 관련 현상들이 바로 그 전파의 **수단**, 즉 전파가 실제로 작동하는 방식이라고 보는 것이다. 내적 발화는 정보를 뇌 곳곳에 전달하여 평가하고 사용할 수 있게 하는 방법 중 하나이다. 내적 발화는 뇌의 어느 한 곳에 자리 잡고 있지 않다. 내적 발화는 생각을 만드는 것과 그것을 받아들이는 것을 서로 얽고 엮어서, **당신의 뇌가 순환고리를 만드는 방식**이다. 그리고 이것이 이루어지면, 언어가 제공하는 틀 덕분에 비로소 우리는 관념들을 조직화된 구조로 모을 수 있다.

나는 이것을 의식적 사고와 내적 전파의 관계에 대한 완전한 이론으로 제시하는 것은 아니다. 드앤과 다른 신경과학자들이 찾아낸 전파와 정보의 통합 메커니즘은 십중팔구 내적 발화와 아무런 연관이 없을 것이다. 나는 이것이 이야기의 일부에 불과하며, 인간 경험의 특별함을 원심성 사본과 내적 발화로 설명할 수 있는 여러 방법 중 하나라고 생각한다.

또 다른 것도 있다. 오랫동안 의식과 어느 정도 연관이 있다고 여겨져 온 현상인 **고차원적 사고**higher-order thought다.[19] 이것은 당신 자신의 생각에 **관한** 생각, 그러니까 당신의 현재 경험의 흐름에서 한 발짝 물러나, '왜 이렇게 기분이 안 좋지?' 또는 '저 차가 여기 있는 줄은 몰랐는데.'처럼 생각을 명확히 표현하는 말이다. 주관성과 의식에 관한 이론에서는 오랫동안 고차원적 사고가 어떠한 역할을 갖고 있을 것이라고 추측했지만, 그 역할이 정확히 무엇인지는 아직도 뚜렷하지 않다. 어떤 이들은 어떤 종류의 주관적 경험에는 고차원적 사고가 반드시 필요하다고 주장했다. 대부분의 동물들이 고차원적 사고를 할 가능성은 거의 없으므로, 결과적으로 앞에서 설명한 주관적 경험의 후기 출현이라는 관점과 정반대의 주장이다. 또 다른 가능성은 고차원적 사고가 경험을 탄생시키지는 않았지만, 우리 안의 경험을 재구성한 인간의 복잡한 특징 중 하나라는 것이다.

나는 후자의 관점을 지지한다. 나는 고차원적 사고가 우리가 인간으로서 경험할 수 있게 만드는 **유일하며** 필수적인 단계라는 생각에 반대한다. 고차원적 사고는 전체 단계의 아주 중요한 부분일 것이다. 어쩌면 의식적 사고의 모든 형태 중에서 가장 생생한 것은 우리 자신의 사유의 과정에 주의를 기울이고, 숙고하고, 우리 **자신의 것**으로 경험하고자 하는 사고일 것이다. 우리는 우리 내면의 상태를 언어로 생각하지 않고도 들여다 볼 수 있다. 그러나 **왜 내가 그렇게 생각했지?** 또는 **왜 내가 그렇게 느끼지?** 같은 부정할 수 없는 질문을 의식에 던지는 경우에는 내적 발화가 두드러진다. 우리는 종종 내면의 상태에 대해 질문하거나 평가하거나 권고함으로써 성찰한다. 이는 무의미하지도 않고 단순히 재미 있는 현상도 아니다. 그것은 우리가 다른 방식으로는 할 수 없는 일을 하도록 도와준다.

닫힌 고리

누구도 인간의 언어가 얼마나 오래되었는지 모른다.[20] 50만 년, 어쩌면 그보다 짧을 수도 있다. 그리고 인간의 언어가 단순한 형태의 의사소통에서 어떻게 진화했는지에 대해서도 많은 논쟁이 있다. 언어가 어떻게 발생했든 간에, 그 출현은 인간 진화의 경로를 바꾸어 놓았다. 현재로서는 추측만 할 수 있는 어떤 경로를 통해 언어는 내면화되었다. 언어가 사고 기제의 일부가 되었다는 얘기다. 언어의 내면화—비고츠키가 말하는 전이—또한 중요한 진화적 사건이었다. 이 책에서 다루는 두 번째로 위대한 내면화다. 수억 년 전에 일어난 첫 번째 내면화에 대해서는 2장에서 다루었다. 동물로의 진화가 시작될 무렵, 세포들은 서로간의 상호작용 및 외부 환경과 상호작용 하기 위해 감지 및 신호 전달 장치를 진화시켰고, 이 장치에 새로운 역할을 부여했다. 세포 대 세포 신호 전달은 다세포 동물을 만드는 데 사용되었고, 다세포 동물 중 일부 안에서 새로운 제어장치가 등장했다. 바로 신경계다.

신경계는 감지와 신호의 내면화를 거치며 생겨났고, 언어의 내면화는 사고의 도구이니 신경계와는 다른 것이다. 두 경우 모두 생명체 사이의 의사소통 수단이 생명체 내부의 의사소통 수단이 되었다. 두 사건은 인지의 진화사에 이정표를 하나씩 남겼다. 하나는 그 시작점에, 그리고 다른 하나는 최근에. 최근은 진화 과정의 끝은 아니지만 현재까지 진행된 과정의 끝에 가깝기는 하다.

다른 측면에서 이 두 가지의 내면화는 각기 다른 형태를 띤다. 신경계의 진화에서, 신호의 내면화는 생물을 보다 크게 만듦으로써 이뤄졌다. 과거에는 서로 독립적이었던 존재들을 포괄할 정도로 생명체의 영역이 확장되면서 일어난 일이다. 언어의 내면화 과정에서 생명체의 영역은 변하지 않고 그대로 유지되었지만 그 내부에서 새로운 경로가 만들어졌다.

4장에서 나는 감각과 행위를 연결하는 단순한 정방향 흐름에서 좀 더 복잡하게 얽히는 진화적 변화를 살펴보았다. 가장 단순한 정방향 흐름의 사례는 감각의 입력과 일부 출력이다. 즉, 당신이 하는 일은 당신이 보는 것에 달려 있다. 그런데 심지어 박테리아에서도 인과율이 다른 방향으로 작동하는 경우가 있다—박테리아의 행위가 나중에 감지할 것에 **사실상** 영향을 미치는 것이다. 그러나 감지와 행위를 연결하는 회로는 신경계를 가진 동물에서 보다 풍부해지고, 동물들은 스스로 그 회로를 **파악하게** 된다. 당신의 행위는 당신과 당신 주변 사이의 관계를 계속 변화시킨다. 세계에 대해서 알고자 하는 동물에게 그 사실은 처음에는 **문제**로 다가온다. 당신이 하는 모든 일이 세계가 어떻게 보이는지에 영향을 미친다면, 당신 주변에서 벌어지는 새로운 사건들을 어떻게 탐지할 것인가? 그러나 처음에 문제였던 것은 나중에 기회가 될 수 있다.

1950년 독일의 생리학자 에리히 폰 홀스트Erich von Holst와 호르스트 미텔슈테트Horst Mittelstaedt는 이 관계에 대한 이론의 틀을 제공했다.[21] 나는 이 장의 앞부분에서 그들이 사용한 원심성 사본이라는 용어를 사용했다. 이제 그들의 이론 틀의 주요 내용을 더 소개할 것이다. 그들은 당신이 감각을 통해 받아들이는 모든 것을 지칭하기 위해 **구심성**afference이라는 용어를 사용했다. 들어오는 것의 일부는 당신 주변 사물의 변화로 인한 것이다. 이것을 **외구심성**exafference이라고 한다. 그리고 또 다른 일부는 당신 자신의 행위로 인한 것이다. 이것을 **재구심성**reafference이라고 한다. 동물은 이 둘을 구분해야 하는 문제에 직면한다. 재구심성은 지각을 모호하게 만든다. 당신 자신의 행위가 당신의 감각이 포착하는 정보를 변화시키지 않는다면, 어떤 면에서는 삶이 더 편했을 것이다.

이 문제를 다루는 한 가지 방법은 앞서 내가 설명한 '원심성 사본'을 사용하는 것이다. 당신이 움직이면, 당신은 지각을 담당하는 부분으로 들어오는 정보 중 어떤 부분은 무시하라는 신호를 보낸다. "그건 신경 쓰지 마. 내가 움직이는 거야."

재구심성은 문제를 일으키지만, 그와 함께 기회도 가져다준다. 유용한 방식으로 자신의 감각에 영향을 미칠 수 있기 때문이다. 여기서 목표는 지각된 것에서 원하지 않는 입력을 걸러내는 것이 아니라, 행위를 통해 지각에 정보를 공급하는 것이다. 간단한 예는 나중에 읽으려고 적어두는 메모다. 지금 행위로 환경에 일으킨 변화의 결과를 나중에 지각하게 된다. 그렇다면, 그 나중이 되었을 때 알게된 것을 토대로 뭔가를 할 수 있게 된다.

메모 남기고 읽기는 재구심성 순환고리를 만드는 일이다. 감각의 잡음 속에서 외구심성을 찾아내듯, 자신에게서 **기인하지 않은** 것들만 지각하려는 것이 아니다. 오히려 읽는 내용이 **전적으로** 자신의 이전 행위 때문이기를 바란다. 메모의 내용이 다른 사람이 쓴 낙서나 메모장의 훼손 때문이 아니라 자신의 행위로 인한 것이기를 바란다. 현재의 행위와 미래의 지각 사이의 순환 고리가 견고하기를 원한다. 이를 통해 외부 기억의 한 형태를 만들 수 있게 되었다. 초기 문자가 지닌 역할은 대부분 이와 같았다(초기 문자는 물품 목록과 거래 기록이 많다). 어쩌면 당시 그림이 가진 역할도 같았을지도 모르지만, 분명하지 않다.

문자로 이루어진 메시지가 타인을 향한다면, 이는 평범한 의사소통이다. 자신이 읽을 무언가를 쓸 때는, 쓰는 때와 읽는 때 사이의 시간 간격이 핵심이다—메모의 목표는 넓은 의미에서 기억이다. 하지만 이런 종류의 기억은 의사소통의 현상이기도 하다.[22] 현재의 자신과 미래의 자신 사이의 의사소통인 것이다. 일기와 자신에게 남기는 메모는 일반적인 종류의 의사소통과 마찬가지로 발신자와 수신자가 있다.

2장에서, 나는 개체들 사이의 의사소통이 가진 두 가지 다른 역할에 대해 논의했다. 이 역할들을 최초의 신경계가 그 본체를 위해 무엇을 했는지에 대한 서로 다른 관점들에 대응시킬 수 있다. 한 역할은 **지각과 일어난 일**을 협응시키는 것이다. 이는 폴리비어의 등불 암호 이야기에 잘 나타나 있는 역할이다. 다른 역할은 하나의 행위의 각기 다른 요소들을 협응시키는 것이다. 가령 노 젓는 배에서 누군가 '스트로크'를 외칠 때처럼 말이다. 나는 두 종류의 역할이 대부분의 경우 동시에 수행되지만, 여전히 이 둘을 구별할 만한 가치가 있다고 말했다. 맞는 말이다. 하지만, 앞선 논의에서 분명하게 드러나지 않았던 둘 사이의 관계가 이제는 우리에게 또렷하게 보인다.

어떤 일을 끝마치라고 스스로를 상기시키기 위해 무언가를 적어 놓는다면, 당신은 나중의 당신이 **감지**할 표시—당신이 인식하게 될 무엇인가를 남기는 것이다. 그런 점에서 이는 교회지기와 리비어의 경우와 비슷하다. 하지만 그 표시는 나중의 당신으로 하여금 어떤 과제를 **완수**하게끔 하려는 현재의 당신이 남기는 것이다. 그런 점에서 이것은 행위의 내적 협응—행위 형성과 같다. 비록 그 협응이 외부 세계를 통과하는 인과적 순환고리를 사용한다 할지라도 말이다. 나중에 감지될 표시를 만드는 것도 그 협응에 포함된다.

이런 유용한 순환고리들 중 일부는 피부 밖에서 작동하고, 일부는 피부 안에서 작동한다. 원심성 사본은 내부 메시지, 즉 신경계 내의 활동이다. 고개를 움직여도 세상은 그대로 멈춰 있는 것처럼 보이는데, 이는 내부적으로 이루어진다. 여기서 내부 메시지는 행위가 감각에 미치는 효과로부터 발생하는 문제를 해결하는 데 사용된다. 그러나 이런 내부의 호$_{arc}$는 외부의 호와 마찬가지로 기회와 새로운 자원을 제공할 수도 있다. 그것이 내가 앞서 내적 발화의 기원에 대해 제시한 모형의 내용이다. 당신이 말하려고 계획한 것의 사본들은 그 자체로 암묵적 행위를 일으킬 수 있다. 가능성을 찾고, 아이디어들을 조합하고, 자기를 통제하는 내적 행위들 말이다. 하지만 내적 발화는 내부에 갇혀 있고, 따라서 실제로 **들리지** 않는다(제대로 작동한다면 그렇다). 내적 발화가 뇌 속으로 정보를 전파한다면, 그것은 자신에게 소리내어 말하거나 자신에게 메모를 남길 때 나타나는 재구심성의 순환고리와 비슷하다. 하지만 이번에는 고리가 더 촘촘하고 내밀하며, 공개되지 않고 보이지도 않는, 자유롭고 침묵하는 실험의 장이다.

인간 정신을 무수한 순환고리가 있는 장소라고 보면, 우리 자신과 다른 동물의 삶에 대해 다른 관점을 갖게 된다. 여기에는 이 책에서 논의한 두족류도 포함된다. 그들의 표현 방식인 색과 무늬는 복잡한 고리에 적합하지 않다. (그들의 색맹 의혹과 관련된 아이러니는 제쳐두더라도 그렇다.) 피부의 무늬를 만드는 것은 그 무늬가 얼마나 복잡한지와는 상관없이 일방통행에 가깝다. 동물은 사람이 자신이 말하는 것을 듣는 것처럼 자신의 무늬를 볼 수 없다. 피부의 무늬에 대해서는 원심성 사본이 할 수 있는 역할은 별로 없을 것이다(색소 세포가 감각기관 역할도 한다는 추론이 사실로 밝혀지기 전에는). 두족류의 디스플레이는 엄청난 표현력을 지닌다. 하지만 한 쌍이나 집단이 아니라 단일 개체만 볼 때, 이런 디스플레이는 많은 순환 피드백에 내장되어 있지 않음을 알 수 있다. 어쩌면 결코 그럴 수도 없을 것이다. 인간의—극단적인—사례는 재구심성과 연관된 기회가 보다 복잡한 정신의 진화를 추동하는 데 도움을 준다고 말해 준다. 두족류는 인간과는 다른 길 위에 있다.

그리고 두족류의 삶에서 그들의 가능성을 제한하는 것은 이것만이 아니다.

7.

압축된 경험

노화

나는 2008년쯤부터 바다에서 두족류를 면밀히 관찰하고 따라다니기 시작했다. 처음에는 대왕갑오징어를 쫓아다녔고, 그 다음에는 문어들을 관찰했다. 문어를 관찰하는 법을 배우고 나서야 비로소 알았지만, 문어는 항상 내 주변에 있었다. 두족류에 대한 글도 읽기 시작했는데, 처음으로 알게 된 사실이 충격으로 다가왔다. 대왕갑오징어라는 이 거대하고 복잡한 동물의 평균 수명은 1~2년으로 매우 짧다는 것이다. 문어도 마찬가지로 보통 1~2년을 살고, 가장 몸집이 큰 태평양대문어가 야생에서 4년 정도 살 수 있다.

도저히 믿을 수가 없었다. 내가 교감해 온 갑오징어들이 당연히 나이가 많을 것이라고, 그래서 인간과 자주 조우했고 우리가 어떻게 행동하는지 알고 있으며, 바다 속 한 지역에서 많은 계절이 지나는 것을 보았을 것이라고 생각했다. 내가 이렇게 짐작한 까닭은 그들이 세상의 풍파를 오랜 시간 겪은 듯 늙어 보였기 때문이다. 게다가 어리다고 하기에는 보통 60~90센티미터 길이로 덩치가 컸다. 하지만 그해의 짝짓기철 초반에 나는 이 갑오징어들을 만났으며, 내가 만난 이들 모두가 곧 죽는다는 사실을 깨달았다.

실제로 그렇게 되었다. 남반구의 겨울이 끝날 무렵, 갑오징어는 급격히 쇠퇴하기 시작했다. 내가 계속 따라다닌 한 개체는 몇 주에 걸쳐, 때로는 하루가 지날수록 노화가 뚜렷하게 나타났다. 그들은 자연히 무너져 내렸다. 곧 몇몇 개체의 몸통에서 살점과 다리가 떨어져 나가고 있었다. 마법과도 같았던 피부도 빛을 잃기 시작했다. 처음에 나는 그들 중 일부가 하얀 반점을 디스플레이한다고 생각했다. 그러나 가까이서 보니, 살아 있는 스크린이었던 외피가 벗겨져 나가 새하얀 속살만 남아 있던 것이었다. 그들의 눈은 흐려졌다. 노화 과정이 막바지에 다다르면, 갑오징어는 일정한 수심을 유지하며 헤엄치는 것조차 하지 못한다. 노화가 시작되면 그 속도는 걷잡을 수 없이 빠르다. 그들의 건강은 마치 절벽에서 추락하듯 나빠졌다.

노화의 단계가 온다는 걸 알게 되자 이 갑오징어들과 교류하는 것이, 특히 친근한 개체들과의 교류가 큰 슬픔이 되었다. 그들의 시간은 너무나 짧았다. 이 발견은 그들의 커다란 뇌라는 수수께끼를 더욱 풀기 어렵게 만들었다. 수명이 1~2년 밖에 되지 않는데 그렇게 거대한 신경계를 만드는 까닭은 무엇이란 말인가? 지능을 담당하는 장치는 값비싸다. 만드는 데에도 많은 자원이 들고 운영하는 데에도 마찬가지다. 큰 뇌가 가능하게 하는 학습의 유용함은 결국 수명에 따라 달라진다. 얻은 정보를 사용할 시간이 없다면, 주변 세계를 학습하는 과정에 자원을 투자하는 게 무슨 소용이 있겠는가?

진화가 척추동물 이외에 큰 뇌를 실험한 대상은 두족류가 유일하다. 대부분의 포유류, 조류, 어류는 두족류보다 훨씬 오래 산다. 보다 정확하게 말하자면 포유류와 조류는 잡아먹히거나 다른 불운을 맞이하지 않는다면 **더 오래 살 수** 있다. 이 사실은 특별히 개나 침팬지 같은 대형 동물에게 적용되지만, 쥐만한 크기에도 불구하고 15년을 살 수 있는 원숭이가 존재하며, 벌새는 10년 이상을 살 수 있다. 많은 두족류는 그 몸집과 지능에 비해 너무 짧은 삶을 사는 듯하다. 문어가 알에서 부화한 뒤로 2년도 못 산다면, 문어의 그 모든 지능은 왜 필요하단 말인가?

바다에 수명을 짧게 만드는 요인이 있는 것은 아닐까? 나는 그게 답이 아님을 금방 발견했다. 내가 만난 두족류들과 같은 암초에 서식하는 요상하게 생긴 물고기는 볼락속屬, genus이며, 그 집단에는 200년까지 사는 물고기도 있다. 200년! 이건 지독하게 불공평하다. 멍청해 보이는 물고기는 한 세기를 넘도록 살아가는데, 이토록 화려한 갑오징어와 경이로울 정도로 똑똑한 문어는 두 살이 되기도 전에 죽는다니?*

또 다른 가능성은 연체동물의 신체 구조와 관련된 것이나 혹은 두족류의 어떤 특성이 필연적으로 짧은 수명을 만드는 것이다. 나는 가끔 사람들이 이런 말을 하는 것을 듣지만, 이것도 답이 될 수 없다. 생김새는 우아하지만 심리학적으로는 단순한 두족류인 앵무조개는 잠수함처럼 껍데기를 타고 태평양을 휘젓고 다니며 20년 이상을 산다. 이들의 몇십 년의 수명을 두고 '냄새 맡고 더듬거리는 청소부'라며 달갑지 않게 여기는 생물학자도 있다. 앵무조개는 문어와 갑오징어의 친척이지만 이들만큼 바쁘게 살지 않는다.

문어 또는 갑오징어는 생애 동안 풍부한 경험을 하지만, 그 경험이 엄청나게 압축된다는 사실은 매우 모순적인 느낌을 일으킨다. 더불어 그런 경험을 가능케 만드는 뇌에 대한 의문은 커져 갔다.

삶과 죽음

왜 두족류는 더 오래 살지 못하는 걸까?[1] 왜 우리 모두는 더 오래 살지 못할까? 캘리포니아와 네바다의 산자락에는 율리우스 카

---

*두족류의 상황은 리들리 스콧의 영화 "블레이드 러너"를 떠올리게 한다. 영화에서 인조인간 '레플리컨트'들은 단 4년이 지나면 죽게 설계돼 있다. 영화의 원작인 필립 K. 딕의 『안드로이드는 전기양의 꿈을 꾸는가?』에서는 레플리컨트들이 빨리 죽는 이유가 기계 고장 때문이었다. 두족류와는 달리, 블레이드 러너의 레플리컨트들은 자신들의 운명을 알고 있다.

이사르가 로마를 거닐던 시절에도 살았을 소나무들이 있다. 자연의 순리에 따를 때 왜 어떤 생명체는 수십, 수백, 수천 년을 살면서 어떤 생명은 한 해가 지나가는 것도 채 보지 못할까? 진정한 수수께끼는 사고나 질병이 아닌 '노화'로 인한 죽음에 있다. 왜 우리는 주어진 시간을 살고 나면 바스라지는 걸까? 매년 생일을 맞이할 때마다 혼자 하는 생각이지만, 두족류의 짧은 생은 이 질문을 보다 생생하게 만든다. 우리는 왜 늙을까?

우리는 죽음에 대해 직관적으로 신체가 **닳아 못 쓰게 되는** 문제로 생각하는 경향이 있다. 어떤 이는 자동차가 그러하듯 우리도 결국 고장나게 되어 있다고 말할지도 모른다. 그러나 자동차는 적절한 비유 대상이 아니다. 자동차에 원래 장착된 부품은 분명 닳아 없어지겠지만, 다 자란 인간은 태어날 때 갖고 있던 부품으로 작동하지 않는다. 우리는 지속적으로 양분을 흡수하고 분열하며, 오래된 부품을 새것으로 교체하는 세포들로 이루어져 있다. 심지어 오랫동안 살아 있는 세포도 자신을 구성하는 물질(거의 대부분)을 꾸준히 교체한다. 자동차의 부품을 계속 새로운 것으로 교체할 수 있다면 자동차가 작동을 멈출 이유는 없는 것이다.

이 문제를 바라보는 다른 방식이 있다. 우리의 신체는 세포들의 집합이다. 이 세포들은 한데 모여 있고 협응 하지만, 세포는 그저 세포일 따름이다. 우리를 구성하는 세포 대부분은 계속해서 하나에서 둘로 분열한다. 어떤 이유로 이 분열하는 세포들이 '노화'하게 되어 있다고 가정해 보자. 지금 존재하는 세포들은 실제로 그리 오래되지 않았지만 말이다. 다시 말해 심지어 새로 등장한 세포라 할지라도 그 **선조**가 지닌 노화의 흔적이 있으며 이것이 몸이 노화되는 이유라고 가정해 보자. 하지만 만일 이 가정이 사실이라면, 박테리아나 다른 단세포 생명체는 어떻게 여전히 존재하는 걸까? 지금 존재하는 박테리아 개체는 최근에 발생한 세포 분열의 산물이지만, 그 세포의 선조들의 나이는 수십억 년이다.

특정한 종류의 박테리아—가장 친숙한 대장균이라고 하자—를 뭉텅이로 모아 놓았다고 상상해 보자. 이 세포들이 분열해서 태어난 후손 세포들도 같은 집단에 머무르게 된다. 세포들이 태어나고 죽으면서도 세포 집단은 계속 유지된다. 만약 환경이 적당하다면, 이 세포 집단은 수백만 년을 존속할 수도 있다. 세포 집단은 세포로 이루어진 거대한 덩어리로 일종의 '신체'가 될 수 있다. 단순히 늙었다는 이유로 닳아버리거나 부서질 이유는 없다. 다시 말하지만 **지금** 존재하는 부품은 늙지 않았다. 이들은 새로 태어난 세포다. 세포들로 이루어진 집단이 꾸준히 세포를 교체하고 새로 채우면서 영원히 살 수 있다면, 왜 우리의 신체는 영원할 수 없다는 말인가?

이제 당신은 이렇게 말할 것이다. 우리를 박테리아와 다르게 만드는 것은 바로 우리 세포의 배열이며, 우리는 단순한 뭉텅이가 아니라고. 세포가 항상 새것이라 할지라도, 이 배열은 무너질 수 있다고 말이다. 하지만 왜 새로운 세포들은 올바른 배열을 다시 구축하지 못할까? 세포는 사람이 잉태되고, 태어나고, 아기에서 성인으로 성장할 때는 올바른 배열을 만들어 낸다. 왜 새로 태어나는 세포들이 계속해서 이 배열을 재구축함으로 당신을 계속 살아갈 수 있게 만들지 않는가?

이 문제의 해답으로 '부품의 마모' 같은 설명은 충분치 않다. 타당한 구석이 있더라도 그것은 동물의 수명에 대한 많은 관찰 결과들과 잘 맞지 않는가. 만약 '마모'가 문제라면 신진대사율이 높은—더 많은 에너지를 태우는—동물들이 더 일찍 노화를 겪어야 한다. 신진대사율로 어느 정도 수명을 예측할 수 있지만 많은 경우 맞지 않는다. 캥거루 같은 유대목 동물은 우리처럼 태반류 포유류보다 신진대사율이 낮지만 더 빨리 노화한다. 박쥐의 신진대사는 엄청나게 활발하지만 천천히 늙는다.

세포 수준에서는 거의 무한에 가까운 재생 가능성이 있다. 그러나 인간이라는 존재(세포 집단)가 가진 특성 때문에 우리를 비롯한 동물들과 노화의 관계는 다른 생명체에서는 보이지 않는다. 노화 문제에 대한 이 관점은 우리를 다시 앞 장의 동물의 진화로 데려다 놓는다. 비록 세포의 계보는 인간이 있기 전부터 긴 시간 이어지지만, 동물에게 탄생과 죽음은 한 개체의 삶의 시작과 끝을 보여 주는 경계다. 그래서 우린 다시금 문제에 봉착했다. 벌새는 10년을 살고, 볼락속 물고기는 200년을 살며, 캘리포니아의 소나무는 수천 년을 사는데, 문어는 왜 2년만 사는 걸까?

오토바이 떼

이 수수께끼는 우아한 진화론적 논리를 통해 대부분 해결되었다.

진화론적 관점에서 생각한다면, 노화 그 자체에 숨겨진 이점이 있는지 궁금해 하는 것은 자연스럽다. 우리의 삶에서 노화의 시작은 너무나 '프로그래밍된' 것 같아 보이기 때문에, 이 같은 생각은 매력적이다. 어쩌면 늙은 개체의 죽음은 보다 젊고 강건한 개체들을 위한 자원 절약이라는 결과로 이어지는, 종 전체에 이득을 주는 일 아닐까? 하지만 이 생각은 노화에 대한 설명이 되기에는 불충분하다. 이 생각의 전제는 젊은 개체가 더 건강하다는 입증되지 않은 사실이다. 그러나 여기에 왜 그런지에 대한 설명은 없다.

게다가 이 같은 상황이 계속 이어질 가능성도 희박하다. 늙은 개체들이 적절한 때가 오면 관대하게 '바통을 넘겨 주는' 집단이 있다고 가정해 보자. 그런데 자신을 희생하지 **않는** 개체가 나타나 계속 살아간다면 어떻게 될까? 이 개체는 더 많은 자손을 갖게 될 가능성이 높다. 전체를 위해 희생하기를 거부하는 속성이 생식을 통해 전파된다면, 이 속성이 확산되고 결국 희생이라는 행위는 뿌리뽑힐 것이다. 따라서 노화가 전체 종에게는 이익이 된다 할지라도 그것만으로는 노화라는 현상을 유지하기에 충분치 않다. 이 논리가 '숨겨진 이점' 관점의 종말을 의미하진 않지만, 지금의 노화에 대한 진화론적 이론은 다른 접근 방식을 취하고 있다.

첫 번째 접근은 1940년대 영국의 면역학자 피터 메더워Peter Medawar가 했던 짧은 언어적 논증으로 이루어졌다. 10년이 지난 후 미국의 진화생물학자 조지 윌리엄스George Williams가 두 번째 진전을 더했다. 다시 10년이 지난 1960년대에, 윌리엄 해밀턴William Hamilton—아마도 20세기 말 진화생물학계의 독보적인 천재일 것이다—이 이 새로운 그림을 엄밀한 수학적 형태로 정리했다. 이론 자체는 정교한 수학적 방식으로 만들어졌지만, 핵심 개념은 무척 단순하다.

한 사례를 상상하며 시작해 보자. 시간이 지나도 자연스러운 노화가 전혀 진행되지 **않는** 동물 종이 있다고 가정하자. 생물학자들이 선호하는 단어를 쓰자면, 이 동물에서는 '노쇠senescence'가 나타나지 않는다. 이들은 생의 초기부터 생식을 시작하며, 잡아먹히거나, 굶어죽거나, 번개를 맞는 등 외부 원인으로 죽을 때까지 계속된다. 외부 사건 때문에 죽을 위험은 일정하다고 가정한다. 매년 사망 확률을 5퍼센트로 가정하자. 나이를 먹는다고 해서 이 확률이 늘거나 줄지는 않지만, **언제라도** 사고가 나거나 다른 존재에 의해 죽음에 이를 수 있다. 이 시나리오에서는 갓 태어난 개체가 90세가 될 때까지 살아 있을 확률은 1퍼센트 미만이다. 하지만 만약 그 개체가 90세까지 **살아남는다면**, 그는 91세까지도 살 가능성이 매우 높다.

다음으로 우리는 생물학적 돌연변이mutation에 대해 살펴볼 필요가 있다. 돌연변이란 우리 유전자 구조에 일어나는 우연한 변화를 말한다. 이것은 진화의 원재료다. 매우 낮은 확률로, 유기체의 생존과 번식을 좀 더 유리하게 만드는 돌연변이가 발생한다. 그러나 대다수의 돌연변이는 해롭거나, 아무런 효과가 없다. 진화는 많은 유전자에 **돌연변이-선택 균형**mutation-selection balance을 만든다. 이것은 다음과 같이 작용한다. 분자 수준의 우연한 결과로 만들어진 어떤 유전자의 변이된 형태가 집단 내로 꾸준하게 유입된다. 변이된 형태를 가진 개체들은 번식할 가능성이 낮기 때문에, 나쁜 돌연변이는 결국 집단 내에서 사라진다. 그러나 나쁜 돌연변이가 완전히 사라지기까지는 시간이 걸리며, 새로운 돌연변이가 계속 집단 안으로 들어온다. 그러므로 한 집단은 항상 개별 유전자마다 해로운 변이된 형태를 어느 정도 함유하고 있다고 봐도 된다. 돌연변이-선택 균형은 유전자의 나쁜 돌연변이가 집단 내로 유입되는 만큼 제거되는 균형 상태를 일컫는다.

돌연변이는 종종 삶의 특정 단계에 영향을 미친다. 일찍 발현되는 것도 있고, 늦게 발현되는 것도 있다. 우리 상상 속의 집단에서, 아주 오랫동안 살아남았을 때만 보인자carrier에게 영향을 미치는 해로운 돌연변이가 생겨났다고 가정해 보자. 이 돌연변이를 갖고 있는 개체는 한동안은 정상적으로 살아갈 것이다. 그들은 번식 하고 그 유전자를 후대에 물려준다. 이 돌연변이를 갖고 있는 개체들 대부분은 그로 인한 영향을 **결코 받지 않는다**. 왜냐하면 변이가 영향을 미치기 전에 다른 요인으로 인해 죽음을 맞기 때문이다. 유달리 오래 살아남는 개체만이 돌연변이의 악영향을 맞닥뜨리게 될 것이다.

우리는 개체들이 살아가는 긴 시간 동안 계속 번식하기 때문에, 자연선택이 이처럼 늦게 발현하는 돌연변이를 걸러낼 수 있다고 간주한다. 매우 오래 사는 개체들 중에서 돌연변이가 없는 개체들이 변이를 가진 개체들보다 더 많은 후손을 가질 가능성이 높다. 하지만 이 사실이 차이를 만들어낼 만큼 오래 사는 개체는 거의 없으므로, 늦게 발현하는 해로운 변이에 대한 '선택압selection pressure'은 매우 미약하다. 위에서 설명한 것처럼 분자 수준에서 발생한 돌연변이가 집단 내로 유입된다면, 일찍 발현하는 돌연변이가 늦게 발현하는 것보다 더 효과적으로 걸러질 것이다.

그 결과, 집단의 유전자 풀은 오래 산 개체에게 악영향을 끼치는 돌연변이를 많이 함유하게 될 것이다. 이 돌연변이들은 엄청난 우연때문에 사라지지 않는다면 점점 흔해질 것이다. 모든 개체가 이 돌연변이의 일부를 지니게 될 것이다. 그러다가 운 좋은 어떤 개체가 포식자를 비롯한 자연의 위험들을 모두 피하고 유달리 오래 살아남는다면, 마침내 몸 안에서 문제가 생기기 시작한다. 돌연변이의 효과가 드디어 나타나기 시작한 것이다. 이는 마치 '원래부터 쇠락하도록 프로그래밍된' 것처럼 **보인다**. 잠복해 있던 돌연변이의 효과가 때가 되면 나타나기 때문이다. 그 집단이 진화하면서 노화는 생물학적 특성으로 자리잡기 시작했다.

1957년, 미국의 생물학자 조지 윌리엄스는 이 이론의 두 번째 주요 요소를 도입했다. 첫 번째 아이디어와 경쟁관계가 아닌 양립 가능한 이론이었다. 윌리엄스의 요점은 은퇴를 대비하는 저축에 관한 간단한 질문으로 정리할 수 있다. 당신이 120세가 되었을 때 호화로운 생활을 할 만큼 저축할 필요가 있을까? 당신에게 무한정 수입이 있다면 그럴 수도 있다. 어쩌면 120세까지 살 가능성도 있으니까. 하지만 무한한 돈이 없다면, 당신이 먼 미래의 은퇴를 위해 저축하는 돈은 지금 당장은 쓸 수 없게 된다. 당신이 120세까지 살 가능성이 별로 없다면, 저축하는 것보다는 지금 바로 써 버리는 것이 이치에 맞다.

같은 원칙이 돌연변이에도 적용된다. 많은 돌연변이는 하나 이상의 효과를 갖고 있으며, 어떤 경우에는 생의 초기에 바로 눈에 띄는 효과와 나중에 발견되는 또 다른 효과를 갖고 있다. 만약 두 가지 효과 모두 나쁜 쪽이라면, 어떻게 될지 예상하기 쉽다. 나쁜 효과가 삶의 초기에 드러나기 때문에 돌연변이는 금방 제거될 것이다. 두 가지 효과가 모두 좋을 경우에도 그 결과를 예상하기 쉽다. 하지만 만약 이 변이가 지금은 좋은 효과를 내고 나중에 나쁜 효과를 낸다면? 그 '나중'이 일상의 위험 때문에 실제로 발현될 가능성이 별로 없을 정도로 먼 나중이라면, 나쁜 효과는 그리 중요하지 않을 것이다. 관건은 지금 당장의 좋은 효과다. 그러므로 초기에는 좋은 효과가 있고 나중에는 나쁜 효과가 있는 돌연변이는 계속 축적될 것이다. 자연선택은 그 돌연변이들에게 유리하게 작용할 것이다. 집단 내에 이 변이를 가진 개체가 많아지고, 집단 내의 거의 모든 개체가 이 변이를 갖게 되면, 생의 후기에 발생하는 노화는 마치 미리 계획돼 있었던 것처럼 보일 것이다. 노화는 그 효과는 각기 다를 수 있어도, 이미 일정에 있었던 것처럼 각 개체에게 나타날 것이다. 이는 노화 그 자체에 진화론적 이점이 숨겨져 있기 때문이 아니라, 노화가 먼저 얻은 이익에 따르는 대가이기 때문에 나타나는 것이다.

메더워 효과와 윌리엄스 효과는 함께 작용한다. 각각의 과정이 시작되면 그 과정은 스스로를 강화하며 다른 과정을 증폭시킨다. 여기에는 '양성 피드백positive feedback'이 작용해 노화의 강화로 이어진다. 어떤 변이가 노화와 관련된 쇠약을 일으키는 돌연변이들이 일단 자리를 잡으면, 개체들이 그 돌연변이가 발현되는 나이를 넘어 살게 될 가능성은 **더욱** 낮아진다. 이는 오직 노년에만 발생하는 나쁜 효과를 미치는 돌연변이가 자연선택에 의해 배제될 가능성이 더욱 낮아진다는 것을 의미한다. 언덕을 내려가기 시작한 수레의 바퀴는 점점 빠르게 구른다.

내가 여기서 묘사해 온 세계는 수명을 짓누르는 압력들로 가득한 곳이다. 하지만 캘리포니아에는 수천년 된 소나무도 있지 않은가? 이 소나무들은 쇠약해질 기색이 보이지 않는다. 그러나 나무는 두 가지 면에서 특별하다. 첫째로 나무는 위에서 설명한 논증의 초기 단계에서 설정한 가정에 부합하지 않는다. 나는 개체들이 생의 후반까지 얼마나 성공적으로 번식을 할 수 있는지는 진화론적으로 중요하지 않다고 했다. 그 나이까지 살아남는 개체가 거의 없기 때문이다. 그러나 아주 나이가 많이 들어서도 번식에 **성공하는** 극소수의 개체가 매우 많은 후손을 가질 수 있다면 상황은 달라진다. 우리에게는 해당하지 않지만, 나무의 경우에는 해당된다. 나무의 모든 가지 하나 하나는 번식이 일어날 수 있는 장소다. 가지가 많은 노령의 나무는 어린 나무에 비해 훨씬 더 많은 자손을 남길 수 있다. 따라서 나무는 메더워와 윌리엄스가 주장한 논증의 결론을 비켜 갈 수 있다.

둘째로 나무는 동물과는 다른 종류의 생명체이며, 메더워-윌리엄스 논증의 몇 가지 요소는 나무에는 전혀 적용할 수 없다. 이 문제에 접근하는 가장 좋은 방법이 있다. 가까이 들여다보면 실제로는 군체colonies임을 알 수 있는 '유기체'들을 먼저 생각하는 것이다. 예를 들어 어떤 말미잘은 작고 독립적인 **폴립**polyp* 여럿

*고착 생활을 하는 형태.
– 옮긴이

으로 이루어진 매우 촘촘한 군체를 형성한다. 이 폴립들은 어느 정도의 독립성을 갖는데 특히 번식할 때 그렇다. 한 폴립은 다른 폴립을 싹틔울 수 있고, 각 폴립은 자신의 생식 세포를 만들 수 있다. 말미잘 군체는 이론적으로는 거의 영원히 살 수 있다. 이는 인간 사회와 유사하다. 인간 개개인은 태어나고 죽지만 사회는 계속되는 것처럼 말이다.

군체와 사회에는 메더워와 윌리엄스의 이론이 적용되지 않는다. 일반적인 방식으로 번식하지 않기 때문이다. 군체 또는 사

회(인간 사회 같은)의 구성원들에게 노화가 나타날 수 있다. 소나무나 참나무 같은 평범한 나무는 군체가 아니지만 그렇다고 인간과 같은 의미로 단일 유기체도 아니다. 어떤 면에서 나무는 두 경우의 사이에 있다. 나무는 가지를 뻗는 줄기라는 작은 단위의 증식을 통해 성장한다. 줄기들은 스스로 번식할 수 있고, 잘라서 옮겨심으면 다른 나무로 자랄 수 있다. 이런 방식으로 번식이 가능한 단위들을 증식시켜 성장하고 발달하는 것은 메더워-윌리엄스 이론의 예외다.

지금까지 노화에 대한 진화론적 이론의 배후에 깔려 있는 두 가지 주요 개념을 소개했다. 1960년대에 영국의 진화 이론가 윌리엄 해밀턴이 이 문제를 본격적으로 파고들기 시작하자, 그 이론은 엄밀하고 정밀해졌다. 해밀턴은 이 이론의 중심 개념들을 수학적 형식으로 다시 정리했다. 이 연구는 인간의 삶이 왜 지금과 같은 경로를 따르는지에 대해 상당한 부분을 설명해 주지만, 해밀턴은 사실 곤충과 벌레들을 지극히 사랑한 생물학자였다. 특히 인간이나 문어의 삶은 시시하게 느껴지게 만드는 곤충들에 대한 그의 관심은 지대했다. 해밀턴은 갓 부화한 새끼들로 가득 차 부풀어 오른 몸으로 공중에 매달려 있는 암컷 진드기를 발견했다. 그 새끼 무리의 수컷들은 어미의 몸 안에서 암컷을 찾아내 교미한다. 또한 자신의 몸보다 더 긴 정자 세포를 만들어 내고 사용하는 작은 딱정벌레를 발견하기도 했다.

2000년, 해밀턴은 에이즈 바이러스human immunodeficiency virus, HIV의

근원을 조사하기 위해 아프리카를 방문했다가 말라리아에 걸려 유명을 달리했다.[2] 사망하기 약 10년 전, 그는 자신이 원하는 장례 방식을 글로 남겼다. 그는 자신의 시신이 브라질의 숲으로 옮겨져, 거대한 날개를 지닌 코프로파나이우스*Coprophanaeus* 딱정벌레가 시신을 안에서부터 파먹고 그 영양분으로 애벌레를 기르게 하기를 원했다. 풍뎅이의 새끼들은 그에게서 나와 날아오를 것이다.

나는 구더기나 지저분한 파리가 아닌, 커다란 호박벌처럼 황혼 속에서 윙윙거리며 날아다닐 것이다. 나는 무수히 되어 오토바이 떼처럼 윙윙거릴 것이며, 비행하는 몸으로 태어나 별 아래 브라질 원시림 속으로, 우리 모두 등 뒤에 쥐고 있을 그 아름답고 흠없는 겉날개 아래에서 솟아오를 것이다. 마침내 나 또한 돌 아래 보랏빛 딱정벌레처럼 빛날 것이다.

길고 짧은 삶들

노화에 대한 진화론적 이론은 나이를 먹으며 일어나는 쇠락에 대한 기본적인 사실들을 설명해 준다.[3] 노화한 개체들이 왜 마치 미리 짠 것처럼 쇠락하는지 설명해 주는 것이다. 이 골자에 몇 가지를 덧붙이면 특정한 사례들을 설명할 수 있다. 앞선 사고실험에서 나는 번식이 생명체의 생애 전반에 걸쳐 일어난다고 가정했다. 두족류를 비롯한 많은 동물에서 이는 실제와 매우 다르다.

생물학자들은 **일회생식성**semelparous 생물과 **반복생식성**iteroparous 생물을 구분한다. 일회생식성 생물은 단 한 번, 혹은 짧은 한 철 동안 번식한다. 이를 '빅뱅' 생식이라고 부르기도 한다. 우리와 같은 반복생식성 생물은 더 긴 기간에 걸쳐 여러 차례 번식한다. 암컷 문어는 대체로 일회생식성의 극단적인 사례다—그들은 죽기 전에 단 한 차례 임신한다.[4] 암컷 문어는 여러 마리의 수컷과 교미할 수 있지만, 알을 낳을 때가 되면 자신의 굴에서 나오지 않는다. 암컷은 알을 낳고, 알이 성장하는 동안 이를 돌본다. 한 번에 낳는 알은 수천 개에 달한다. 부화는 종과 주변 환경에 따라 다르지만 한 달에서서 몇 개월 까지 소요된다(수온이 낮을수록 느리다). 알이 부화하면 유생larvae들은 흐르는 물속으로 떠내려간다. 얼마 지나지 않아 암컷은 죽는다.

일반화 했을 때 그렇다. 문어 중에는 최소한 한 가지 예외는 있다.[5] 5장에서 언급한 오징어의 신호를 연구하는 팀인 마틴 모이니한과 아르카디오 로다니체가 파나마에서 발견한 희귀종이다. 이 종은 암컷이 보다 오랜 기간에 걸쳐 번식할 수 있다. 이들이 왜 예외인지는 아무도 모른다.

갑오징어의 생식은 문어와는 조금 다르지만 마찬가지로 '빅뱅' 범주에 속한다. 단 한 번 있는 번식기에 생식 활동을 하지만 암컷과 수컷 모두 여러 번 교미를 하고 암컷은 많은 알 무더기를 낳을 수 있다. 갑오징어 암컷은 문어처럼 알을 돌보거나 보호하지 않고, 알을 적당한 바위에 붙여 놓고는 다시 교미하고 알을 낳기 위해 떠난다. 그러고 나면, 이들은 이 장 시작 부분의 묘사처럼 급속히 노화한다.

왜 한 생명체가 모든 자원을 단 한 번의 생식, 또는 단 한 번의 번식기에 쏟아부어야 할까? 다시금 포식이나 다른 외부 요인에 의한 죽음의 위험에 많은 것이 달려 있기 때문이라고 할 수 있다. 특히 동물의 일생에 걸쳐 이 위험이 어떻게 변화하느냐가 중요하다. 어떤 동물이 유년기에는 위험하지만 성체이 되고 나면 잡아먹히지 않고 한동안 생존을 기대할 수 있다고 가정해 보자. 그렇다면 성체가 되어 한 번 이상 번식하는 것이 합리적이다. 물고기와 많은 포유류가 여기에 해당한다. 반면에 성체가 되었을 때의 삶이 위험하다면, 번식을 할 수 있을 때 **모든 것을 거**는 편이 더 합리적이다.

계절도 중요한 요소다. 알을 낳거나 부화하는 데 좋은 계절이 있을 수 있다. 산란과 부화의 적기를 감안해서 매년 시간표를 짠다면 봄이나 겨울에 교미하는 것이 합리적일 수 있다. 그러면 이 같은 의문이 뒤따른다. 몇 년 동안 번식을 시도해야 할까? 처음에는 가능성을 최대한 열어 놓는 편이 나쁘지 않다는 생각이 들 수 있다. 적어도 몇 년 동안은 살아남을 테니까. 물론 살아남을 **가능성**은 있다. 그렇다면 왜 그 사이에 쇠약해야 한단 말인가? 여기서 다시 윌리엄스의 논증이 끼어든다. 이런 진화론적 질문을 생각할 때는 막대한 수의 개체와 많은 세대를 고려해야 한다. 이론적으로야 영원히 살면서 무한정 교미하길 원할 것이다—적어도 진화론적 관점에서는 그렇다. 그러나 한 번의 번식기에 모든 것을 쏟아붓는 생명체와, 나중에 다시 올 기회를 노리며 현재에는 덜 소비하는 경쟁자 중 누가 더 많은 후손을 남기게 될까? 당신이 속한 동물군이 다음 번식기까지 살아남을 가능성이 거의 없다면, 당신이 나중을 위해 무언가를 아껴두느라 지금 덜 쓰는 것은 아무런 도움이 되지 않는다. 이 경우에는 한 번의 번식기에 모든 것을 쏟아붓는 게 낫다. 지금 당장 당신에게 이점을 줄 수 있는 모든 선택지를 끌어안는 것이다. 번식기가 끝나면 노쇠하여 죽게 된다 할지라도 말이다.

진화는 한 종에게 장대한 수명을 줄 수도, 아주 짧은 수명을 줄 수도 있다. 동물 중에서는 암초에서 200살까지 사는 물고기와 갑오징어가 양극단의 사례라면 인간은 그 중간에 속한다. 우리와 볼락속 물고기 모두 꽤 천천히 성체가 되고, 긴 시간 동안 번식하지만, 볼락속 물고기는 조금 더 오래 산다. 가시가 많고 더러는 독까지 가진 생물이라 누구도 잡아먹을 생각을 않는다. 그와 대조적으로 갑오징어는 쫓기듯 성장하고 생식력을 갖춘 다음 짝짓기 철이 지나면 산산이 부서진다.

동물의 수명은 외부 요인에 의한 죽음의 가능성, 번식 가능한 연령에 도달하는 시간, 그리고 삶의 방식과 환경적 특성에 의해 좌우된다. 이것이 우리가 한 세기 가까이 살 수 있는지, 별 특색 없는 물고기는 그 두 배를 사는지, 왜 어떤 소나무는 세례 요한의 시절부터 당신이 살아가는 시절까지 계속 이어지는지, 그리고 화려한 색깔과 친근함과 호기심을 가진 대왕갑오징어는 왜 두어 번의 여름이 지나면 생을 마감하는지에 대한 답이다.

이 모든 것에 비추어 보면, 두족류가 어떻게 그 독특한 특징들의 조합을 갖게 되었는지가 보다 분명해진다고 생각한다. 초기 두족류는 바다를 헤매면서 끌고 다니던 외부 껍데기를 갖고 있었다. 그러고는 그 껍데기를 버렸다.[6] 이 사건은 서로 맞물리는 몇 가지 효과를 일으켰다. 첫째로 두족류의 몸에 기이하고 무한한 가능성을 가져다주었다. 이를 가장 극명하게 보여 주는 사례는 문어다. 문어는 몸에 단단한 부분이 거의 없고, 몸 전체에 뼈 대신 뉴런이 퍼져 있다. 앞서 3장에서 나는 이러한 신체의 개방성과 무한한 행동 가능성이 신경계를 복잡하게 진화시키는 데 핵심적인 역할을 했을 것이라고 말한 바 있다. 단지 껍데기가 없어졌기 때문에 신경계의 발달로 이어지게 만든 진화적 압력이 만들어졌다는 것은 아니다. 그보다는 어떠한 피드백 체계가 만들어진 것이다. 몸에 내재된 이러한 가능성은 보다 정밀한 행동 제어의 진화를 이룩할 기회를 제공했다. 일단 큰 신경계를 갖게 되면, 신체 가능성의 확장—다리에 있는 모든 감각기관으로 정보를 수집하고, 색의 변화를 볼 수 있는 피부를 만드는 것—이 시도할 만한 가치가 있게 된다.

껍데기의 상실은 또 다른 효과도 가져왔다. 두족류는 포식자들, 특히 뼈와 이빨을 갖고 있고 시력이 좋으며 빠르게 움직이는 물고기들에게 취약해졌다. 따라서 위장과 보호색의 진화의 가치가 올라갔다.

그러나 이런 방법으로 속이는 것에도 한계가 있다. 특히 문어는 포식자로서 활동해야 하므로 오래 살 수 있으리라 기대하기 어렵다. 문어는 그저 구멍에 숨어서 먹이가 다가오길 기다리고 있을 수 없다. 밖으로 나가서 먹이를 찾아야 한다. 하지만 바깥에 나가면 그들은 취약해진다. 이러한 약점 때문에 두족류는 메더워와 윌리엄스의 이론에 의해 자연수명을 압축하는 사례의 가장 이상적인 후보다. 두족류의 수명은 당장 내일까지 살아남기 어렵게 하는 지속적인 위협에 의해 조정되어 왔다. 그 결과 두족류는 매우 방대한 신경계와 매우 짧은 수명이라는 희귀한 조합을 갖게 되었다. 두족류의 큰 신경계는 무한한 가능성의 신체를 가질 수 있게 해 주었고, 사냥을 하는 동안 사냥 당하지 않는 데에 필요하다. 두족류의 삶이 짧은 이유는 약점이 수명을 조정하기 때문이다. 처음에는 서로 모순돼 보이던 이 조합을 이제는 이해할 수 있다.

최근에 발견된 일반적인 두족류의 패턴과는 다른 예외적인 사례는 이 원칙을 더욱 돋보이게 만든다. 문어에 대해 내 이야기의 대부분은 산호와 해안선을 따라 얕은 물에 사는 종에 대한 것이었다. 심해에 서식하는 종들에 대해서는 알려진 것이 많지 않다. 캘리포니아 몬터레이 만 해양연구소Monterey Bay Aquarium Research Institute, MBARI는 비디오 카메라를 장착한 원격 조정 잠수정으로 심해 환경을 탐사한다. 2007년 이 연구소는 캘리포니아 중부 연안의 수심 약 1마일(1.6km) 지점의 지층 돌출부를 조사하고 있었다.[7] 이들은 주변을 돌아다니는 심해 문어Graneledone boreopacifica를 발견했다. 한 달 후에 그곳을 다시 찾았을 때 그들은 같은 문어가 알 무더기를 지키고 있는 것을 발견했다. 연구진은 알의 상태를 관찰하기 위해 계속 현장을 찾았고, 언제나 같은 문어가 있는 것을 보았다. 그들은 이 문어를 무려 4년 반 동안이나 관찰할 수 있었다.

이 문어는 자신의 알을 그 어떤 문어의 수명보다도 오래 품고 있었다. 이 문어가 알을 품는 데 들인 53개월의 시간은 그 어떤 동물 종보다도 더 긴 시간이다(예를 들어, 지금까지 4~5개월 이상 알을 지키는 물고기는 학계에 보고되지 않았다). 이 문어 종이 얼마나 오래 살 수 있는지는 알려지지 않았다. 브루스 로비슨Bruce Robison과 동료들의 보고서에서는, 다른 문어들이 전체 수명 중 알을 품는 데 쓰는 시간의 비율을 이 문어에게도 그대로 적용해 보면, 녀석의 수명은 16년 정도가 된다고 추정한다.

이는 문어의 신체 구조가 생리학적으로 긴 수명에 장애가 된다는 주장에 대한 강력한 반증이다. 하지만 왜 이 문어는 다른 종들과 달리 그렇게 오래 살까? 로비슨과 공저자들의 논문에서는 수온이 생물학적 과정을 느리게 만들 수 있는지 논의한다. 심해수는 보통 매우 차갑다(내 평생 몬터레이 근처에서 스쿠버 다이빙을 했을 때 만큼 추위를 느낀 적이 없었다). 차가운 물속에서 생명 활동은 대부분 슬로모션으로 움직인다. 로비슨과 공저자들은 이것이 문어가 그렇게 오랫동안 먹지도 않고 알을 지키면서 살 수 있는 이유 중 하나라고 생각한다. 또한 오랜 기간 알을 품으면 새끼들이 보다 크고 발달된 상태로 태어날 수 있다고 말한다. 로비슨은 이러한 환경에서 알의 긴 발달 기간이 문어에게 경쟁 우위를 가져다 준다고 생각한다. 하지만 나는 여기에 메더워-윌리엄스 이론 또한 끼어들 여지가 있다고 말하고 싶다. 이 이론에 따르면 포식 위험은 동물의 '자연' 수명에 영향을 미치기 때문에 심해 문어의 포식 위험은 얕은 물에 서식하는 문어들에 비해 많이 낮을 것이라고 예측할 수 있다. 그리고 여기에는 강력한 단서가 존재한다. MBARI가 촬영한 영상은 문어가 몇 년 동안이나 개방된 장소에서 알을 품고 가만히 있는 모습을 보여 준다. 이 문어는 굴을 찾아 숨어 있지 않았던 것이다. 내가 아는 한 얕은 물에서 사는 문어들은 절대로 그렇게 탁 트인 곳에서 알을 품지 않는다. 그랬다가는 지나가는 포식자의 손쉬운 먹잇감이 되고 말 것이다. 그러나 심해는 얕은 물에 비해 물고기가 훨씬 드물다. 몬터레이의 문어가 개방된 곳에서 성공적으로 알을 부화시켰다는 사실은 이 종은 다른 문어에 비해 포식의 공포를 훨씬 덜 느꼈음을 암시한다. 그 결과, 진화는 그들의 수명을 다르게 조율했다.[8]

이 모든 것을 종합해 보면, 두족류의 여러 특징들—특히 문어에게서 두드러지는 특징들—이 그 옛날 껍데기를 버리면서 생겨났음을 알 수 있다. 두족류는 껍데기를 버리면서 기동성, 손재주, 신경계의 복잡성을 얻었고, 언제나 날카로운 이빨을 가진 포식자들에게 노출돼 있는 존재로서 바삐 살고 일찍 죽는 삶의 방식을 갖게 되었다.[9]

유령들

하루는 시드니에서 평소에 가는 다이빙 포인트와 조금 떨어진 곳에서 다이빙을 하고 있었다. 갑자기 주변이 캄캄해졌다. 잠시 후 내가 거대한 먹물 구름 속으로 헤엄쳐 들어왔음을 깨달았다. 이곳은 바위들이 흩어져 있고, 바위 사이 사이에는 깊은 틈새들이 많은 구역이었다. 먹물이 가득 퍼진 구역은 큰 방 만한 크기였다. 모든 것이 화약 같은 회색이었고, 두껍고 검은 끈 같은 형체들이 여기저기 매달려 있었다. 먹물 때문에 무슨 일이 벌어지고 있는지 알기 힘들었다. 특히 바위 틈새 속에는 짙은 먹물이 오랫동안 고여 있었다.

다음날 나는 같은 구역을 다시 찾았다. 먹물은 보이지 않으나 바위 틈새의 바닥에 있는 모래에 수십 개의 갑오징어 알이 흩뿌려져 있는 것을 볼 수 있었다. 근처에는 대왕갑오징어 한 마리가 있었다. 상태가 좋지 않았다. 몸은 거의 하얗게 변했고 다리에는 상처가 많았다. 그는 제자리에 떠서 나를 지켜보고 있었다. 가까이서 살펴보니, 해저에서 몇 미터가량 솟아오른 스톤헨지 비슷한 구조물의 바위 지붕 아래에 모여 있는, 꽤 커다란 갑오징어 세 마리를 찾을 수 있었다. 한 마리는 수컷임이 분명했고 다른 이들은 암컷인 듯했다. 하지만 구별하기는 어려웠다. 그들은 각기 다른 수준의 노쇠를 겪고 있었다. 노쇠화가 가장 심한 갑오징어는 피부의 대부분을 잃어 진줏빛 내피를 드러내고 있었고, 남아 있는 외피는 마치 깨진 유리처럼 금이 가 있었다. 외피가 좀 더 남아 있던 이들은 창백한 회색이었다. 눈의 상태가 매우 좋지 않은 갑오징어도 있었다. 피부에 강렬한 노란색이 약간 남아 있는 다섯 번째 갑오징어가 헤엄쳐 다가왔다. 하지만 다리다섯 개는 거의 사라진 상태였고 남아 있는 살갗에는 거무스름한 상처들이 있었다. 그는 헤엄쳐 떠났다.

　네 마리의 갑오징어는 서로 가까이에서 떠 있으며, 바위 사이의 미세한 해류에 몸을 맡기고 있었다. 바닥에 흩어진 알들은 영문을 알 수 없었다. 대왕갑오징어는 보통 튤립 구근처럼 생긴 알을 튀어나온 바위를 지붕 삼아 그 아래에 매달아 놓는다. 이 알들이 다른 곳에서 떠내려 온 것인지, 아니면 지금 보이는 자리에 낳은 것인지는 알 수 없었다. 전날 보았던 먹물은 뭔가 일이 잘못되었음을 암시했지만, 정확히 어떤 일이 벌어졌는지도 알수 없었다. 갑오징어들은 알에 아무런 관심을 두지 않았고, 그저 뭔가를 기다리는 듯했다. 그들은 또한 나를 보고 있는 듯했지만, 거의 아무런 디스플레이를 보이지 않았기에 그들 모두가 여전히 나를 볼 수 있는지조차 확신할 수 없었다. 창백하고 고요한 그들은 마치 두족류 유령 같았다.

갑오징어들은 그곳에 며칠이나 있었다. 오고 가는 갑오징어들이 있었던 것 같았다. 알들은 바위 틈 바닥에 남아 있었고 희미한 빛과 퇴적된 모래들로 덮여 있었다. 나는 암컷 갑오징어 한 마리가 결국 끝을 맞이하는 순간에 그곳에 있었다. 내가 도착했을 때 그는 바위 틈새 바깥으로 갓 나온 상태였다. 피부는 대부분 벗겨진 상태였고 주황빛이 도는 회갈색 무늬가 조금 남아 있었다. 다리 두 개는 완전히 떨어져 나갔고, 먹이잡이 촉수 하나는 아무 움직임 없이 매달려 있었다.

그녀는 여전히 지느러미를 부드럽게 움직이며 헤엄치고 있었다. 지켜보고 있자니, 나는 우리 둘 다 바위 틈새를 벗어나 조금씩 올라가고 있음을 깨달았다. 곧 물고기 두 마리가 갑오징어에게 관심을 보였다. 분홍색 물고기가 주변을 맴돌았지만 공격하지는 않았다. 레더자켓 한 마리가 문제였다. 다가와 관찰하고 주위를 돌더니 공격을 시작했다. 갑오징어의 전면부를 물어 뜯으려는 것이었다. 희생자 갑오징어는 공격자보다 덩치가 몇 배는 컸다. 나는 레더자켓을 쫓아내려고 시도했지만 녀석은 멀리 도망가지도 않고 할 수 있을 때마다 공격을 재개했다.

첫 공격에 대응하여 갑오징어는 움찔하더니 다리를 흔들었지만, 아무런 효과가 없었다. 물고기는 계속해서 다가왔다. 나는 갑오징어를 보호하려는 나의 시도가 물고기의 공격을 막기보다 갑오징어에게 더 큰 공포를 준다는 사실을 깨달았다. 그와 가까이 있기에 나의 몸은 너무나 컸다.

레더자켓은 다시 다가와 갑오징어를 더 세게 물었다. 이번에는 갑오징어가 레더자켓을 향해 먹물을 뿜었다. 물고기는 별로 망설이지 않고 다시 다가왔다. 이번에는 갑오징어가 더 많은 먹물을 뿜으며 천천히 나선을 그리며 돌기 시작했다. 우리는 물 위 쪽으로 천천히 계속 오르고 있었다. 짙은 회색의 먹물을 뿜으며 천천히 회전하는 갑오징어는 불붙은 육중한 비행기처럼 보였다—다만 땅으로 떨어지지 않고 하늘로 오르는 비행기였다. 먹물 때문이었는지 아니면 물 위 쪽으로 꽤 높이 올랐기 때문이었는지 레더자켓은 공격을 포기했다. 하지만 여기까지가 갑오징어가 할 수 있는 전부였다. 갑오징어가 계속 떠오르면서 나선 회전은 멈추었다. 갑오징어는 마지막 1미터를 솟구쳐 올라가더니 갑자기 완전히 멈춘 채로 수면 위에 둥둥 떴다. 수면에 이는 잔잔한 파도가 그를 앞뒤로 흔들고 있었다. 나는 갑오징어를 거기에 두고 왔다.

갑오징어는 죽음을 통해 자신의 조용한 세계에 침잠해 헤엄치던 상태에서, 천천히 회전하는 상승을 거쳐, 우리의 시끄러운 수면 위에 표류하는 것으로 옮아갔다.

8.

옥토폴리스

한 무리의 문어들

최근 내가 주로 문어를 관찰하는 장소는 우리가 **옥토폴리스**라고 부르는 호주 동부 해안, 수면 아래 약 15미터 지점에 있는 곳이다.[1] 맑은 날 헤엄쳐 내려가면 옥토폴리스는 마치 오즈의 마법사에 나올 법한 에메랄드빛 녹색으로 가득하다. 흐린 날에는 회색빛 수프에 더 가깝지만. 나는 2009년 매튜 로렌스가 옥토폴리스를 발견한 직후부터 이곳을 찾기 시작했다. 개체수가 늘기도하고 줄어들기도 하지만, 그곳에는 언제나 문어가 있다. 가장 많을 때는 폭이 몇 미터 밖에 되지 않는 그곳에서 열두 마리가 넘는 문어가 배회하거나 서로 씨름을 하거나 그저 가만히 앉아 있었다. 여러 마리의 문어가 무리를 이루는 사례는 이전에도 몇 번보고된 바 있지만, 옥토폴리스는 해마다 방문할 수 있고 항상 여러 마리가 있으며 그들과 상호작용도 할 수 있는 최초의 장소였다.[2] 한 마리의 문어가 옥토폴리스를 장악하고 있는 것처럼 보일 때도 있지만, 옥토폴리스에는 문어 한 마리가 일시에 통제하기 힘들 만큼 많은 개체가 존재하기 때문에 일부만을 장악할 수 있다. 처음에 우리는 이곳이 수컷 하나에 암컷 여럿이 있는 일종의 하렘 같은 상황일 거라고 생각했다. 하지만 실제로는 그렇지 않았다. 서로 가까이 있지는 않았지만 수컷 여러 마리가 있는 경우가 잦았다. 문어를 건드리지 않고 문어의 성별을 확인하기란 어렵다. 많은 문어 종에서 암수의 주된 차이점은 교미에 사용되는 수컷의 오른쪽 셋째 다리 아래에 있는 홈이다. 수컷은 때로는 가까이에서, 때로는 신중하게 먼 거리에서 이 다리를 암컷에게 뻗는다. 암컷이 이를 받아들이면 정액주머니가 다리의 아랫쪽을 따라 건너간다. 암컷은 알을 수정시키기 전에 그 정액을 한동안 저장해 둔다.

우리는 처음부터 문어들에 대한 개입을 최소화하겠다고 다짐했다. 그들과 상호작용을 전혀 하지 않은 것은 아니지만, 그들이 원할 때만 했다. 우린 결코 문어를 은신처에서 끌어내거나 그들을 뒤집어 다리 아래쪽을 살펴보거나 하지 않았다. 그러므로 누가 수컷이고 누가 암컷인지를 어느 정도 정확하게 구분할 수 있는 유일한 방법은 그들이 어떻게 행동하는지를 관찰하고 수컷임을 드러내는 다리에 누가 반응하는지를 살펴보는 것이었다. 어떤 경우에 대해서는 확실치 않기도 했지만 이 방법으로 우리는 현장에 있는 일부 개체의 성별을 확인할 수 있었다. 복수의 수컷과 복수의 암컷이 종종 모여 있음을 확신하게 하는 증거는 충분했다.

처음에 매튜 로렌스와 나는 그냥 물속으로 내려가 그들을 관찰했다. 그곳을 떠나 수면 위로 올라올 때마다 우리가 없을 때는 문어들이 무엇을 하는지 궁금해했다. 한동안은 그저 추측만 할 수 있었는데, 곧 수중 촬영이 가능한 작은 고프로GoPro 액션 카메라를 사용할 수 있게 되었다. 액션 캠 두어 대를 더 구입해서 삼각대에 장착한 다음 문어들이 있는 곳에 놓아 두었다.

이 카메라들을 회수해서 촬영된 영상을 보기 전까지는 우리 앞에 어떤 장면이 펼쳐질지 상상할 수 없었다. 다이버나 잠수정이 주변에 없는 상황에서 문어의 모습을 담은 영상은 이전에는 거의 없었다. 오직 소형 카메라만이 지켜보는 상황에서 문어들은 완전히 다른 행동, 뭔가 완전히 새로운 일을 벌일까? 우리가 지금까지 확인한 바로는, 우리가 주변에 있건 없건 문어들의 행동은 크게 다르지 않았다.[3] 우리가 없을 때 주변을 배회하거나 상호작용하는 일이 조금 더 많기는 하지만 말이다. 사람들이 주변에 없을 때 하는 비밀스러운 단체 곡예가 없다는 점은 조금 실망스러웠다. 하지만 다른 한편으로는 우리의 존재가 그들을 방해하지 않음을 확인했기에 안심이 되었다.

다음은 그때 촬영한 영상에서 흔히 볼 수 있는 장면이다. 문어 세 마리가 조가비 더미 위를 헤집고 다니고 있다. 가운데 가장 멀리 있는 문어는 물을 '분사해서' 어디론가 이동하려고 하고, 오른쪽에 있는 문어도 분사 추진을 하며 움직이고 있다.

이 연구가 시작되고 얼마 지나지 않아, 알래스카에서 연구하는 생물학자 데이비드 쉘의 연락을 받았다. 데이비드는 아프리카에서 사자를 연구하며 수련 기간을 보냈다.[4] 그는 밤낮으로 랜드로버를 타고 소규모 사자 무리를 천천히 쫓아다니며 그들이 어떻게 돌아다니고 사냥하는지 기록했다. 이후 그는 연구하는 동물의 종류를 바꾸었고, 이제는 가장 커다란 문어 종인 대왕문어 전문가가 되었다. 대왕문어의 무게는 45킬로그램을 넘기도 한다. 데이비드는 때때로 알래스카의 얼음물 속에서 문어와 씨름하며 수면 위로 끌어올린 뒤 보트에 태워야 했다. 그의 실험실은 해부 연구는 하지 않았다. 주로 문어의 몸에 작은 송신기를 부착하고 풀어 준 다음 움직임을 추적하는 연구를 해 왔다. 데이비드는 (따뜻한 물에 사는) 다른 종의 문어도 연구해 보고 싶어 했다. 곧 그는 호주로 오는 여정을 시작했고, 옥토폴리스로 향하는 맷의 보트에 또 한 명의 사람을 구겨 넣게 되었다.

데이비드의 도움으로 옥토폴리스에 대한 우리의 생각은 보다 체계화되었고, 측정하고 숫자를 세는 일에 더 많은 시간을 보냈다. 데이비드는 우리가 수집한 방대한 영상 자료를 정리하는 일에도 나보다 훨씬 뛰어났다. 그는 이 다리가 여러 개 달린 혼돈 덩어리들 속에서 패턴을 찾아내는 요령을 갖고 있었으며, 실제로 답을 찾을 수 있는 질문을 던졌다. 2015년 남반구의 여름, 스테판 린퀴스트가 합류했고, 더 큰 보트를 타고 옥토폴리스 근처에 정박하여 며칠을 보냈다. 우리는 무인 카메라로 낮 동안 거의 모든 시간을 기록하려고 노력했다. 완벽한 기록은 불가능했다. 촬영의 방해꾼은 바로 문어들이었다. 작은 삼각대 위에 달린 창백한 머리 같은 카메라가 마치 침입자처럼 보였을 것이다. 어쩌면 다리 세 개 달린 두족류가 가만히 서 있는 것처럼 보였을지도 모른다. 문어들은 때로 촬영 중인 카메라를 면밀히 관찰했고 가끔씩 공격했다. 우리가 촬영한 파일은 빨판과 렌즈를 향해 다가오는 부리의 클로즈업 영상으로 가득했다. 때로는 거대한 가오리가 들이닥쳐 일대를 휩쓸고 지나가면서 모든 카메라를 쓰러뜨리기도 했다.

2015년 1월에는 이보다 더 좋을 수 없을 만큼 운이 좋았다. 우리는 많은 영상 기록을 남겼다. 지금껏 보지 못한 수준의 활동을 보았으며, 우리가 이전에 이따금씩 관찰한 행동 중 일부가 패턴인 것으로 밝혀졌다. 커다란 수컷 문어 한 마리는 옥토폴리스의 출입을 통제하기로 맘먹은 듯했다. 수컷 문어는 낮 동안 쉬지 않고 옥토폴리스를 단속했다. 몇몇 문어들을 쫓아냈고, 그들이 물러서지 않으면 격렬하게 싸웠다(이 책 중간의 컬러 사진에서 문어들이 싸우는 모습을 볼 수 있다). 그는 어떤 문어들에 대해서는 출입을 용인했는데—우리는 이들이 암컷이라고 생각한다—, 그들이 옥토폴리스를 벗어나면 옥토폴리스 내의 굴로 다시 몰아넣었다.

문어 한 마리가 조가비 무더기 위를 배회하다가 굴 안에 있는 문어와 탐색전을 벌이고 서로에게 다리를 휘두르기도 한다. 우리는 수년 동안 옥토폴리스를 관찰하면서 다리를 뻗어 서로를 탐색하는 모습을 많이 보았다. 나는 이 모습을 볼 때 항상 권투 용어를 떠올렸다. 우리의 첫 번째 논문에서는 문어들이 자주 보이는 이 행동을 '복싱'이라고 묘사했다. 그러나 스테판 린퀴스트(그는 온화한 사람이다)는 이런 상호작용을 '하이파이브'라고 생각했다. 다리를 휘두르는 것이 개체들끼리 쉽게 인식하는 행위이거나 적어도 옥토폴리스 내에서 서로의 기본적인 역할을 확인하는 팔꿈치 인사로 생각한 것이다. 어쩔 때는 문어 두 마리가 다리로 서로를 찔러 보거나 휘두른 다음, 아무 일 없이 편안한 자세로 돌아갔다. 어떤 경우에는 찌르기가 싸움으로 이어졌다. 아래 사진은 한 문어가 오른편에서 접근하는 모습이다. 그가 다가오자 다른 두 마리가 다리를 뻗어 탐색 또는 **하이파이브**를 시도한다.

이 모든 행동과 함께 끊임없는 색 변화가 일어난다. 옥토폴리스에서 문어들이 보여 주는 몇몇 색 변화는 고도로 조직화되어 있지 않은 듯 보였고, 내가 5장에서 서술한 '재잘거림' 가설에 부합하는 듯했다. 때로는 다른 문어는 물론 그 어떤 것과도 상호 작용하지 않고 혼자 가만히 앉아 있는 듯 보이는 문어가 별다른 이유 없이 일련의 색깔과 무늬들을 드러내는 모습이 우리의 무인 카메라에 기록되었다. 그러나 어떤 색깔과 무늬는 꽤 분명한 목적을 가지고 있었다. 공격적인 수컷이 다른 문어를 공격할 때는, 몸 색깔이 어두워지면서 해저에서 몸을 일으켜 세우고 몸집이 더 커 보이게끔 다리를 뻗친다. 때때로 다음 쪽의 사진처럼

자신의 엉덩이 전체를 머리 위로 들어올리기도 한다.[6]

우리는 이 자세를 검은 망토를 두른 무시무시한 흡혈귀가 등장하는 유명한 고전 무성영화의 제목을 따서 '노스페라투Nosferatu' 포즈라고 이름붙였다. 우린 이런 포즈를 이전에도 몇 번 본 적 있지만, 2015년에 본 옥토폴리스를 통제하려던 수컷 문어는 이 포즈를 꽤 자주 사용했다. 그는 다른 동물에게 돌진했고, 상대는 무엇을 할지 결정해야 했다. 때로는 상대방이 도망갔고, 이따금씩 자리를 지키는 문어가 있다면 여지없이 한판 붙었다. 노스페라투 수컷이 언제나 상대 문어보다 덩치가 컸던 것은 아니지만, 그가 싸움에서 지는 일은 거의 없었다(실제로 기록된 영상에서 싸움에 진 것은 단 한 번 뿐이었다).

데이비드 쉴은 이런 상호작용 도중 문어들이 드러내는 색깔에 관심이 있었고, 우리의 오래된 영상들을 다시 살펴보며 공격자와 대상 사이의 수백 건의 만남을 도표로 만들었다. 그는 피부색의 어두운 정도가 문어가 얼마나 공격적이 될 것인지—다가갈 것인지, 상대방이 다가오면 맞설 것인지—를 보여 주는 신뢰할 만한 지표임을 발견했다.[7] 반면, 문어가 싸울 의사가 없을 때는 몇 가지 종류의 창백한 디스플레이가 나타난다. 하나는 밋밋하고 옅은 회색이었고 다른 하나는 확연한 얼룩무늬였다. 이 얼룩무늬는 다양한 종류의 두족류가 포식자에게 위협을 받을 때에도 볼 수 있었다. 이 무늬를 데이마틱 디스플레이라고 하며, 적을 놀라게 하거나 혼동시키려는 마지막 시도로 해석되어 있다. 이 해석은 데이마틱 디스플레이가 문어에게 위협이 다가올 때 부지불식간에 만들어지는 것이며, 우리가 이 장소에서 보는 그 무늬는 다른 문어에게 보내는 신호가 아닐 가능성을 제기한다. 하지만 우리의 현장에서는 더 공격적인 개체가 자신을 노려봐서 은신처로 돌아가는 문어에서도 데이마틱 디스플레이가 나타났다. 그럴 때는 도주하는 경우도, 상대를 놀라게 하려는 시도도 아니다. 우리는 옥토폴리스에서 이 디스플레이 행동이 복종이나 비공격성의 표시로서 새로운 쓰임을 얻었을 수도 있다고 생각한다. 반면 어두운 피부색과 노스페라투 포즈는 진지한 공격적 행동을 말하는 디스플레이로 보인다.

나는 한 화가에게 이 무늬의 차이를 더 명확하게 보여 주는 그림을 의뢰했다.[8] 이 영상의 한 장면을 보고 그린 아래 그림은 왼편의 매우 어두운 무늬를 한 문어가 오른편의 문어에게 덤벼드는 모습이다. 훨씬 창백하고 몸의 절반에 '데이마틱' 디스플레이가 보이는 오른편의 문어는 도망칠 준비를 하고 있다.

옥토폴리스의 기원

매튜는 옥토폴리스를 발견했을 때 이곳이 범상치 않은 곳이라고 짐작은 했지만, 실제로 얼마나 특별한 곳인지는 깨닫지 못했다. 가장 유사한 기록은 약 30년 전에 파나마의 열대 바다에서 발견된, 논란의 소지가 있는 장소였다.

1982년 마틴 모이니한과 아르카디오 로다니체는 그때까지 기록된 바 없고 흔치 않은 외모와 밝은 줄무늬를 가진 문어를 발견했다고 발표했다.[9] 이들은 수십 마리가 무리를 이루어 살고 있었으며 어떤 경우에는 굴까지 공유했다. 이 보고는 내가 앞서 5장에서 설명한, 그들이 카리브해암초오징어에 대해 수행한 연구의 일부였다. 이 연구에서 그들은 이 오징어가 피부의 색과 무늬로 이루어진 '언어'를 갖고 있다고 주장했다. 모이니한과 로다니체는 이 야생 동물들의 사진이나 영상 자료는 제시하지 않았고(1982년 당시에 수중 촬영은 매우 어려운 일이었다), 생물학자들을 설득할 만한 데이터도 많지 않았다. 모이니한과 로다니체는 출판을 위해 문어에 대한 상세한 설명을 준비했지만 거절당했다. 파나마의 군생하는 줄무늬 문어에 대한 모든 학술적 논의는 오랫동안 다른 생물학자들의 회의적 반응에 부딪혔고, 모이니한과 로다니체는 좌절했다.

당시의 이야기는 오랫동안 그냥 흥미로운 일화로 남아 있었다. 그러나 2012년, 문제의 문어가 수족관 간의 상업적 거래에서 다시 등장했다. 살아 있는 개체 몇 마리가 캘리포니아로 보내졌고, 스타인하트 수족관Steinhart Aquarium의 리처드 로스Richard Ross와 로이 콜드웰Roy Caldwell이 사육을 담당했다. 사육 환경에서 모이니한과 로다니체가 보고했던 이들의 희귀한 행동 중 일부가 사실로 확인되었고, 또 다른 독특한 행동이 추가로 발견되었다. 실험실에서 이 문어들은 서로를 거부하지 않고 은신처를 공유했다. 암컷은 보다 긴 기간에 걸쳐 짝짓기를 하고 알을 낳았다. 7장에서 다루었듯이, 암컷 문어는 보통 알 무더기를 한 번 낳고 나면 곧 죽는다. 콜드웰, 로스, 그리고 동료들이 공저한 논문에는 현장 관찰 기록은 없지만, 니카라과에서 해양 생물을 채집하는 회사가 이 문어들이 모여드는 장소를 알고 있다는 언급이 있다.[10] 현재는 현장 연구의 준비 단계에 있다.

우리에게는 옥토폴리스가 있다. 이곳은 정말 특별한 장소다. 문어에게서 일반적으로 나타나는 패턴은 한 개체가 자기 굴을 짓고 그곳에서 잠시, 보통은 몇 주 정도를 살다가, 그곳을 떠나 새로 굴을 만드는 것이다. 수컷은 짝짓기를 위해 암컷을 만나지만—보통 멀리서 다리를 뻗는다—, 암컷이 알을 품게 되면 곁에 머무르면서 돕지 않는다. 일반적으로 성체가 된 문어들 사이에는 상호작용을 거의 하지 않는다고 여겨진다. 옥토폴리스에 나타나는 시드니문어도 다른 곳에서 관찰될 때는 훨씬 덜 사회적으로 보인다.

그럼 대체 옥토폴리스에선 무슨 일이 벌어졌다는 말인가? 일부는 추측이지만, 우리가 종합한 이야기는 이렇다. 언젠가, 아마도 배에서 어떤 물체가 해저 모래톱으로 떨어졌다. 그 물체는 금속으로 만들어졌으나 지금은 해양 생물들로 완전히 뒤덮였다. 해저에 놓인 이 물체는 길이와 높이가 약 30센티미터에 불과하지만 매우 값어치 있는 부동산이다. 옥토폴리스에서 제일 덩치가 큰 문어가 그 아래 자리를 차지한다. 가끔은 물고기 몇 마리가 문어 옆에 옹기종기 모여 있었고, 문어는 이를 못 본 척했다. 작은 조각이 커다란 크리스탈의 씨앗이 되는 것과 같은 원리로, 이 물체는 옥토폴리스를 만드는 '씨앗'이 되기에 충분했다.

우리는 최초의 문어 또는 문어들이 이 물체 안에 굴을 만들고 가리비를 잡아와 먹었을 거라고 생각한다. 먹고 버린 조가비들이 쌓이기 시작했고, 결국 옥토폴리스의 물리적 특징까지 바꿔 놓았다. 가리비 조가비는 지름이 몇 센티미터 정도인 원반형 물체다. 조가비는 고운 모래보다 굴을 만들기에 훨씬 좋은 건축 자재이므로, 첫 번째 굴 외곽에 몇 개의 굴을 더 지을 수 있게 되었을 것이다. 문어들은 더 많은 가리비를 가져와 먹었고, 더 많은 껍데기들이 쌓였다. 양성 피드백이 이루어지는 것이다. 더 많은 문어가 살면서 더 많은 껍데기들이 남았고, 더 많은 굴이 지어질 수 있었다. 이는 또다시 더 많은 껍데기의 유입으로 이어지는 과정이 계속되었다.

또 다른 가능성은 금속으로 된 물체가 이곳에 떨어진 최초의 시점과 조가비들이 쏟아진 시기가 맞물렸을 경우다. 이 일은 해변에 조가비를 버리는 게 금지된 1984년 이전에 벌어졌을 수도 있고 잠수부들이 가리비를 채집하는 것도 금지된 1990년 즈음에 벌어졌을 수도 있다. 이렇게 생겨난 조가비 무더기는 옥토폴리스에 훨씬 강한 촉진제가 되었을 것이다. 그러나 그때 이후부터는 오랫동안 쌓여 온 조가비들은 대부분 문어가 가져온 것으로 보인다. 사냥을 하고 먹이를 집에 가져옴으로써 문어들은 자신들이 사는 곳을 변형시켰다.

왜 이 최초의 '씨앗'이 이 지역에 그토록 큰 영향을 미쳤을까? 금속 물체가 떨어진 곳의 주변은 가리비 밀집 지역이었고 문어에게 먹이가 무한정 공급되었다. 하나씩 혹은 작은 무리를 이루어 사는 가리비는 문어에게 좋은 먹이다. 무한정 공급되는 먹이에도 불구하고 이 지역에는 문어 굴을 만들기에 좋은 곳이 거의 없다. 이 지역의 해저면은 고운 모래로 덮여 있어서 안정적인 구멍을 파기 어렵고 치명적인 포식자들이 수없이 많다. 우리는 돌고래와 물개가 문어 굴을 살피려 가까이 오는 모습을 보았다. 이 구에는 몇 종류의 상어가 산다. 오래된 폭격기처럼 넓적하고 바닥에 붙어서 살아가는 동물인 거대한 '수염상어carpet shark'가 가끔 옥토폴리스에 와서 오래도록 누워 있기도 한다. 그럴 때면 문어들은 굴 안에서 웅크리고 있다. 몇 년 전, 매튜는 옥토폴리스에서 조금 떨어진 곳에서 충격적인 영상을 촬영했다. 문어 한 마리가 숨을 곳 하나 없는 물속 한가운데에서 레더자켓 떼에 포위된 것이다. 피라냐처럼 생긴 이 물고기들은 수백 마리가 몰려다닌다. 나도 녀석들에게 두어 번 물린 적이 있다. 우리는 왜 이 문어가 표적이 되었는지는 모른다. 레더자켓들은 문어를 몇 번인가 조심스럽게 건드려 보더니 **일제히** 달려들어 문어를 산산조각 내 버렸다. 문어는 처음에 막아 보려고 하다가 수면을 향해 미친듯이 도망쳤지만, 2분도 채 안 되어 생을 마쳐야 했다. 영상을 본 다음 문어들이 이 지역에서 도대체 어떻게 생존할 수 있는지 의문이 들기 시작했다. 주변에는 거의 항상 그 물고기들이 있었고 문어들은 먹이를 채집하기 위해 자주 굴에서 나왔다. 내가 세울 수 있는 최선의 가설은 물고기가 도사리고 있더라도 굴에서 일정 거리까지는 안전하게 이동할 수 있다는 것이다. 물고기가 공격하더라도 피해를 입기 전에 굴로 돌아갈 수 있기 때문이다. 만약 문어가 그 범위를 벗어나면, 안전을 장담할 수 없다. 아마도 보다 작은 문어가 큰 문어보다 더 두려워할 것이 많겠지만, 수백 마리의 피라냐가 달려든다면 문어가 할 수 있는 일은 많지 않다.

레더자켓들이 주변을 배회하고, 물개들이 들이닥치며, 상어들이 지나가거나 배를 깔고 눌러앉는다. 가장 장관을 연출하며 옥토폴리스를 침범하는 녀석은 문어들에게 직접적인 위협이 되진 않는 편이다. 때때로 이 구역을 어두워지게 만드는 거대한 검은 가오리가 휩쓸고 지나간다. 어지간한 승용차 정도의 너비로 성장할 수 있는 이 검은 가오리들은 거대한 날개를 천천히 움직이며 돌아다닌다. 문어들은 몸을 웅크리고 있었다. 우리가 설치한 카메라들이 쓰러지기도 했다.

조가비로 만들어진 굴이 있는 옥토폴리스는 이 위험한 구역 내에서 유일한 안전지대처럼 보인다. 아마도 이것이 문어들이 이곳에 꾸준히 존재하는 이유일 것이다. 하지만 이 사실은 새로운 질문을 불러일으킨다. 왜 문어들은 서로를 잡아먹지 않을까? 나는 옥토폴리스에서 성냥갑만한 작은 문어부터 다리 길이가 1미터는 되는 문어까지 다양한 크기의 문어들을 봤다. 큰 문어들은 싸움으로 발생하는 위험 때문에 서로를 잡아먹으려 하지 않을 수 있다. 그러나 작은 문어들은 어떻게 보호받을 수 있을까?

옥토폴리스에 사는 문어들의 가까운 친척을 비롯한 많은 문어가 동족을 잡아먹는다. 왜 여기서는 그러지 않는 것일까? 어쩌면 이 또한 먹이 때문에 굳이 서로 싸울 필요가 없어서일 수 있다. 가리비들 덕분이다.

덧붙이자면, 가리비도 눈을 갖고 있다. 망막 뒤에 거울이 달려 있는 특이한 구조다. 가리비는 조가비를 펄럭여서 헤엄칠 수 있다. 나는 가리비가 움직이는 걸 처음 봤을 때 놀랐다. 헤엄치는 캐스터네츠라니! 하지만 이들의 눈과 수영 실력은 문어가 자신들을 노릴 때 상황을 바꿀 만큼 도움이 되지 않는다. 가리비는 그런 상황에서 무력하다.

지금까지의 이야기를 다시 정리해 보자. 외부의 물체가 침입하면서 흔치 않은 안전한 굴이 생겼다. 처음에 그곳에 온 문어들이 가리비를 가져와서 먹고는 조가비를 남겼다. 금방 많은 조가비가 쌓였고, 심지어 이곳의 바닥이 조가비가 될 지경이 되었다. 결국 조가비 잔해 속에 다른 문어들이 안정적인 굴을 파고 살 수 있게 되었다. 조가비 무덤은 이제 널리 퍼져서 새로운 굴은 중심의 굴과 그리 가까울 필요가 없다. 몇몇 굴은 40센티미터는 될 정도로 깊다. 우리는 몇몇 문어들은 조가비에 완전히 덮인 채 외부에 드러나지 않게 생활한다고 확신한다. 문어들은 조가비 층 속으로 다리를 뻗어 교류하거나 짝짓기를 할지도 모른다. 우리는 문어는 보이지 않고 바닥의 조가비만 들썩거리는 장면을 보았다. 더 많은 문어들이 여기 정착하면서 그들의 환경에는 더 많은 조가비들이 쌓여간다.

우리가 옥토폴리스에 대해 쓴 두 번째 논문은 이를 어떠한 장소에 사는 동물들의 행동으로 인해 환경이 바뀌는 것을 말하는 '생태계 엔지니어링_ecosystem engineering_'의 한 사례로 논의했다.[11] 우리는 이 논문을 작업하면서 이 모든 환경의 변화에 영향을 받는 것이 단지 문어들만이 아니라는 걸 깨달았다. 다른 많은 동물들이 옥토폴리스로 이끌려 오는 것처럼 보였다. 물고기떼는 옥토폴리스 위를 맴돌다가 간다. 때로는 우리 영상 자료의 촬영에 방해가 될 정도였다. 오징어들도 어울려 다니며 서로에게 신호를 보냈다. 옥토폴리스에 엎드려 있던 거대한 수염상어의 주된 목적은 문어를 잡아먹는 것이 아닌 듯했다. 우리는 상어 한 마리가 옥토폴리스 위에 있는 물고기떼를 급습하는 장관을 영상으로 포착했다. 다른 종의 새끼 상어들은 일 년 중 꽤 많은 시간을 조가비 무덤 위에 누워서 보냈다. 밴조 가오리_banjo rays_라고 불리는 화려한 무늬의 작은 가오리들도 옥토폴리스에 앉아 있곤 했다. 그들의 몸 위로는 소라게들이 기어다녔다.

이 모든 생물들이 옥토폴리스 주변 조금 떨어진 곳들에 비해 훨씬 밀집해 있었다. 문어들은 조가비 수집 행위를 통해 **인공 암초**를 만들었고, 이것은 보기 드문 높은 밀도와 지속적인 상호작용이 이루어지는 특별한 바다 생물들의 사회로 발전되도록 이끌었을 것이다.

우리가 옥토폴리스 관찰 기록을 해석하는 한 가지 방법은,

이곳에 살고 있는 문어 종들, 그리고 아마도 다른 종의 문어들이 전반적으로 사람들의 생각보다 더 사회적이라고 가정하는 것이다. 그들의 신호 행동—색 변화와 디스플레이 등—은 이 가정을 뒷받침한다. 점점 더 많은 연구 결과가 비슷한 방향을 가리킨다. 우리가 생각했던 것보다 문어들의 상호 간 교류가 더 활발하다는 것이다. 2011년, 옥토폴리스에 사는 문어와 밀접한 관계에 있는 문어 종에 대한 연구는 문어가 다른 문어 개체를 인식할 수 있다고 말한다.[12] 보다 논란의 소지가 있는 1992년의 연구에서는 문어가 서로의 행동을 지켜보고 학습하는 것이 가능하다고 주장했다.[13] 적어도 우리가 목격한 것 중 일부에 적용 가능한 또 다른 해석은, 옥토폴리스가 특이한 장소라는 것이다. 문어의 전반적인 지능과, 이 특이한 맥락이 겹치면서 특이한 행동으로 이어졌다. 문어는 이 환경에서 삶을 살아낼 방법을 찾아야 했고, 그 결과로 생겨난 몇 가지 행동은 임기응변적이고 새로웠다. 그들은 어떻게 어울려 지낼지 알아야 했다.

나는 우리가 이곳에서 본 행동들은 새로운 것과 오래된 것이 뒤섞여 있다고 생각한다. 어떤 것은 오래된 행동이고 어떤 것은 특이한 상황에서 개별적으로 적응하면서 즉흥적으로 변형된 행동이다.

옥토폴리스는 문어의 삶에서 보통은 볼 수 없는 요소들과, 뇌와 정신의 진화와 관련된 요소들이 현존하는 공간이다. 많은 상호작용과 사회적 탐색이 이루어지며, 행동과 지각 사이에 많은 피드백이 일어난다. 문어들은 유달리 복잡한 상황에 직면하게 되는데, 다른 문어들이 이 환경의 중요한 부분이기 때문이다. 또한 조가비층은 꾸준히 조작되고 재형성된다. 그들은 잔해를 주변에 던지고, 날아간 조가비와 다른 재료에 가끔 다른 문어가 맞기도 한다. 이것은 단순히 굴을 청소하는 행동일 수 있지만, 이처럼 다른 문어들도 북적이는 상황에서는, 맞은 문어의 행동에 영향을 미치고 새로운 결과로 이어진다. 우리는 현재 이 같은 던지기가 의도적으로 누군가를 겨냥한 것인지를 알아내려고 노력하고 있다.

우리가 아는 한, 이 모든 일은 문어의 수명이 짧다는 맥락 속에서 벌어진다. 문어의 삶은 짧아서 자기가 낳은 새끼를 돌보지도 않는다. 이 문어들이 두 해를 산다고 가정해 보자. 2009년부터 여러 세대에 걸쳐 그들은 옥토폴리스에서 살아 왔다. 우리가 방문한 이후에도 이곳에서 많은 문어들이 오고 갔을 것이며, 계속해서 복잡한 준-사회성semi-sociality을 재형성한다. 이런 상황에서는 추가적으로 발생할 수 있는 진화적 단계들을 상상할 수 있다. 상호작용이 보다 복잡해지고, 신호 보내기가 더 정교해지고, 인구밀도가 더 높아진다고 가정해 보자. 각 문어의 삶은 다른 문어의 삶과 더 많이 얽히게 될 것이고, 이는 현재 진행 중인 그들의 뇌 진화에도 영향을 미칠 것이다. 우리는 7장에서 수명이 생활 방식, 그중에서도 특히 포식의 위협에 의해 조정된다는 것을 보았다. 만일 이 종의 문어가 잡아먹히지 않고 몇 년을 더 안정적으로 살 수 있다면, 이것이 보다 긴 수명의 진화로 이어지지 않을 이유가 없다.

이 모든 일이 옥토폴리스에서 일어날 수 있다고 말하는 건 아니다. 그럴 수는 없다. 옥토폴리스는 이 문어 종이 점유하고 있는 영역 중 매우 작은 구역에 지나지 않는다. 알에서 부화한 새끼 문어들은 태어난 곳에 머무르기보다 어디론가 흘러간다. 살아남은 새끼 문어는 더러는 어딘가에 정착하고 더러는 방랑을 시작한다. 그렇기에 현재 옥토폴리스에 살고 있는 문어가 이곳에 살고 있던 문어의 자손이라고 생각할 근거는 없다. 단 하나의 장소와 몇 년의 시간은 진화의 세계에서는 아무런 의미도 없다. 진화라고 할 만한 영향력을 미치려면 이런 장소가 대규모로 수천 년을 버텨야 한다. 그러나 옥토폴리스는 문어의 진화에서 한 가지 가능한 방향을 어렴풋이라도 볼 수 있게 해 준다.

평행선

책의 막바지에 다다랐으니, 신체와 정신의 진화를 되돌아보자. 가장 오래되고 베일에 싸인 사건은 2장에서 설명했다. 고대에 나타난 감지와 행동 능력, 단세포 생물에서 동물로의 진화, 그리고 최초의 신경계다. 뒤이어 우리가 벌과 두족류와도 공유하는 좌우대칭형 신체 구조가 나타났다. 좌우대칭동물이 나타나고 얼마

지나지 않아, 생명의 나무에서 분화가 일어났다. 한 줄기는 척추동물, 다른 하나는 곤충, 벌레, 연체동물 등이 있는 무척추동물 집단으로 이어졌다.

감지와 행동이 서로 영향을 주고받는 것은 단세포 생물을 포함해 우리에게 알려진 모든 유기체의 특징이다. 신경계를 가진 최초의 동물로 전이하는 동안, 외부를 감지하고 신호를 보내던 기제는 내부를 향했고, 이 새롭게 탄생한 더 큰 생명체 내부의 협응을 가능케 했다. 신경계가 초기에 어떤 일을 했든, 에디아카라기에서 캄브리아기로 이행하면서 동물의 행위와 그것을 가능하게 하는 신체에 새로운 체제regime가 등장했다. 유기체들은 새로운 방식으로 서로의 삶에 얽혀들어갔는데, 특히 포식자와 먹이로서의 삶이 그러했다. 생명의 나무는 계속해서 가지를 쳤고, 몇몇 동물의 뇌가 확장되었으며, 매우 커다란 신경계에 대한 두 실험이 시작되었다. 하나는 척추동물 쪽에서, 다른 하나는 두족류 쪽에서였다.

전반적인 진화의 과정에 대해서는 이 정도 윤곽을 잡고서, 앞선 장들에서 멀리서 보았던 생명의 나무를 자세히 들여다보면 새로운 의미를 갖는 몇 가지 특징이 드러난다. 먼저 척추동물 쪽을 바라보면, 우리 인간과 다른 포유류들이 보인다. 하지만 포유류가 고도의 지능을 진화시킨 유일한 척추동물은 아니다. 물고기와 파충류 또한 놀라운 일을 할 수 있지만, 내가 주로 떠올리는 사례는 앵무새나 까마귀 같은 새들이다. 척추동물들의 뇌는 모두 하나의 주선율에서 나온 '변주곡'처럼 많은 것을 공유하지만, 그 분화는 여전히 무척 심오하다. 새와 인류의 공통 조상인 도마뱀을 닮은 동물은 약 3억 2천만 년 전, 그러니까 공룡이 등장하기도 전에 살았다.[14] 거기서부터, 큰 뇌는 척추동물들 내의 여러 독립적인 경로를 따라 생겨났다. 나는 3장에서 큰 뇌의 역사가 대략 Y자 형태를 띠고 있으며, 하나는 척추동물 계열이고 다른 하나는 두족류 계열이라고 말했다. 하지만 이는 매우 단순화한 이야기다. 척추동물 쪽을 좀 더 자세히 들여다보면, 그 안에서도 중요한 분화가 일어났음을 알 수 있다.

나는 3장에서 두족류의 초기 진화를 다루었고, 문어와 갑오징어를 말했다. 문어와 갑오징어는 모두 두족류지만, 여러모로 다르다. 두족류의 진화는 어떻게 흘러왔을까? 두족류의 진화 과정에 있었을 큰 분기점은 얼마나 깊은 곳에 있을까?

한동안은 화석 자료를 바탕으로, 문어, 갑오징어, 오징어를 포함한 두족류 분과coleoid가 공룡이 살던, 약 1억 7천만 년 전에 처음으로 등장했다고 여겨졌다. 이들이 공룡 시대의 후반기부터 분화를 시작했고, 지금까지 다양하고 친숙한 모습으로 분화해 왔다.

1972년의 유명한 한 논문에서 앤드류 패커드Andrew Packard는 이 두족류의 진화는 특정 어류의 진화와 함께 발생했다고 주장했다.[15] 약 1억 7천만 년 전 몇몇 어류가 우리에게 친숙한 '현대적' 형태를 띠는 쪽으로 진화하기 시작했다. 초기 두족류는 바다의 전통적인 포식자였다. 어류는 그들과 경쟁할 수 있는 새로운 형태로 진화했고 두족류도 그에 대한 대응으로 진화했다. 여기에는 그들의 복잡한 행동의 진화도 포함된다.

현대 두족류가 비교적 근래에 일어난 한 번의 폭발적인 사건으로 생겨났다는 생각은, 두족류의 커다란 신경계가 일회성의 진화적 우연으로 생겨났고 나중에 좀 더 다각화되었다는 관점을 지지한다고 받아들여질 수 있다. 사람들은 두족류에 대한 '우연한 지능' 가설을 상당히 진지하게 받아들였다. 확실히 문어는 그토록 짧고 사회적이지 않은 삶을 사는 동물 치고는 '너무 똑똑한' 뇌를 갖고 있다고 생각하고 싶은 유혹이 있다. 우연이든 그렇지 않든 간에 패커드와 다른 학자들이 정립한 역사적 그림은 **두족류**의 큰 뇌의 진화는 단 한번의 진화 과정만 있었고, 그 이후에 소소한 변이가 있었다는 관점을 강화시켰다.

하지만 패커드의 그림에 대한 해석은 바뀌었다. 패커드의 관점은 부드러운 몸을 가진 동물에게는 항상 불완전할 수밖에 없는 화석 증거에 기초한 것이었다. 이후 유전학적 증거들이 도입되었고, 그 결과 새로운 관점이 나타났다. 새로운 관점은 문어와 갑오징어, 그리고 오징어의 가장 최근의 공통 조상은 1억 7천만 년 전이 아닌 2억 7천만 년 전에 살았다고 본다.[16] 그 시점에서 진화적 분기가 일어나, 한쪽은 문어와 심해의 흡혈오징어를 포함하는 '팔완상목octopod'으로 이어졌고 다른 한쪽은 오징어와 갑오징어를 포함하는 '십완상목decapod'으로 이어졌다.

공통 조상으로부터의 최초의 분기가 1억 년 더 앞당겨졌다는 사실이 두족류의 진화 시나리오를 매우 다르게 만들었다. 지금은 두족류의 분기 시점은 공룡이 존재하기 이전 페름기Permian로 보는 것이 정설이다. 당시 바닷속 생물 세계는 공룡 시대와는 매우 달랐다. 여전히 두족류와 어류의 경쟁은 진행 중이었을 수 있으나, 분화의 시기가 앞당겨졌으므로, 두족류는 복잡한 신경계를 적어도 두 번 진화시켰을 가능성이 높아진다.[17] 한 번은 하나는 문어의 계통에서고 다른 하나는 갑오징어와 오징어의 계통에서다.

당신은 이렇게 반박할지도 모른다. 이 모든 두족류의 공통 조상이 **이미** 행동의 복잡성을 많이 획득했고, 페름기 바다에서 가장 똑똑한 동물이었을 수도 있지 않느냐고. 분화가 일어난 시기를 보면 이렇게 생각하는 것도 충분히 가능하다. 그러나 다른 새로운 증거들이 이 가능성을 일축한다. 2015년, 처음으로 문어의 유전체 염기서열이 분석되었다.[18] 유전자에서는 각 개체의 생애 동안 신경계가 어떻게 **구축**되는지에 대한 새로운 정보를 읽을 수 있다. 신경계를 구축하기 위해서는 세포가 정확하게 연결되어야 한다. 인간의 몸에서는 **프로토카드헤린**protocadherins이라는 분자군이 이 역할을 한다. 문어의 신경계가 만들어질 때도 프로토카드헤린이 같은 일을 한다는 사실이 밝혀졌다.

흥미로운 발견이다. 문어와 인간은 비슷한 도구를 사용하고 있었다. 그런데 그 뒤로 또 다른 사실이 발견되었다. 신경계 구축에 사용되는 분자는 문어뿐만 아니라 오징어에서도 다양화되었는데, 팔완상목과 십완상목으로 분화된 다음 이를 **독자적으로** 진화시킨 것으로 보인다. 문어는 진화하면서 프로토카드헤린 분자를 발전시켰고 오징어도 독자적인 발전을 이루었다. 그러므로 뇌를 형성하는 분자는 인간과 같은 동물에게서 한 번, 두족류에게서 한 번이 아니라 최소 **세 번**은 생겨난 것이다.

이 사실의 의미는 갑오징어 및 오징어가 얼마나 똑똑한 동물인지에 따라 달라진다. (이런 목적에서는 갑오징어와 오징어를 하나의 집단으로 다룰 수 있다.) 우리는 문어의 인지 능력에 대해 아는 것만큼 갑오징어의 인지에 대해서 잘 알지는 못한다. 오징어에 대해서는 더욱 그렇다. 그러나 최근 등장하는 증거들은 갑오징어도 상당한 지능이 있음을 시사한다.

일례로, 최근 프랑스 노르망디에서 크리스텔 조제알베스 Christelle Jozet-Alves와 그녀의 연구진이 내가 이 책에서 다룬 대왕갑오징어보다는 작은 종을 대상으로 최근 실시한 기억에 관한 연구가 있다.[19] 동물의 기억에는 몇 가지 종류가 있다. 인간의 경험에서 중요한 종류의 기억은 사실이나 기술에 대한 기억이 아닌, 특정한 사건에 대한 **일화기억**episodic memory이다. (지난 생일에 대한 기억은 일화기억이다. 수영하는 방법에 대한 기억은 **절차기억**procedural memory이고 프랑스의 위치에 대한 기억은 **의미 기억**semantic memory이다.) 조제알베스의 연구진은 새들이 일종의 일화기억이 있음을 보여 주는 듯한 유명한 일련의 실험을 기반으로 갑오징어에 대한 실험을 설계했다. 이 연구에는 선도적인 조류 학자인 니콜라 클레이튼도 참여했다. 조류와 갑오징어에 대한 연구 모두에서 '유사 일화기억episodic-like memory'이라는 말을 사용한다. '유사'라는 표현을 쓰는 까닭은, 인간의 일화기억은 주관적 경험의 요소를 매우 선명하게 지니고 있지만, 이것이 다른 동물에게도 해당되는지는 모르기 때문이다.

이 연구에서는 '무엇을-어디서-언제' 기억, 즉 **언제** 그리고 **어디서** 특정한 먹이를 구할 수 있는지에 대한 기억을 **유사 일화기억**으로 간주했다. 갑오징어를 대상으로 한 테스트는 이렇게 진행 되었다. 우선 연구자들은 각각의 갑오징어들이 게와 새우 중 어떤 먹이를 더 선호하는지 확인했다. 그리고는 이 먹이들이 각기 다른 시각적 단서와 함께 놓여 있는 수조에 갑오징어를 넣었다. 그들이 좀 더 선호하는 먹이(새우로 밝혀졌다)는 다른 먹이보다 더 천천히 보충되었다. 만일 갑오징어들이 새우를 먹으면 같은 장소에 또 새우가 생겨날 때까지 세 시간이 걸렸다. 반면에 게는 한 시간마다 보충되었다. 갑오징어는 마지막으로 새우를 먹은 지 한 시간 후에 수조에 들어가게 되면 새우가 있는 곳으로 다시 가는 것이 의미가 없다는 걸 학습했다. 거기에는 아무것도 없을 것이기 때문이다. 한 시간이 지난 후 그들은 게가 있는 곳으로 갔다. 세 시간이 지난 다음에는 새우가 있는 곳으로 향했다.

유사 일화기억이 이 모든 집단—우리와 같은 포유류, 조류, 갑오징어—에게 모두 있다는 것은, 각기 다른 계열에서 거의 확실히 평행진화parallel evolution가 일어났음을 보여 주는 놀라운 사례다. 나는 문어에 대해 비슷한 실험을 시도한 사람이 있는지, 문어가 그 테스트를 잘 수행할지는 잘 모르겠다. 조제알베스의 실험은 문어와는 어느 정도 독립적으로 진화한 뇌를 가진 십완상목의 꽤 복잡한 인지 능력을 보여 준다. 다시 말해 이는 두족류 내에서도 지능의 평행진화가 발생했다는 증거다. 이는 두족류에게서 복잡한 신경계가 진화한 것이 우연이 아니라는 관점을 뒷받침한다. 한 번 만들어진 복잡한 신경계가 각기 다른 두 계통에서 변화를 거치며 이어져 온 것이 아니다. 그보다는 문어 계통에서 신경계의 확장이 있었고, 다른 두족류 계통에서도 평행선상에서 신경계의 확장이 있었다는 것이다.

문어와 갑오징어의 관계는 포유류와 조류의 관계와 꽤 유사해 보인다. 척추동물의 계열에서 3억 2천만 년 전에 일어난 분화가 포유류와 조류로 이어졌고, 각기 다소 다른 신체에서 큰 뇌를 진화시켰다. 두족류에서 문어와 갑오징어는 모두 연체동물에서 시작한 동물이지만, 둘 사이의 분리는 포유류와 조류의 분화와 유사한 역사적 깊이가 있으며, 여기서도 큰 뇌의 평행진화가 있었다.

생명의 나무는 다음 쪽과 같이 표현할 수 있다.

두족류는 고대부터 커다란 포식자였다. 약 2억 7천만 년 전, 두족류에서 하나의 동물군이 분리되어 나갔는데, 아마도 두족류가 외부의 껍데기를 포기하기 시작한 후였을 것이다. 적어도 두

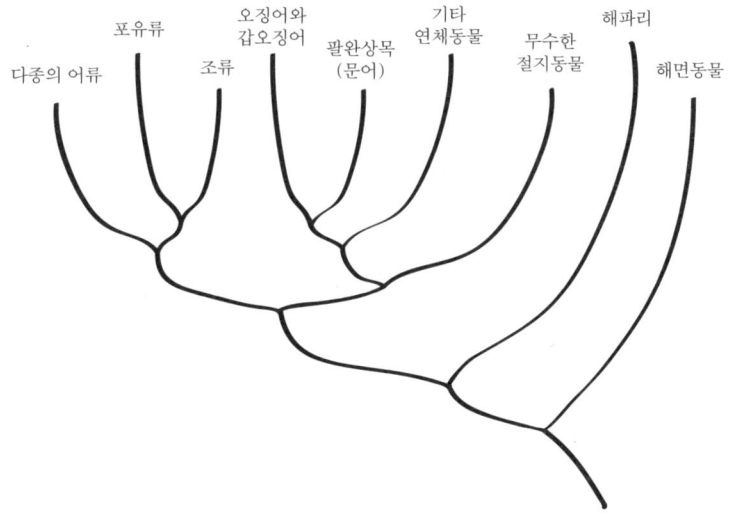

다종의 어류　포유류　조류　오징어와 갑오징어　팔완상목 (문어)　기타 연체동물　무수한 절지동물　해파리　해면동물

생명의 나무 중 일부분: 위 그림은 이 책에 등장하는 진화적 분화의 일부를 확대해서 보여 준다. 분기점에서부터 '줄기'의 길이는 실제 기간에 비례하지 않으며 매우 다른 규모의 동물군들을 같은 크기로 표현했다. 포유류와 조류는 속한 종의 수를 따져볼 때 매우 큰 동물군인 반면 그 옆에 있는 두 개의 두족류 동물군(오징어/갑오징어와 팔완상목)은 규모가 훨씬 작다. (전통적인 생물학 분류 체계에서 포유류와 조류는 각각 하나의 강(綱, class)[포유강, 조강]을 이루는 반면, 모든 두족류는 하나의 강[두족강]이다.) 오른편의 절지동물은 곤충, 게, 거미, 지네 등을 포괄하고 있는 더 큰 생물학 분류 단위인 문(門, phylum) 전체를 차지한다. 이 그림에는 많은 동물군이 생략되었다. 만일 지렁이를 포함시켰다면, 지렁이는 '기타 연체동물'과 절지동물 사이에 연체동물 쪽으로 이어진 줄기에 놓일 것이다. 불가사리는 왼편의 척추동물 근처에 있을 것이다. '어류'는 단일한 가지를 이루지 않는다. 대부분의 물고기는 왼쪽 끝의 가지에 속하지만, 실러캔스 같은 몇몇 물고기는 우리와 조류로 이어지는 가지 위에 있다.

계열의 동물군이 독자적으로 커다란 신경계를 진화시켰다. 두족류와 똑똑한 척추동물들은 정신의 진화에서 독립적 실험이다. 포유류와 조류의 관계처럼, 이 책에 나오는 문어와 갑오징어는 큰 실험 안에서 벌어진 작은 실험들이 있었음을 보여 준다.

바다

정신은 바다에서 진화했다. 물이 그것을 가능케 했다. 생명의 기원, 동물의 탄생, 신경계와 뇌의 진화, 그리고 뇌를 갖는 것이 의미가 있게 되는 복잡한 신체의 등장까지, 생명의 모든 초기 단계들은 물속에서 일어났다. 뭍으로 떠난 최초의 모험은 이 책의 첫 장이 다루는 시기─4억 2천만 년 전이거나, 어쩌면 그보다 더 먼저─에서 멀리 떨어지지 않았으리라. 동물의 초기 역사는 바다에서의 생명의 역사다. 동물은 마른 뭍으로 기어올라가면서 몸 안에 바다를 담아 갔다. 생명의 모든 기본 활동은 세포 안에서 일어난다. 세포는 세포막으로 둘러싸여 있고, 물로 채워져 있다. 세포란 바다를 담고 있는 아주 작은 그릇인 셈이다. 나는 1장에서 문어를 만나는 것은 여러 면에서 지능을 가진 외계인과의 만남과 가장 가까운 일이라고 말했다. 하지만 문어는 외계의 존재가 아니다. 지구와 바다가 문어와 인간 두 종 모두를 만들었기 때문이다.

바다를 풍요로운 생명의 장소로 만드는 특징들은 거의 대부분 우리에게 보이지 않는다. 그것은 아주 미세한 척도에서 존재한다. 바다는 우리가 무슨 짓을 해도 눈에 띄게 변하지 않는다. 숲을 개간하는 것처럼 그 변화가 즉시, 명백하게 보이지 않는다. 바다에 버려지는 쓰레기들은 그저 흘러가고 퍼져서 사라지는 것처럼 보인다. 그 결과, 바다는 환경 문제로 시급해 보이지 않는다. 게다가 우리가 취할 수 있는 조치도 가시적인 성과를 내지 못한다.

우리가 한 일의 결과는 수면 아래를 들여다보기만 해도 마주할 수 있다. 2008년 즈음 나는 이 책에 대해 구상하기 시작했다. 나는 시드니 해변 근처에 작은 아파트를 샀고, 북반구의 여름 동안 그곳에 머물렀다. 시드니 주변의 모든 해변과 마찬가지로, 이 지역 또한 너무나 오랫동안 너무나 많은 사람에 의해 남획되었고, 2000년 무렵부터는 물속이 거의 텅 빌 정도였다. 그런데 2002년, 한 작은 만이 해양보호구역으로 지정되면서 야생 해양생물들이 완전한 보호를 받게 되었다.[20] 몇 년 지나지 않아 그곳은 물고기를 비롯한 많은 동물들로 들끓게 되었고, 나는 그곳에서 이책을 쓸 수 있게 해 준 두족류들을 만났다.

보호구역 지정의 효과는 고무적이지만, 바다는 거대한 위협에 시달리고 있다. 그중 가장 두드러진 것은 남획이다. 점점 더 많은 헤엄치는 것들이 무분별하게 선박의 냉동고로 휩쓸려 들어가고 있다. 남획이 잘 관리되지 않는 것은 단지 탐욕과 이해관계의 충돌 때문만은 아니다. 이 문제 자체를 파악하지 못하고 있고, 또한 우리 자신이 얼마나 파괴적인 능력을 갖고 있는지를 이해하기 어렵기 때문이다. 배가 떠나고 나면 바다는 그 전과 똑같아 보이니까.

19세기 말, 『종의 기원』이 출간된 이후 토머스 헉슬리Thomas Huxley는 찰스 다윈의 가장 중요한 과학적 동맹이자 선도적인 생물학자였다. 1800년대 중반 북해의 어부들은 혹여 자신들이 물고기의 씨를 말리지 않을까 의문을 갖기 시작했고, 헉슬리를 초대해 이에 대한 조언을 부탁했다.[21] 헉슬리는 걱정할 이유가 없다고 말했다. 그는 바다의 생산성과 어획량을 간단히 계산한 다음 1883년에 행한 한 연설에서 이렇게 결론지었다. "우리의 현재 어업 방식에 비추어 볼 때 저는 대구, 청어, 고등어 같은 가장 중요한 물고기의 어장은 무한정에 가깝다고 확신합니다."

그의 낙관론은 보기좋게 틀렸다. 어업은, 특히 대구 어업은 불과 수십년 만에 심각한 위기에 처했다.[22] 그의 자신감 넘치는 확언 덕분에 헉슬리는 일종의 악당이 되었다. 전혀 근거 없는 소리는 아니지만, 그를 악당으로 취급한 사람들은 위의 악명 높은 인용구에서 내가 포함시킨 '우리의 현재 어업 방식에 비추어 볼 때'라는 부분을 간과(때로는 생략하기도)한다.

이 단서를 달아도 헉슬리의 말은 틀렸을 것이다. 하지만 사람들을 잘못된 길로 이끈 분명한 사실은, 그들이 어업 기술이 얼마나 바뀔지 인지하지 못했다는 것이다. 기술의 변화는 배 한 척이 바다에서 잡아들이는 물고기의 양에 엄청난 변화를 가져왔다. 장비의 기계화, 냉동고의 등장, 그리고 물고기를 추적하는 최첨단 장비의 등장으로, 헉슬리가 낙관론을 제시한 지 얼마 되지 않아 '우리의 현재 어업 방식'은 사라졌고 물고기도 그렇게 사라져갔다.

물고기 남획은 19세기부터 시작되었으며 오늘날까지 계속되면서 어획량은 조금씩 감소하고 있다. 바다가 직면한 또 다른 문제는 화학적 변화다. 화학적 변화는 눈으로 보기 더욱 어려운 데다가 오염원이 전세계에 퍼져 있어 고치기가 더욱 어렵다.

화학적 변화의 한 가지 사례는 **산성화**acidification다.[23] 화석연료의 사용으로 대기 중의 이산화탄소 농도가 높아지면서 이산화탄소의 일부가 바다에 녹아든다. 이산화탄소는 바닷물의 pH 균형을 바꾸어 평소의 약알칼리성에서 벗어나게 만든다. 두족류를 비롯한 대다수의 바다 생물들의 신진대사가 산성화에 영향을 받는다. 특히 산호처럼 칼슘을 사용해 단단한 부위를 만드는 유기체들이 받는 영향이 심각하다. 산성화된 바닷물 속에서 이 단단한 부위는 부드러워지고 녹아 버린다.

이 책을 마무리할 때쯤 나는 꿀벌을 연구하는 생물학자 앤드류 배런Andrew Barron과 점심을 같이 했다. 나는 배런과 철학자 콜린 클라인Colin Klein을 만나 어떻게 주관적 경험의 진화론적 기원을 밝혀낼 수 있을지에 대해 논의했다. 앤드류가 꿀벌을 연구한다는 말을 듣고 전세계적으로 꿀벌들에게 영향을 미치고 있는 '군집 붕괴colony collapse'에 대해 물어보고 싶었다.

군집 붕괴 현상은 2007년부터 두드러지게 나타났다. 세계 여러 나라에서 벌의 군집이 갑자기 무너지기 시작했고, 그 결과 사과와 딸기처럼 꿀벌에 수분을 의존하는 모든 작물이 수분을 못하게 되었다. 작물의 수분을 돕는 꿀벌의 경제적 중요성 때문에 '군집 붕괴'의 원인은 많은 연구가 이루어졌다. 어떤 한 지역에만 국한된 원인이 아니라 전세계적인 원인을 찾아야 했다. 하지만 붕괴 현상은 상당히 빠르게 퍼졌다. 기생충 때문인가? 아니면 곰팡이? 독성 화학물질? 배런에게 묻자 그는 이렇게 말했다.[24] "네, 무슨 일이 벌어지고 있는지를 이제서야 느끼기 시작했죠." 그럼 그 원인이 되는 요인은 무엇일까? 그는 지금까지 알려진 바로는 단 하나의 요인은 존재하지 않는다고 답했다. 대신 오랜 시간동안 꿀벌들이 더 많은 작은 스트레스들에 노출되었다는 것이다. 오염물질과 미생물들은 더 늘어나고 서식지는 더 좁아졌다. 이런 스트레스들이 오랜 시간에 걸쳐 누적되는 동안에도 꿀벌들은 어느 정도 견딜 수 있었다. 군집들도 더 열심히 일하면서 스트레스를 흡수했다. 그들이 드러나 보이는 고통을 받지 않았음에도 불구하고 스트레스와 고통을 완충할 능력은 천천히 닳아 없어졌다. 임계점을 넘자 마침내 꿀벌 군집은 무너지기 시작했다. 군집의 붕괴는 극적이며 눈에 띄게 이루어졌는데, 갑자기 무슨 페스트 같은 전염병이 돌기 시작했기 때문이 아니라 벌들이 스트레스를 흡수할 수 있는 능력을 다 소진했기 때문이었다. 이제 과일 농사를 짓는 농부들은 작물을 수분시키기 위해 건강한 꿀벌들을 차에 싣고 과수원에서 과수원으로 수천 킬로미터를 다니고 있다.

나는 이 이야기를 듣고 나서 같은 관점으로 바다를 보았다. 바다라는 이름의 생물학적 창조성의 공간은 너무나 광대해서 수백 년 동안 우리가 무슨 짓을 하더라도 거의 영향을 받지 않았다. 그러나 이제 바다에 스트레스를 주는 우리의 힘이 너무나 커졌다. 바다는 스트레스를 흡수한다. 그것이 눈에 아예 보이지 않는 것은 아니지만, 눈에 잘 띄지 않는 경우가 많고, 자본이 관여되어 있으면 무시하기 쉽다. 몇몇 지역에서는 이미 상태가 너무 악화되었다. 전 세계 바다의 여기저기에는 산소 부족으로 동물은 물론이고 다른 생명체도 거의 살 수 없는 '데드존'들이 있다.[25] 데드존은 인간이 바다에 스트레스를 주기 전에도 때때로 자연적으로 발생했을 테지만, 이제는 훨씬 거대한 규모로 생겨나고 있다. 어떤 데드존은 인근 육지의 농장에서 비료를 유출시키는 주기에 따라 발생하는 반면 또 다른 데드존은 계속 그 상태인 것으로 보인다. 데드존은 바다와는 정반대의 것이다.

우리에겐 바다에게 감사하고 바다를 돌보아야 할 여러 가지 이유가 있다. 그리고 나는 이 책이 한 가지 이유를 더하기를 바란다. 당신이 바닷속으로 들어갈 때, 당신은 우리 모두의 기원 속으로 들어가는 것이다.

감사의 말

이 작업을 도와 준 해양생물학자, 진화이론학자, 신경과학자, 고생물학자를 비롯한 많은 과학자들에게 감사드린다. 명단의 가장 위에 올라야 할 사람은 내가 두족류를 이해할 수 있게 해 주고 용기를 북돋아 준 크리시 허퍼드와 카리나 홀일 것이다. 짐 겔링, 가스파 제켈리, 알렉산드라 슈넬, 마이클 쿠버, 진 알루페이, 로저 핸런, 진 보얼, 베니 호크너, 제니퍼 매더, 앤드류 배런, 셸리 애더머, 진 맥키넌, 데이비드 에델만, 제니퍼 바질, 프랭크 그라소, 그레이엄 버드, 로이 콜드웰, 수전 캐리, 니콜러스 스트로스펠드, 로저 뷰익 등 많은 생물학자들이 무척 중요한 도움을 주었다. 옥토폴리스에서 나와 함께한 매튜 로렌스, 데이비드 쉘, 스테판 린퀴스트의 역할은 본문에서도 분명히 드러날 것이다. 우리가 함께 촬영한 영상의 이미지를 쓸 수 있게 허락해 준 데 대해서도 그들에게 감사하다.

　　철학적 측면에서 대니얼 데닛의 저작을 애호하는 사람이라면 내가 그에게 많은 영향을 받았음을 금방 알아차릴 수 있을 것이다. 또한 프레드 카이저, 킴 스터렐니, 데릭 스킬링스, 어스틴 부스, 로라 프랭클린홀, 론 플래너, 로자 차오, 콜린 클라인, 러버트 러츠, 피오나 쉬크, 마이클 트레스트먼, 조 비티에게도 감사한다. 다이브 센터 맨리와 넬슨 베이의 레츠고 어드벤처스에서는 스쿠버 다이빙에 지대한 도움을 주었다. 엘리자 주윗은 78쪽과 272쪽의 그림을, 에인슬리 시고는 73쪽에 있는 그림을 그려 주었다. 컬러 화보의 처음에 들어간 사진은 “Cephalopod Cognition” *Animal Behaviour*, vol. 106, August 2015, pp. 145–47에도 등장한다. 또한 데니스 와틀리, 토니 브레이미, 신시아 크리스, 데니스 로다니체, 믹 샐리원, 린 클리어리에게도 큰 감사를 표한다. 뉴욕 시립대 대학원은 학술 연구를 하기에 정말 환상적인 곳이다. 생각하고 글을 쓸 수 있는 자유와 훌륭한 지적 분위기를 제공한다. 캐비지 트리 베이 해양 보호구역, 부더리 국립공원, 저비스 베이 마린 파크, 포트 스티븐스-그레이트 레이크 마린 파크에서 생태계를 보호하고 살피는 관리인들에게도 깊이 감사드린다.

알렉스 스타는 그저 좋은 편집자의 필요성을 훌쩍 뛰어넘을 정도로 매우 중요한 역할을 했다. 마지막으로 나는 제인 쉘든에게 감사를 표해야 할 것이다. 제인은 여러 번 초고를 날카롭게 논평해 주었고 주목할 만한 해양생물을 발견했으며 많은 아이디어에 영감과 도움을 주었을 뿐 아니라, 이 책을 처음 구상한 해변가에 있는 우리의 작은 아파트에 점점 늘어나는 짠물과 네오프렌 재질의 장비들을 인내심을 갖고 다뤄 주었다.

한국의 독자들에게:
개정판 후기

『아더 마인즈』가 출간된 이후 지난 몇 년 동안, 문어와 다른 두족류, 그리고 비인간nonhuman의 정신에 대한 우리의 지식이 쌓여왔다. 이 책의 막바지에 제기한 환경 문제의 중요성 또한 더 커졌다.

문어를 비롯한 두족류에 관한 지식의 진보는 '주관적 경험'과 어느 정도 관련이 있다. 『아더 마인즈』에서 나는 문어가 통증을 느낄 수 있는지에 대해 상당히 신중한 태도를 취했는데, 당시에는 그 주제에 관한 연구가 많지 않았기 때문이다. 나는 진 알루페이와 동료들의 논문을 들어 문어가 다친 부위를 돌보는 경향이 있음을 보여 주었다. 하지만 그것 말고는 별다른 연구가 없었다. 그러다 2021년, 로빈 크룩Robyn Crook이 문어의 통증과 관련된 몇 가지 행동을 관찰한 논문을 발표했다. 이 논문은 통증, 혹은 적어도 통증과 유사한 형태의 경험에 대한 꽤 훌륭한 증거를 제시한다. 실험에서 문어들은 (그리 치명적이지는 않지만) 아세트산

주사를 맞았던 장소에 가기를 꺼렸고, 몸의 상처 부위를 다듬고 돌보았다. 진통제(인간에게 쓰이는 것과 같은 역할의 약물)를 투여받은 문어들은 이러한 행동을 하지 않았다. 츠신 쿠오Tsu-Hsin Kuo와 동료들의 또 다른 논문에서는 갑오징어가 상처 부위를 돌보는 행동을 자세히 조사했다. 또한 앞서 언급한 진통제가 그런 행동에 어떤 영향을 미치는지도 함께 살펴보았다. 이 논문 역시 이 동물들이 통증과 유사한 무언가를 느낀다는 견해를 뒷받침한다.

『아더 마인즈』가 처음 출간되었을 당시에는 곤충이 통증을 느낀다는 증거가 현저히 부족했다. 이제는 그 증거가 한층 강화되었다. 예를 들어, 마틸다 기번스Matilda Gibbons와 공저자들의 논문은 『아더 마인즈』에서 소라게의 사례로 논의되었던 것과 같은 종류의 '상충 관계trade-offs', 즉 호박벌이 신체적 괴로움과 다른 비용을 저울질을 한다는 것을 보여 주었다.

물론 이 증거가 결정적이라고 말하기는 힘들다. 우리가 결정적인 증거를 확보하기까지는 오랜 시간이 걸릴 테고, 어쩌면 영영 그 단계까지 도달하지 못할지도 모른다. 하지만 2016년 이후, 일련의 새로운 결과들이 같은 방향을 가리키고 있다. 그것은 다양한 무척추동물에게서 (통증과 유사한 상태를 비롯한) 주관적 경험이 존재할 가능성을 더 높여 주었다.

나는 매튜 로렌스와 데이비드 쉘과 함께 호주 저비스 베이Jervis Bay에 있는 옥토폴리스를 계속 방문해 왔다. 이 책의 첫 쪽과 다른 장에 묘사된 곳이다. 2016년에는 마티 힝Marty Hing과 카일리 브라운Kylie Brown은 문어 밀집도가 높은 두 번째 장소를 발견했다. 그곳은 옥토폴리스에서 멀지 않았고, 꽤 비슷했다. 우리는 그곳을 '옥틀란티스Octlantis'라고 이름붙였다. 비슷한 현상이 일어나는 두 번째 장소를 관찰하는 것은 흥미로운 일이었다. 불행히도 2021년 무렵부터 두 곳 모두, 특히 옥토폴리스가 너무도 잠잠해졌다. 최근에는 문어가 거의 목격되지 않고 있다. 호주의 이 일대에서 문어들은 대체로 별 탈 없이 서식하고 있기에, 우리는 왜 이런 일이 일어났는지 알지 못한다. 옥토폴리스는 이전에도 쇠락했다가 회복한 적이 있으니, 어쩌면 다시 회복될지도 모른다. 그러길 바란다.

시리즈의 두 번째 책인『후생동물』에서는 시드니에서 멀지 않은 호주 동쪽 해안의 넬슨 베이에서의 스쿠버 다이빙이 많이 나온다. 그곳에는 문어가 많지만, 옥토폴리스에서처럼 좁은 지역에 많은 개체가 모여들지는 않는다. 아마도 넬슨 베이에서는 문어들이 여러 장소에서 좋은 굴을 찾거나 만들 수 있기 때문일 것이다. 우리는 옥토폴리스에 많은 문어가 한곳에 모여든 이유가, 그 주변 환경 대부분이 굴을 짓기에 그리 좋지 않기 때문일 것이라고 생각한다. 그래서 몇몇 문어들은 사이가 그리 좋지 않음에도 불구하고 서로를 참아 내기로 했을 것이다.

시드니에서 꽤 가까운 곳에서 이처럼 놀라운 야생 동물들을 방문하고 관찰할 수 있다는 것은 매우 큰 행운이다. 문어, 갑오징어, 돌고래, 새, 그리고 다른 많은 동물들은 도시가 비대해져

가는 와중에도 인간 주변에서, 그리고 인간 사이에서 그들의 삶을 계속 이어간다. 그렇다고 해서 남획과 과도한 바다 착취로 인해 많은 해양 종이 고갈되고 어쩌면 사라질지도 모르는 위험을 무시해서는 안 된다. 숲의 경우도 마찬가지다. 『아더 마인즈』에서 묘사한 문어 그리고 갑오징어와의 만남은 내 사유의 세계를 여러 면에서 변화시켰다. 그 만남은 내 나머지 삶의 많은 부분 또한 변화시켰다. 이제는 주변의 모든 비인간들의 정신을 훨씬 더 의식하게 되었다.

호주에서는 인간과 매우 다른 동물들을 꽤 자주, 가까이에서 마주칠 수 있다. 이러한 환경적 요인이 정신을 바라보는 호주 철학의 관점에 영향을 미쳤을까? 아마 어느 정도는 그랬을 것이다. 하지만 동물과의 조우는 생태학적 문제나 자연 보존에 대한 인식에 더 큰 영향을 미쳤을 것이다. 여기에 최근 몇 년 사이 호주 원주민들의 지혜에 귀를 기울이고 배우려는 태도가 더해졌다. 이 변화는 우리 모두가 깃들어 살아가는, 이 풍요롭고도 연약한 시스템에 대한 관심과 걱정을 한층 더 깊게 만들었다.

『아더 마인즈』가 한국 독자들에게 사랑받았다는 사실이 무척 기쁘다. 한국과 호주는 지구에서는 아득히 멀리 떨어져 있지만, 바다 그리고 태평양으로 연결되어 있다. 살아 있고 감각하는 동물의 순환고리, 그 끊어지지 않는 실 한 가닥이 우리 사이의 물을 가로질러 뻗어 있다.

미주

1. 생명의 나무에서의 만남

1. 다윈은 『종의 기원』에서 '생명의 나무' 개념을 광범위하게 사용했다. 다윈 스스로가 인정하듯, 종들의 관계가 나무의 형태를 띠는 것으로 최초로 생각한 이가 다윈은 아니었다. 그가 혁신을 이룩할 수 있었던 것은 생명의 나무에 역사적, 계보학적 해석을 더했기 때문이었다. 어떤 의미에서 다윈은 당대 이전의 그 누구보다도 생명의 나무 개념을 문자 그대로 받아들였는데 다음과 같은 유명한 구절에서 잘 표현돼 있다. "같은 강(綱)에 속하는 모든 존재들의 유사성은 때로는 거대한 나무로 표현되기도 한다. 나는 이 직유법이 대체로 진실을 말한다고 생각한다." Charles Darwin, *On the Origin of Species by Means of Natural Selection, or the Preservation of Favoured Races in the Struggle for Life* (London: John Murray, 1859), 129.

   생물학에서 나무에 대한 생각의 역사를 알기 위해서는 Robert O'Hara, "Representations of the Natural System in the Nineteenth Century," *Biology and Philosophy* 6 (1991): 255-74를 참조할 것. 나무 형상에는 예외도 존재하는데 특히 동물 외에 속하는 생명의 경우에 그러하다. 나의 저작 *Philosophy of Biology* (Princeton, NJ: Princeton University Press, 2014)을 참조할 것. 리처드 도킨스의 책 *The Ancestor's Tale: A Pilgrimage to the Dawn of Evolution* (New York: Houghton Mifflin, 2004)는 나무의 구조를 강조하여 쓴, 동물의 역사에 대한 생생하면서도 이해하기 쉬운 설명이다.

2. 몇몇 생물학자들은 '무척추동물'이라는 단어에 문제가 있다고 생각한다. 생명의 나무에서 정확한 줄기를 가리키지 않고 몇몇 줄기에서 발견되는 생물들을 지칭하기 때문이다. 이 책에서 나는 몇몇 생물학자들이 정확한 줄기를 가리키지 않는다는 이유로 비판하는 여러 가지 용어들을 사용했다. 여기에는 '진핵생물'이나 '어류'도 포함된다. 나는 이런 용어들이 여전히 쓸모가 있다고 생각한다.

3. 첫 문단의 글은 William James, *Principles of Psychology*, vol. I (New York: Henry Holt, 1890), 148에서 인용했다. 제임스는 특히 자신의 경력 후반부에 정신의 세계와 물질의 세계 간의 '연속성'을 이루는 상당히 급진적인 방식에 매혹을 느꼈다. 이 책에서 다룬 것보다 훨씬 급진적인 방식이었다. "A World of Pure Experience," *The Journal of Philosophy, Psychology and Scientific Methods I*, nos. 20–21 (1904): 533–43, 561–70을 참조할 것.

4. "그 내부는 어두컴컴한"이란 표현은 David Chalmers, *The Conscious Mind: In Search of a Fundamental Theory*(Oxford and New York: Oxford University Press, 1996), 96에서 인용했다. 물론 뇌 속에서는 모든 것이 어둡다(수술을 할 경우를 제외하곤). 그 뇌를 갖고 있는 동물에게 사물이 어둡게 보일 필요는 없으나 동물은 '바깥'을 바라봄으로써 빛과 맞닥뜨리게 된다. 여러 가지 의미에서 이 은유는 오해의 소지가 있음에도 불구하고 시사하는 바가 있다.

5. Roland Dixon, *Oceanic Mythology*, vol. 9 of The Mythology of All Races, ed. Louise Herbert Gray (Boston: Marshall Jones, 1916), 15에서 인용. 딕슨과 이 문장을 내게 소개해 준 두족류에 관한 소설 *Kraken* (New York: Del Rey/ Random House, 2010)의 저자 China Miéville에게 감사를 표한다.

2. 동물의 역사

1. 더 정확히 말하면, 지구는 45억 6천7백만 년 전에 형성되기 시작했다. 생명의 기원과 초기 생명의 역사에 대한 논의는 John Maynard Smith and Eörs Szathmáry, *The Origins of Life: From the Birth of Life to the Origin of Language* (Oxford and New York: Oxford University Press, 1999)를 참조할 것. 최근에

등장한 이론들에 대한 보다 기술적인 논의에 대해서는 Eugene Koonin and William Martin, "On the Origin of Genomes and Cells Within Inorganic Compartments," *Trends in Genetics* 21, no. 12 (2005): 647-54를 참조할 것. 생명의 기원에 관한 최근의 관점은 바다 내부에서의 기원, 심해에서의 생명의 기원에 대해 초점을 맞추는 듯하나, 얕은 웅덩이 같은 환경에 대해 살펴 본 연구도 있다. 생명이 분명히 존재했다고 여겨지는 시점은 34억 9000만 년 전인데, 이는 그전에도 생명이 진화를 하고 있었음을 의미한다. 생명이 세포로 시작됐어야 할 이유는 없으나 세포들 또한 매우 오래되었다고 여겨진다.

2. Bettina Schirrmeister et al., "The Origin of Multicellularity in Cyano-bacteria," *BMC Evolutionary Biology* 11 (2011): 45를 참조할 것.

3. 다음을 참조하라. Howard Berg, "Marvels of Bacterial Behavior," in *Proceedings of the American Philosophical Society* 150, no 3 (2006): 428-42; Pamela Lyon, "The Cognitive Cell: Bacterial Behavior Reconsidered," *Frontiers in Microbiology* 6 (2015): 264; Jeffry Stock and Sherry Zhang, "The Biochemistry of Memory," *Current Biology* 23, no. 17 (2013): R741-45.

4. 이보다 복잡한 세포들의 진화와 고대에 한 세포가 다른 세포를 삼킨 사건의 역할에 관하여서는 John Archibald, *One Plus One Equals One: Symbiosis and the Evolution of Complex Life* (Oxford and New York: Oxford University Press, 2014)을 참조할 것. 다른 세포를 삼킨 세포는 일상적 의미에서만 (내가 본문에서 쓴 것처럼) 박테리아 같은 것이었다. 실제로는 십중팔구 고대 고세균류였을 것이다.

5. 이에 대한 전반적인 개관을 위해서는 Gáspár Jékely, "Evolution of Photo-taxis," *Philosophical Transactions of the Royal Society* B 364 (2009): 2795-808을 참조할 것. 2016년 시아노박테리아가 자신의 세포 전체를 '현미경적 눈알'처럼 사용하여, 광원으로부터 가장 멀리 떨어진 세포 내부의 끄트머리에 상을 맺는 게 가능하다는 주목할 만한 연구가 발표된 바 있다. Nils Schuergers et al., "Cyanobacteria Use Micro-Optics to Sense Light Direction," *eLife* 5 (2016): e12620을 참조할 것.

6. Melinda Baker, Peter Wolanin, and Jeffry Stock, "Signal Transduction in Bacterial Chemotaxis," *BioEssays* 28 (2005): 9-22을 참조할 것.

7. Spencer Nyholm and Margaret McFall-Ngai, "The Winnowing: Establishing the Squid-Vibrio Symbiosis," *Nature Reviews Microbiology* 2 (2004): 632-42 를 참조할 것.

8. 이 주제에 대한 논의를 더 읽어보고자 한다면 내가 쓴 "Mind, Matter, and Metabolism," *Journal of Philosophy* 를 참조할 것.

9. 위대한 초기 진화론 학자 J. B. S. Haldane은 1954년 많은 호르몬과 신경전달 물질(우리 같은 생물체 내부에서 벌어지는 사건들을 통제하고 협응하는 데 사용되는 물질)들이 단순한 해양생물체에게도 영향을 미친다고 기록한 바 있다. 그들의 환경에 이런 화학물질을 만나면 반응을 한다는 것이다. 우리가 내부 신호용으로 사용하는 화학물질은 단순한 생물체에게는 외부의 신호로 해석된다. Haldane은 신경전달물질과 호르몬이 우리의 단세포 조상들 사이 에서 이루어지던 화학 신호에서 기원했다는 가설을 세웠다. Haldane, "La Signalisation Animale," Anné Biologique 58 (1954): 89-98을 참조할 것. 책 에서 나는 신경계와 실시간으로 행위들을 변조하는 호르몬 체계에 대해 다 루지는 않았다. 그러나 이는 내부 신호에 대한 흥미로운 또하나의 사례다.

10. 이 분야의 고전인 John Maynard Smith and Eörs Szathmáry, *The Major Transitions in Evolution* (Oxford and New York: Oxford University Press, 1995)와 후속작 Brett Calcott and Kim Sterelny, *The Major Transitions in Evolution Revisited* (Cambridge, MA: MIT Press, 2011)을 참조할 것. 각기 다른 집단에서 나타나는 다세포 생명체로의 전이에 대한 개괄로는 Richard Grosberg and Richard Strathman, "The Evolution of Multicellularity: A Minor Major Transition?," *Annual Review of Ecology, Evolution, and Systematics* 38 (2007): 621-54을 참조할 것. 심지어 전핵생물들도 다세포 형 태로 진화했다. 나의 책 *Darwinian Populations and Natural Selection* (Oxford University Press, 2009)에서도 다세포 생물로의 전이에 대해 다루었다.

11. 내가 이 책을 쓰고 있던 당시 이 주제는 격렬한 논쟁의 대상이었다. 본문 에서 내가 '다수설'이라 부르는 것을 잘 보여 주는 주장은 Claus Nielsen, "Six Major Steps in Animal Evolution: Are We Derived Sponge Larvae?" *Evolution and Development* 10, no. 2 (2008): 241-57에 잘 드러난다. 이 관점 은 유전학 데이터를 사용하여 빗해파리가 해면동물보다 먼저 분기해 나갔

다고 주장한 논문들에 의해 반박되었다. 특히 Joseph Ryan 외 16인이 공저한, "The Genome of the Ctenophore Mnemiopsis leidyi and Its Implications for Cell Type Evolution," *Science* 342 (2013): 1242592를 참조할 것.

해면동물(또는 빗해파리)가 매우 멀게나마 우리와 연관돼 있다는 사실이 우리에게 해면동물(또는 빗해파리)처럼 생긴 조상이 있었다는 걸 의미하진 않는다. 오늘날의 해면동물은 우리와 마찬가지로 오랜 진화의 산물이다. 왜 우리의 조상이 우리보다 해면동물을 더 닮겠는가? 하지만 다른 요인도 작용한다. 우리가 해면동물의 '내부'에서 본다면 오래 전 진화적 분기에서 둘로 갈라졌지만 둘 모두 해면동물과 비슷한 종류의 생명체로 진화한 것들이 있다. 또한 해면동물이 측계통군(paraphyletic)일 수도 있다. 측계통군이란 어떤 분류의 동물 일부가 공통조상을 갖고 있으나 해당 분류의 동물 전체가 공통조상의 모든 자손을 포함하지 않는 경우를 이른다. 만일 이것이 사실이라면 해면동물과 같은 형태가 우리의 과거에 존재했었다는 관점을 뒷받침(완전히 입증하는 것은 아니지만)하게 된다. 당시의 과거로부터 이어지는 하나 이상의 계보가 오늘날의 해면동물로 이어졌기 때문이다.

해면동물의 숨겨진 행동들에 대해서는 Sally Leys and Robert Meech, "Physiology of Coordination in Sponges," *Canadian Journal of Zoology* 84, no. 2 (2006): 288-306과 Leys, "Elements of a 'Nervous System' in Sponges," *Journal of Experimental Biology* 218 (2015): 581-91; Leys et al., "Spectral Sensitivity in a Sponge Larva," *Journal of Comparative Physiology* A 188 (2002): 199-202; Onur Sakarya et al., "A Post-Synaptic Scaffold at the Origin of the Animal Kingdom," *PLoS ONE* 2, no. 6 (2007): e506을 참조할 것.

12. 생물학에는 거의 언제나 예외가 있다. 어떤 뉴런은 직접적인 전기적 연결을 갖고 있으며 그 간격을 연결하기 위해 화학 신호를 사용하는 데 제약을 받지 않는다. 또한 모든 뉴런이 행동 가능성을 갖고 있는 것도 아니다. 예를 들어 이 책을 쓰는 현재로서는 예쁜꼬마선충(*Caenorhabditis elegans*, 작은 벌레로 생물학에서 중요한 '모델 생물'이다)이 자신의 신경계에서 행위 가능성을 모두 사용하는지 확실하지 않다. 이 신경계는 뉴런의 전기적 속성이 덜 '디지털적'이며 더 부드럽게 나뉘어 변화했을 때만 작동하는 것일지도 모른다.

뉴런의 진화에 대한 논의에 대해서는 Leonid Moroz, "Convergent Evolution of Neural Systems in Ctenophores," *Journal of Experimental Biology* 218 (2015): 598–611; Michael Nickel, "Evolutionary Emergence of Synaptic Nervous Systems: What Can We Learn from the Non-Synaptic, Nerveless Porifera?" *Invertebrate Biology* 129, no. 1 (2010): 1–16; Tomás Ryan and Seth Grant, "The Origin and Evolution of Synapses," *Nature Reviews Neuroscience* 10 (2009): 701–12를 참조할 것.

현재 진행 중인 논쟁을 살펴보려면 Benjamin Liebeskind et al., "Complex Homology and the Evolution of Nervous Systems," *Trends in Ecology and Evolution* 31, no. 2 (2016): 127–35를 참조할 것. 어떤 생물학자들은 식물들도 신경계를 가지고 있다고 주장했다. Michael Pollan, "The Intelligent Plant," *New Yorker*, December 23, 2013: 93–105를 참조할 것.

13. 이 논쟁의 역사와 그 중요성에 대해서 나는 Fred Keijzer의 저작과 그와의 논의에 많은 빚을 졌다.

내가 여기서 다루는 두 관점 모두 신경계가 대부분 '행동'을 통제하기 위해 존재한다고 가정한다. 이는 단순화한 것으로 신경계는 이것 외에도 많은 것들을 하기 때문이다. 신경계는 수면과 기상 주기와 같은 생리적 과정을 통제하며 변태 등 대규모의 신체적 변화를 지도한다. 그러나 여기서 나는 행동에 집중할 것이다. 첫 번째 전통은 감각운동 통제를 강조하는데 초기의 철학적 개념이 자연스럽게 발달한 결과이다. 하지만 가장 노골적인 형태로는 아마도 George Parker의 책 *The Elementary Nervous System* (Philadelphia and London: J. B. Lippincott, 1919)에서 시작됐을 것이다. George Mackie는 Parker가 제시한 프레임의 연장선 상에서 특히 흥미로운 논문들을 썼다. George Mackie, "The Elementary Nervous System Revisited," *American Zoologist* (제호가 *Integrative and Comparative Biology*로 바뀜) 30, no. 4 (1990): 907–20, Meech and Mackie, "Evolution of Excitability in Lower Metazoans," in *Invertebrate Neurobiology*, ed. Geoffrey North and Ralph Greenspan, 581–615 (Cold Spring Harbor, NY: Cold Spring Harbor Laboratory Press, 2007)을 참조할 것. 이 전통은 Gáspár Jékely, "Origin and Early Evolution of Neural Circuits for the Control of Ciliary Locomotion,"

Proceedings of the Royal Society B 278 (2011): 914-22까지 계속되고 있다. Jékely, Keijzer와 나는 신경계의 역할과 초기의 신경계 진화에 대한 우리의 생각을 종합하는 논문을 썼다. Jékely, Keijzer, and Godfrey-Smith, "An Option Space for Early Neural Evolution," *Philosophical Transactions of the Royal Society* B 370 (2015): 20150181을 참조할 것.

14. Fred Keijzer, Marc van Duijn, and Pamela Lyon, "What Nervous Systems Do: Early Evolution, Input-Output, and the Skin Brain Thesis," *Adaptive Behavior* 21, no. 2 (2013): 67-85를 참조할 것. Keijzer의 흥미로운 후속 논문인 Keijzer, "Moving and Sensing Without Input and Output: Early Nervous Systems and the Origins of the Animal Sensorimotor Organization," *Biology and Philosophy* 30, no. 3 (2015): 311-31도 참조할 것.

15. 여기서 중요한 초기 모형은 David Lewis, *Convention: A Philosophical Study* (Cambridge, MA: Harvard University Press, 1969)에서 찾을 수 있다. 루이스 모델은 Brian Skyrms에 의해 현대화됐다. Brian Skyrms, *Signals: Evolution, Learning, and Information* (Oxford and New York: Oxford University Press, 2010)를 참조할 것. 나의 논문 "Sender-Receiver Systems Within and Between Organisms," *Philosophy of Science* 81, no. 5 (2014): 866-78은 의사소통 모델들이 하나의 생명체의 테두리 안에서 이뤄지는 상호작용에 어떻게 적용되는지를 조망했다.

16. C. F. Pantin, "The Origin of the Nervous System," *Pubblicazioni della Stazione Zoologica di Napoli* 28 (1956): 171-81; L. M. Passano, "Primitive Nervous Systems," *Proceedings of the National Academy of Sciences of the USA* 50, no. 2 (1963): 306-13, 그리고 위에 나열된 Fred Keijzer의 논문들을 참조할 것.

17. 스프리그의 전기는 Kristin Weidenbach, *Rock Star: The Story of Reg Sprigg—An Outback Legend* (Hindmarsh, South Australia: East Street Publications, 2008; Kindle ed., Adelaide, SA: MidnightSun Publications, 2014)을 참조할 것. 스프리그는 지질학 탐험가와 사업가로 활동하여 얻은 수입을 아카룰라라는 야생동물 보호구역이자 에코투어리즘 리조트를 만드는 데 썼다. 그는 또한 자신만의 심해 다이빙벨을 고안했고, 한번은 현지의

스쿠버 다이빙 수심 기록을 세우기도 했다(90미터였는데 이 정도 수심이면 당신은 결코 날 볼 수가 없다).

18. 화석들은 애들레이드의 남호주박물관에 전시돼 있는데 겔링은 이곳의 선임 연구원이다. 에디아카라기에 대한 나의 논의와 동물의 역사에서 발생한 다양한 사건들의 시기에 대해서 나는 Kevin Peterson et al., "The Ediacaran Emergence of Bilaterians: Congruence Between the Genetic and the Geological Fossil Records," *Philosophical Transactions of the Royal Society B* 363 (2008): 1435-43에서 많은 부분을 참조했다. Shuhai Xiao and Marc Laflamme, "On the Eve of Animal Radiation: Phylogeny, Ecology and Evolution of the Ediacara Biota," *Trends in Ecology and Evolution* 24, no. 1 (2009): 31-40; Adolf Seilacher, Dmitri Grazhdankin, and Anton Legouta, "Ediacaran Biota: The Dawn of Animal Life in the Shadow of Giant Protists," *Paleontological Research* 7, no. 1 (2003): 43-54도 참조할 것.

19. 킴버렐라에 대한 해석은 해파리라는 설부터 연체동물이라는 설까지 다양했다. 이에 대해서는 M. Fedonkin, A. Simonetta, and A. Ivantsov, "New Data on Kimberella, the Vendian Mollusc-like Organism (White Sea Region, Russia): Palaeoecological and Evolutionary Implications," in *The Rise and Fall of the Ediacaran Biota*, ed. Patricia Vickers-Rich and Patricia Komarower (London: Geological Society, 2007), 157-79과 좀 더 최근의 저작으로는 Graham Budd, "Early Animal Evolution and the Origins of Nervous Systems," *Philosophical Transactions of the Royal Society B* 370 (2015): 20150037을 참조할 것. 연체동물설에 대해서는 Jakob Vinther, "The Origins of Molluscs," *Palaeontology* 58, Part 1 (2015): 19-34을 참조하라. 이 책을 쓰는 동안 킴버렐라는 보다 중요한 화석이자 더 많은 논쟁의 대상이 됐다. 나와 교류하던 연구자 중 한 명은 내가 킴버렐라가 연체동물이라는 미심쩍은 해석을 유포하고 있다고 우려했다. 한편 다른 연구자들에게 '연체동물로서의 킴버렐라'는 초기 좌우대칭동물 진화의 해석에 필수적이다. (여기서 언급한 사람들은 위에서 나열된 논문들의 저자와는 다른 사람들이다.) 어쩌면 독자가 이 책을 읽을 때쯤이면 논의가 좀 더 정리된 후일지도 모른다.

20. Mark McMenamin, *The Garden of Ediacara: Discovering the First Complex Life*

(New York: Columbia University Press, 1998)을 참조할 것.

21. 당시 컨퍼런스에서 나온 논문들은 *Philosophical Transactions of the Royal Society* B 370, December 2015에 출판됐다. '신경계의 기원과 진화'라는 제목이 붙은 이 컨퍼런스는 Frank Hirth와 Nicholas Strausfeld가 조직한 행사였다. 해파리의 침에 대한 논의에 대해서는 위의 논문집에서 Doug Irwin, "Early Metazoan Life: Divergence, Environment and Ecology"를 참조할 것. Graham Budd, "Early Animal Evolution and the Origins of Nervous Systems"도 참조할 것. 2016년 1월에 나온 다음 호(제371호)는 후속 컨퍼런스인 '신경계 진화의 상동과 수렴'에서 발표된 논문들을 싣고 있는데 이 또한 이 책을 쓰는 데 큰 도움이 되었다.

22. 여기서 나는 Charles Marshall, "Explaining the Cambrian 'Explosion' of Animals," *Annual Review of Earth and Planetary Sciences* 34 (2006): 355-84; Roy Plotnick, Stephen Dornbos, and Junyuan Chen, "Information Landscapes and Sensory Ecology of the Cambrian Radiation," *Paleobiology* 36, no. 2 (2010): 303-17을 사용했다.

23. Graham Budd and Sören Jensen, "The Origin of the Animals and a 'Savannah' Hypothesis for Early Bilaterian Evolution," *Biological Reviews*, published online November 20, 2015; Linda Holland 외 6인이 공저한, "Evolution of Bilaterian Central Nervous Systems: A Single Origin?" *EvoDevo* 4 (2013): 27을 참조할 것. 또한 앞서 언급한 2015년 학회 논문들을 모은 *Philosophical Transactions of the Royal Society* 논문집을 참조할 것. 최초의 좌우대칭동물과 오늘날 살아있는 모든 좌우대칭동물들의 최근공통조상에 대해 각기 다른 질문을 던질 수 있다. 예를 들어 안점은 최근공통조상에게는 있었을 수 있지만 최초의 좌우대칭동물에게는 없었을 가능성이 있다. 만일 오늘날 살아있는 모든 좌우대칭동물들의 최근공통조상이 안점을 갖고 있었다면 이는 킴버렐라나 스프리기나 같은 에디아카라기 좌우대칭동물들도 안점을 갖고 있었거나(이들이 좌우대칭동물이 맞다면) 적어도 그들의 조상들이 안점을 갖고 있었음을 시사한다. 다시 말하지만 이 모든 것들은 현재로서는 여전히 논란의 대상이다.

한편 불가사리는 성체가 되면 방사형의 대칭을 띠긴 하지만 공식적으로 좌우대칭동물이다. 불가사리를 어떻게 분류할지는 여전히 논란이 있다. 자포동물은 사실 좌우대칭동물이거나 좌우대칭동물 조상을 갖고 있었다는 주장도 있다. 이에 대해서는 John Finnerty, "The Origins of Axial Patterning in the Metazoa: How Old Is Bilateral Symmetry?," *International Journal of Developmental Biology* 47 (2003): 523-29을 참조할 것.

24. Anders Garm, Magnus Oskarsson, and Dan-Eric Nilsson, "Box Jellyfish Use Terrestrial Visual Cues for Navigation," *Current Biology* 21, no. 9 (2011): 798-803을 참조할 것.

25. Andrew Parker, *In the Blink of an Eye: How Vision Sparked the Big Bang of Evolution* (New York: Basic Books, 2003)을 참조할 것.

26. 앞서 인용한 Budd and Jensen, "The Origin of the Animals and a 'Savannah' Hypothesis..."를 참조할 것. 겔링은 애들레이드에서 내게 에디아카라기 생물들을 보여주면서 이렇게 가설들을 설명했다.

27. Trestman의 논문 "The Cambrian Explosion and the Origins of Embodied Cognition," *Biological Theory* 8, no. 1 (2013): 80-92을 참조할 것.

28. Maria Antonietta Tosches and Detlev Arendt, "The Bilaterian Forebrain: An Evolutionary Chimaera," *Current Opinion in Neurobiology* 23, no. 6 (2013): 1080-89; Arendt, Tosches, and Heather Marlow, "From Nerve Net to Nerve Ring, Nerve Cord and Brain—Evolution of the Nervous System," *Nature Reviews Neuroscience* 17 (2016): 61-72을 참조할 것.

29. 이 그림에서 나는 여전히 논쟁 중인 문제에 대해서는 한쪽 편을 들기를 피했다. 빗해파리도 생략했다. 뉴런이 어디서 진화했는지가 불분명하다는 것은 빗해파리가 생명의 나무 위에서 어느 위치를 차지하는지가 불분명하다는 결론으로 이어진다. 불가사리와 다른 극피동물, 그리고 일부 좌우대칭 무척추동물들은 분기에서 우리 편에 위치한다. 이 그림은 식물이나 균류와 같이 동물이 아닌 생물은 포함하지 않는다. 식물과 균류, 그리고 많은 단세포 생물들은 훨씬 더 오른편에 있는 가지들 위에 나타날 것이다.

3. 장난과 기교

1. *On the Characteristics of Animals*, Book 13, translated by A. F. Schofield, Loeb Classical Library (Cambridge, MA: Heinemann, 1959), 87-88에서 인용했다.

2. 두족류와 두족류의 행동에 관한 기초적인 과학에 대해서는 Roger Hanlon and John Messenger, *Cephalopod Behaviour* (Cambridge, U.K.: Cambridge University Press, 1996, 2018년 2판이 나왔다); *Cephalopod Cognition*, a collection edited by Anne-Sophie Darmaillacq, Ludovic Dickel, and Jennifer Mather (Cambridge University Press, 2014)을 참조할 것.

   보다 대중적인 저작으로는 Mather, Roland Anderson, and James Wood, *Octopus: The Ocean's Intelligent Invertebrate* (Portland, OR: Timber Press, 2010); Sy Montgomery, *The Soul of an Octopus: A Surprising Exploration into the Wonder of Consciousness* (New York: Atria/Simon and Schuster, 2015, 『문어의 영혼』 최로미 옮김, 글항아리, 2017)을 참조할 것.

3. 이 징에서 다루는 역사의 많은 부분은 Björn Kröger, Jakob Vinther, and Dirk Fuchs, "Cephalopod Origin and Evolution: A Congruent Picture Emerging from Fossils, Development and Molecules," *BioEssays* 33, no. 8 (2011): 602-13에 의존했다. James Valentine, *On the Origin of Phyla* (Chicago: University of Chicago Press, 2004)은 이에 대한 큰 그림을 제공한다.

4. 흥미롭게도 육지에서의 비행은 바다와 그나마 좀 더 비슷했던 공기 속에서 발명됐을 수 있다. Robert Dudley, "Atmospheric Oxygen, Giant Paleozoic Insects and the Evolution of Aerial Locomotor Performance," *Journal of Experimental Biology* 201 (1998): 1043-50를 참조할 것.

5. 앵무조개에 대해 더 자세히 알고 싶다면 Jennifer Basil and Robyn Crook, "Evolution of Behavioral and Neural Complexity: Learning and Memory in Chambered Nautilus," in *Cephalopod Cognition*, ed. Darmaillacq, Dickel, and Mather, 31-56을 참조할 것.

6. 최초의 화석에 대해서는 Joanne Kluessendorf and Peter Doyle, "Pohlsepia mazonensis, an Early 'Octopus' from the Carboniferous of Illinois, USA," *Palaeontology* 43, no. 5 (2000): 919-26를 참조할 것. 어떤 생물학자들은 적어

도 2억 9000만 년 전인 이 화석의 신빙성에 의구심을 갖는다. 논란의 여지가 없는 화석은 훨씬 나중 시기인 1억 6400만 년 전의 것으로 '프로테록토푸스' 라 불린다. J.-C. Fischer and Bernard Riou, Le plus ancien octopode connu (Cephalopoda, Dibranchiata): Proteroctopus ribeti nov. gen., nov. sP., du Callovien de l'Ardèche (France)," *Comptes Rendus de l'Académie des Sciences de Paris* 295, no. 2(1982): 277-80.를 참조할 것. 온라인 문어 뉴스 매거진인 TONMO에서 문어 화석에 대한 좋은 논의를 읽어볼 수 있다: https://www.tonmo.com/pages/fossil-octopuses.

7. 이 주제에 관한 좋은 논문으로는 Frank Grasso and Jennifer Basil, "The Evolution of Flexible Behavioral Repertoires in Cephalopod Molluscs," *Brain, Behavior and Evolution* 74, no. 3 (2009): 231-45를 참조할 것.

8. Binyamin Hochner, in "Octopuses," *Current Biology* 18, no. 19 (2008): R897-98 초록에서는 이렇게 말한다. "문어의 신경계에는 약 5억 개의 신경세포가 있는데 이 숫자는 다른 연체동물(일례로 달팽이는 약 1만 개의 뉴런을 갖고 있다)에 비해 네 배 이상이며, 무척추동물 중 행동의 복잡성으로는 두족류 다음인 고등 곤충(바퀴벌레와 벌은 100만 개 정도의 뉴런을 갖고 있다)에 비해 두 배 이상이다. 문어의 뉴런 숫자는 개구리(1600만 개) 같은 양서류나 생쥐(5000만 개)나 시궁쥐(1억 개) 같은 작은 포유류 수준이며 개(6억 개), 고양이(10억 개), 붉은털원숭이(20억 개)에 비해 크게 적은 숫자가 아니다."

뉴런의 수를 세어보거나 추정하기란 어렵다. 때문에 위의 숫자들은 대략적인 것으로 봐야 한다. 밴더빌트 대학교의 Suzana Herculano-Houzel은 뉴런의 수를 측정하는 새로운 방식을 개발했으며 몇몇 동물들에게 적용했는데 곧 문어에 대해서도 실시할 예정이다.

9. Irene Maxine Pepperberg, *The Alex Studies: Cognitive and Communicative Abilities of Grey Parrots* (Cambridge, MA: Harvard University Press, 2000); Nathan Emery and Nicola Clayton, "The Mentality of Crows: Convergent Evolution of Intelligence in Corvids and Apes," *Science* 306 (2004): 1903-907; Alex Taylor, "Corvid Cognition," *WIREs Cognitive Science* 5, no. 3 (2014): 361-72를 참조할 것.

10. David Edelman, Bernard Baars, and Anil Seth, "Identifying Hallmarks of

Consciousness in Non-Mammalian Species," *Consciousness and Cognition* 14, no. 1 (2005): 169-87을 참조할 것.

11. Hanlon and Messenger, *Cephalopod Behaviour; Cephalopod Cognition*, ed. Darmaillacq, Dickel, and Mather를 참조할 것.

12. 그의 논문은 Peter Dews, "Some Observations on an Operant in the Octopus," *Journal of the Experimental Analysis of Behavior* 2, no. 1 (1959): 57-63이다. 보상과 처벌을 통한 학습에 대한 생각의 역사에 대해서는 Edward Thorndike, "Animal Intelligence: An Experimental Study of the Associative Processes in Animals," *The Psychological Review, Series of Monograph Supplements* 2, no. 4 (1898): 1-109; B. F. Skinner, *The Behavior of Organisms: An Experimental Analysis* (Oxford, U.K.: Appleton-Century, 1938)를 참조할 것.

13. 한 사례는 영국 《텔레그라프》에서 보도했다. 독일 코부르크의 시스타 수족관은 원인 모를 정전으로 고생을 했다. 대변인은 이렇게 말했다. "셋째 밤이 되서야 우리는 문어 '오토'가 이 혼돈을 일으킨 범인임을 발견했습니다. 오토는 수족관이 거울에는 문을 단기 때문에 지루해했고 몸 길이가 80센티미터 가량되는 오토는 자신이 수조 끝에서 잘 조준하면 자기 위에 있는 2000와트 짜리 스포트라이트를 맞출 수 있다는 걸 알게 됐죠." (https://www.telegraph.co.uk/news/newstopics/howaboutthat/3328480/Otto-the-octopus-wrecks-havoc.html) 다른 사례는 뉴질랜드의 오타고 대학교에서 있었던 것으로 Jean McKinnon이 내게 개인적으로 말해준 것이다. 그는 이렇게 덧붙였다. "이젠 그런 일이 더 안 일어나요. 방수 램프를 달았거든요!"

14. 이는 애더머가 내게 직접 말해 준 것이다.

15. Roland Anderson, Jennifer Mather, Mathieu Monette, and Stephanie Zimsen, "Octopuses (Enteroctopus dofleini) Recognize Individual Humans," *Journal of Applied Animal Welfare Science* 13, no. 3 (2010): 261-72를 보라.

16. 이는 진 보얼이 내게 직접 말해준 것이다.

17. 초기 신경생물학 연구는 대부분 이러했다. 일례로 Marion Nixon and John Z. Young, *The Brains and Lives of Cephalopods* (Oxford and New York: Oxford University Press, 2003)에서 묘사된 다양한 연구들을 참조할 것. 유럽연합의 새로운 규범은 유럽연합 훈령 2010/63/EU으로 제정돼 있다.

18. Mather and Anderson, "Exploration, Play and Habituation in Octopus dofleini," *Journal of Comparative Psychology* 113, no. 3 (1999): 333-38; Michael Kuba, Ruth Byrne, Daniela Meisel, and Jennifer Mather, "When Do Octopuses Play? Effects of Repeated Testing, Object Type, Age, and Food Deprivation on Object Play in Octopus vulgaris," *Journal of Comparative Psychology* 120, no. 3 (2006): 184-90를 참조할 것. *Cephalopod Cognition*에서 이에 관해 놀이 전문가 Gordon Burghardt와 Michael Kuba가 기고한 장도 있다.

19. 매튜는 자신의 카메라로 시간을 기록했다. 문어의 안내를 받은 유일한 투어 는 아니었지만 가장 길게 지속된 경험이었다.

20. 이 사이트는 TONMO.com 이다.

21. 옥토폴리스에 대한 우리의 첫 논문은 Godfrey-Smith and Lawrence, "Long-Term High-Density Occupation of a Site by Octopus tetricus and Possible Site Modification Due to Foraging Behavior," *Marine and Freshwater Behaviour and Physiology* 45, no. 4 (2012):1-8이다.

22. 이 사진을 비롯해 중간 삽지에 실린 사진들은 옥토폴리스에 설치된 무인 카 메라에 찍힌 영상의 스틸컷이다. 이 사진들을 책에 사용할 수 있게 허락해 준 동료 매튜 로렌스, 데이비드 쉴, 스테판 린퀴스트에게 감사한다.

23. 이에 대한 논문은 Julian Finn, Tom Tregenza, and Mark Norman, "Defensive Tool Use in a Coconut-Carrying Octopus," *Current Biology* 19, no. 23 (2009): R1069-70이다. 동물이 복합도구를 사용하는 사례에 대해 내가 아는 최선의 것은 침팬지가 돌 모루와 '쐐기 돌'를 사용해 견과류를 깨는 것이다. 쐐기 돌 은 모루 밑에 꽂아 모루 표면의 높이를 보다 편리하게 쓸 수 있도록 조정한 다. William McGrew, "Chimpanzee Technology," *Science* 328 (2010): 579-80 을 참조할 것.

24. 이는 크게 일반화한 이야기며 거미와 구각류같이 예외적인 경우를 더 많 이 강조하는 학자도 많다. 거미에 대해서는 Robert Jackson and Fiona Cross, "Spider Cognition," *Advances in Insect Physiology* 41 (2011): 115-74을 참조할 것. UC버클리의 선도적인 문어 연구자 로이 콜드웰은 어떤 구각류(갯가재) 는 매우 복잡한 행동 능력을 갖고 있으며 문어에 비해 '덜' 복잡하지 않다

고 주장한다. 그러나 그들의 감각 능력이 상이하기 때문에 그는 이를 비교하는 것이 큰 의미가 없다고 생각한다. Thomas Cronin, Roy Caldwell, and Justin Marshall, "Learning in Stomatopod Crustaceans," *International Journal of Comparative Psychology* 19 (2006): 297-317을 참조할 것.

25. 선구동물/후구동물 조상인 이 동물의 복잡성에 대해서는 여전히 논쟁이 이어지고 있다. Nicholas Holland, "Nervous Systems and Scenarios for the Invertebrate-to-Vertebrate Transition," *Philosophical Transactions of the Royal Society* B 371, no. 1685 (2016): 20150047; 그리고 같은 논문집에 수록된 Gabriella Wolff and Nicholas Strausfeld, "Genealogical Correspondence of a Forebrain Centre Implies an Executive Brain in the Protostome-Deuterostome Bilaterian Ancestor," article 20150055를 참조할 것. 2장에서 언급한 Hirth와 Strausfeld가 주최한 2015년 컨퍼런스의 두 번째날 발표된 논문들을 모은 논집이다.

내가 "벌레를 닮은 생물"이라고 표현한 것은 의도적으로 모호하게 쓴 것으로, 오늘날의 벌레(편형동물, 환형동물 등)를 가리키는 것이 아니다. Wolff와 Strausfeld는 그들의 논문 제목이 말하고 있듯 공통조상에게는 '집행 두뇌'가 있었으나 그들이 염두에 두고 있는 것은 어떤 기준으로 보더라도 단순한 구조의 두뇌다. 그들은 가설상의 조상을 수백 개의 뉴런을 갖고 있는 두뇌를 가진 편형동물과 비교한다. 매우 작고 더 단순한 초기 좌우대칭 동물을 가정하는, 다른 견해에 대해서는 Gregory Wray, "Molecular Clocks and the Early Evolution of Metazoan Nervous Systems," article 20150046 in *Philosophical Transactions* B 370, no. 1684 (2015)를 참조할 것. 이 논집은 해당 컨퍼런스의 첫째날 발표된 논문들을 모은 것이다.

26. Bernhard Budelmann, "The Cephalopod Nervous System: What Evolution Has Made of the Molluscan Design," in O. Breidbach and W. Kutsch, eds., The Nervous System of Invertebrates: An Evolutionary and Comparative Approach, 115-38 (Basel, Switzerland: Birkhäuser, 1995)를 참조할 것.

27. Nixon and Young, *The Brains and Lives of Cephalopods*를 참조할 것.

28. Tamar Flash and Binyamin Hochner, "Motor Primitives in Vertebrates and Invertebrates," *Current Opinion in Neurobiology* 15, no. 6 (2005): 660-66을 참

조할 것.

29. Frank Grasso, "The Octopus with Two Brains: How Are Distributed and Central Representa-tions Integrated in the Octopus Central Nervous System?" in *Cephalopod Cognition*, 94-122을 참조할 것.

30. Tamar Gutnick, Ruth Byrne, Binyamin Hochner, and Michael Kuba, "Octopus vulgaris Uses Visual Information to Determine the Location of Its Arm," *Current Biology* 21, no. 6 (2011): 460-62를 참조할 것.

사이 몽고메리의 책 『문어의 영혼』에서 그는 '많은 연구자들이 먹이가 들어 있는 낯선 수조에 문어가 넣어졌을 때 다리끼리 서로 의견의 불일치를 일으키는 것처럼 보인다는 일화를 이야기한다'고 말한다. 어떤 다리는 문어를 먹이를 향해 끌어당기려고 하는 반면 다른 다리는 구석에 웅크리고 싶어 하는 듯 보인다는 것이다. 나도 정확히 이렇게 보이는 상황을 본 적이 있다. 시드니에 있는 실험실의 수조에 문어를 넣었을 때였다. 문어는 상황에 대해 매우 다르게 반응하는 다리 사이에서 이리저리 끌려다니는 듯 보였다. 그러나 나는 이 사건이 얼마나 중요한지에 대해서 확신이 없다. 실험실 내의 빛이 너무 밝아 문어가 완전히 혼란스러워 했을 수 있다는 걸 나중에 깨달았기 때문이다.

31. 심해에 사는 문어 종 또한 존재한다. 이들에 대해서는 알려진 부분이 더욱 적다. *Cephalopod Cognition*에 심해 문어를 매우 잘 다룬 부분이 있다.

32. Nicholas Humphrey, "The Social Function of Intellect," in P. P. G. Bateson and R. Hinde, eds., *Growing Points in Ethology*, 303-17 (Cambridge, U.K.: Cambridge University Press, 1976); Richard Byrne and Lucy Bates, "Sociality, Evolution and Cognition," *Current Biology* 17, no. 16 (2007): R714-23을 참조할 것.

33. 그의 논문은 "Cognition, Brain Size and the Extraction of Embedded Food Resources," in J. G. Else and P. C. Lee, eds., *Primate Ontogeny, Cognition and Social Behaviour*, 93-103 (Cambridge, U.K.: Cambridge University Press, 1986)이다. 나는 "Cephalopods and the Evolution of the Mind," *Pacific Conservation Biology* 19, no. 1 (2013): 4-9에서도 이 개념들을 논의했다.

34. Michael Trestman과 Jennifer Mather 둘 다 이 점을 지적했다.

35. Clint Perry, Andrew Barron, and Ken Cheng, "Invertebrate Learning and Cognition: Relating Phenomena to Neural Substrate," *WIREs Cognitive Science* 4, no. 5 (2013): 561-82를 참조할 것.

36. Marcos Frank, Robert Waldrop, Michelle Dumoulin, Sara Aton, and Jean Boal, "A Preliminary Analysis of Sleep-Like States in the Cuttlefish Sepia officinalis," *PLoS One* 7, no. 6 (2012): e38125를 참조할 것.

37. 이에 대한 전반적인 논의를 다룬 고전은 Andy Clark, Being There: Putting Brain, Body, and World Together Again (Cambridge, MA: MIT Press, 1997)이다. 로봇공학 연구에 대해서는 Rodney Brooks, "New Approaches to Robotics," *Science* 253 (1991): 1227-32을 참조할 것. Hillel Chiel과 Randall Beer의 논문은 Hillel Chiel and Randall Beer, "The Brain Has a Body: Adaptive Behavior Emerges from Interactions of Nervous System, Body and Environment," *Trends in Neurosciences* 23, no. 12 (1997): 553-57이다. 문어에 대해서 '체화'의 개념을 사용하는 흥미로운 논문 두 개로는 Letizia Zullo and Binyamin Hochner, "A New Perspective on the Organization of an Invertebrate Brain," *Communicative and Integrative Biology* 4, no. 1 (2011): 26-29, 그리고 Hochner, "How Nervous Systems Evolve in Relation to Their Embodiment: What We Can Learn from Octopuses and Other Molluscs," *Brain, Behavior and Evolution* 82, no. 1 (2013): 19-30를 참조할 것.

　　이 장 마지막의 호주철학협회의 2014년 모임에서 Sidney Diamante의 '세계에 다가가기: 문어와 체화된 인지(Reaching Out to the World: Octopuses and Embodied Cognition)' 대담에 대한 회원들의 논의에 영향을 받았다. 피사의 Cecilia Laschi는 로봇 문어에 대해, 특히 촉수들에 주안점을 둔 연구팀을 이끌고 있다. http://www.octopus-project.eu/index.html를 참조할 것.

38. 엄밀하게 말하자면 문어는 단지 '위상'만을 갖고 있다고 말할 수 있다. 어디가 어디에 연결돼 있는지에 대한 사실들은 존재하지만 각각의 거리와 각도는 모두 조정이 가능하다.

39. 눈 뒤에 있는 시엽(視葉)은 문어의 인지에 중요함에도 불구하고 때때로 '중심' 두뇌의 일부는 아닌 것으로 묘사된다.

4. 백색소음에서 의식에 이르기까지

1. Thomas Nagel, "What Is It Like to Be a Bat?" *The Philosophical Review* 83, no. 4 (1974): 435-50을 참조할 것.

2. 이에 대한 추가적인 시도를 Peter Godfrey-Smith, "Mind, Matter, and Metabolism," *The Journal of Philosophy* 113, no. 10 (2016): 481-506과 "Evolving Across the Explanatory Gap"(미출간)에서 했다. 내가 제시한 방안은 부분적으로는 새로운 이론의 발달에서 비롯됐고 또한 문제 그 자체를 비판적으로 재구성하는 방식으로도 이루어졌다. 나는 여기서는 문제를 많이 재구성하려 시도하지 않았다.

3. 나는 주관적 경험의 특징들의 일부에 대해 Animal Evolution and the Origins of Experience," in *How Biology Shapes Philosophy: New Foundations for Naturalism*, edited by David Livingstone Smith (Cambridge University Press, 2016)에서 보다 상세하게 논의했다.

4. Thomas Nagel, "Panpsychism," in Mortal Questions (Cambridge, U.K.: Cambridge University Press, 1979), 181-95; Galen Strawson et al., Consciousness and Its Place in *Nature: Does Physicalism Entail Panpsychism?*, ed. Anthony Freeman (Exeter, U.K., and Charlottesville, VA: Imprint Academic, 2006)을 참조할 것.

5. Paul Bach-y-Rita, "The Relationship Between Motor Processes and Cognition in Tactile Vision Substitution," in *Cognition and Motor Processes*, ed. Wolfgang Prinz and Andries Sanders, 149-60 (Berlin: Springer Verlag, 1984); Bach-y-Rita and Stephen Kercel, "Sensory Substitution and the Human-Machine Interface," *Trends in Cognitive Sciences* 7, no. 12(2003): 541-46을 보라. 이러한 기술에 대한 보다 비판적인 관점에 대해서는 Ophelia Deroy and Malika Auvray, "Reading the World through the Skin and Ears: A New Perspective on Sensory Substitution," *Frontiers in Psychology* 3 (2012): 457를 참조할 것.

6. 이 말이 이상하게 들리길 바란다. 어떻게 그럴 수가 있단 말인가? 어떤 철학자들은 생명체에 의한 경험의 해석을 너무나 강조하는 바람에 감각 '입

력'이 생명체 자체에 의한 일종의 구성에 그치게 되기까지 한다. 생물학적으로 생각하는 철학자들이 주장하는, 이 책에 보다 적절한 다른 접근법은 생명체의 경계를 바깥으로 확장하는 것이다. 감각과 행위가 서로 오가는 데 중요한 역할을 하는 것은 생명체 '내부'에 있는 것이 틀림없다. 이러한 종류의 견해는 최근에는 Evan Thompson, *Mind in Life: Biology, Phenomenology, and the Sciences of Mind* (Cambridge, MA: Belknap Press of Harvard University Press, 2007)에서 주장됐다. 이러한 견해는 생명체가 외부의 정보를 수동적으로 수용하는 존재라는 견해를 피하고자 하는 결의에서 그 동기를 얻는 경우가 종종 있다. 그러나 이들은 반대 방향으로 너무 멀리 가버렸다.

7. Alva Noë, *Out of Our Heads: Why You Are Not Your Brain, and Other Lessons from the Biology of Consciousness* (New York: Hill and Wang, 2010), and Thompson, *Mind in Life*를 참조할 것.

8. Ann Kennedy et al., "A Temporal Basis for Predicting the Sensory Consequences of Motor Commands in an Electric Fish," *Nature Neuroscience* 17 (2014): 416-22를 참조할 것.

9. 메르케르의 탁월한 논문 "The Liabilities of Mobility: A Selection Pressure for the Transition to Consciousness in Animal Evolution," *Consciousness and Cognition* 14, no. 1 (2005): 89-114를 참조할 것. 그의 논문은 이 장에 상당한 영향을 미쳤다.

10. 철학적 질문에서 지각 항등성의 중요성은 Tyler Burge, *Origins of Objectivity* (Oxford and New York: Oxford University Press, 2010)에서 강조된 바 있다.

11. Laura Jiménez Ortega et al., "Limits of Intraocular and Interocular Transfer in Pigeons," *Behavioural Brain Research* 193, no. 1 (2008): 69-78을 참조할 것.

12. W. R. A. Muntz, "Interocular Transfer in Octopus: Bilaterality of the Engram," *Journal of Comparative and Physiological Psychology* 54, no. 2 (1961): 192-95을 참조할 것.

13. G. Vallortigara, L. Rogers, and A. Bisazza, "Possible Evolutionary Origins of Cognitive Brain Lateralization," *Brain Research Reviews* 30, no. 2 (1999): 164-75을 참조할 것.

14. Roger Sperry, "Brain Bisection and Mechanisms of Consciousness," in *Brain*

and Conscious Experience, ed. John Eccles, 298-313 (Berlin: Springer-Verlag, 1964); Thomas Nagel, "Brain Bisection and the Unity of Consciousness," *Synthese* 22 (1971): 396-413; Tim Bayne, *The Unity of Consciousness* (Oxford and New York: Oxford University Press, 2010)을 참조할 것.

15. Marian Dawkins, "What Are Birds Looking at? Head Movements and Eye Use in Chickens," *Animal Behaviour* 63, no. 5 (2002): 991-98을 참조할 것.

16. 번째 시간의 척도도 있다. 바로 개체의 발달에 관한 것이다. Alison Gopnik, *The Philosophical Baby: What Children's Minds Tell Us About Truth, Love, and the Meaning of Life* (New York: Farrar, Straus and Giroux, 2009)을 보라.

17. 그들의 저서 *Sight Unseen: An Exploration of Conscious and Unconscious Vision* (Oxford and New York: Oxford University Press, 2005)를 참조할 것. 여기서 내가 이 대목에서 사용한 연구들에 대한 흥미로운 비판을 언급하고자 한다. 어떻게 '무의식적' 처리를 구분하는지의 문제다. 이 연구가 의식적 경험의 존재를 지나치게 '예/아니요'의 문제로 환원하는가? 그보다는 전적으로 정도의 문제로 봐야 하는 것은 아닐까? 자료 수집과 결과 보고는 다르게 해석되어야 한다는 뜻이다. Morten Overgaard et al., "Is Conscious Perception Gradual or Dichotomous? A Comparison of Report Methodologies During a Visual Task," *Consciousness and Cognition* 15 (2006): 700-708을 참조할 것.

18. 그의 논문은 "Two Visual Systems in the Frog," *Science* 181 (1973): 1053-55 이다. Milner와 Goodale의 논평은 그들의 책 *Sight Unseen*에서 인용했다.

19. 그의 저서 *Consciousness and the Brain: Deciphering How the Brain Codes Our Thoughts* (New York: Viking Penguin, 2014)를 참조할 것. 다음 문단에 나오는 눈깜빡임 실험 결과에 대한 보다 자세한 논의는 Robert Clark et al., "Classical Conditioning, Awareness, and Brain Systems," *Trends in Cognitive Sciences* 6, no. 12 (2002): 524-31를 참조할 것.

20. Bernard Baars, *A Cognitive Theory of Consciousness* (Cambridge, U.K.: Cambridge University Press, 1988)을 참조할 것.

21. Jesse Prinz, *The Conscious Brain: How Attention Engenders Experience* (Oxford and New York: Oxford University Press, 2012)를 참조할 것.

22. 이 개념에 대해 보다 자세히 알고 싶다면 나의 "Animal Evolution and the

Origins of Experience"을 참조할 것.

23. Prinz는 이러한 관점을 견지한다. 드앤도 그렇게 생각하는지는 분명치 않다.

24. 나는 여기서 어류, 조류, 무척추동물의 고통에 대한 최근 연구들을 이용했다. 주로 이용한 것은 T. Danbury et al., "Self-Selection of the Analgesic Drug Carprofen by Lame Broiler Chickens," *Veterinary Record* 146, no. 11 (2000): 307-11; Lynne Sneddon, "Pain Perception in Fish: Evidence and Implications for the Use of Fish," *Journal of Consciousness Studies* 18, nos. 9-10 (2011): 209-29; C. H. Eisemann et al., "Do Insects Feel Pain?—A Biological View," *Experientia* 40, no. 2 (1984): 164-67; R. W. Elwood, "Evidence for Pain in Decapod Crustaceans," *Animal Welfare* 21, suppl. 2 (2012): 23-27 이다. Derek Denton의 '원초적 감성'에 대해서는 D. Denton et al., "The Role of Primordial Emotions in the Evolutionary Origin of Consciousness," *Consciousness and Cognition* 18, no. 2 (2009): 500-514을 참조할 것.

25. 이 논문은 "The Transition to Experiencing: I. Limited Learning and Limited Experiencing," *Biological Theory* 2, no. 3 (2007): 218-30이다.

26. 여기에는 많은 선택지가 있다. 이 단계에서 정도와 특징적 변화가 일어났다고 보는 것을 넘어 아예 주관적 경험이 '시작'됐다고 보는 것은 지나칠 수 있다. 나는 "Mind, Matter, and Metabolism," *The Journal of Philosophy* 113, no. 10 (2016): 481-506에서 보다 급진적인 선택지들에 대해 논했다.

27. 여기서 나는 선구/후구동물 공통조상이 단순하며 에디아카라기를 단순하게 살고 있었을 것이라고 가정한다. 위에서 언급한 대로 어떤 이들은 이 공통조상이 보다 복잡했고 Gabriella Wolff와 Nicholas Strausfeld가 '집행적 두뇌'라고 부른 행위의 선택을 통제하는 기제를 가지고 있었다고 생각한다. 이들의 "Genealogical Correspondence of a Forebrain Centre Implies an Executive Brain in the Protostome-Deuterostome Bilaterian Ancestor," *Philosophical Transactions of the Royal Society* B 371 (2016): 20150055을 참조할 것. 이들의 주장은 오늘날의 척추동물과 절지동물의 뇌에 유사점이 존재한다는 사실에 기반했다. 흥미롭게도 이들은 인간과 곤충은 같은 조상의 계보에서 갈라져 나온 반면 두족류는 완전히 새로운 구조에서 진화했다고 생각한다. "연체동물 중 두족류가 갖고 있는 증거들은 다른 종과 비교할 만한

행동을 만드는 사고 회로가 완전히 독립된 조상에서 기원했다는 사실을 명확하게 뒷받침한다." 여기서 이렇게 질문해 보자. 문어와 인간의 최근 공통조상은 문어와 곤충의 공통조상과 동일한 동물이다. 그러므로 그들의 관점에 따르면 연체동물은 그들이 물려받은 '집행적 두뇌'를 버렸고 그 다음 두족류는 새로운 뇌를 만들어 낸 것으로 보인다.

28. 이 문제에 대한 획기적인 논문 두 개가 있다. Jennifer Mather, "Cephalopod Consciousness: Behavioural Evidence," *Consciousness and Cognition* 17, no. 1 (2008): 37-48; Edelman, Baars, and Seth, "Identifying Hallmarks of Consciousness in Non-Mammalian Species," *Consciousness and Cognition* 14 (2005): 169-87이다.

29. B. B. Boycott and J. Z. Young, "Reactions to Shape in Octopus vulgaris Lamarck," *Proceedings of the Zoological Society of London* 126, no. 4 (1956): 491-547을 참조할 것. 마이클 쿠버는 그가 알기로는 지금까지 이 실험에 대한 후속 실험이 없었다는 놀라운 사실을 내게 확인해 주었다.

30. Jennifer Mather, "Navigation by Spatial Memory and Use of Visual Landmarks in Octopuses," *Journal of Comparative Physiology* A 168, no. 4 (1991): 491-97 을 참조할 것.

31. Jean Alupay, Stavros Hadjisolomou, and Robyn Crook, "Arm Injury Produces Long-Term Behavioral and Neural Hypersensitivity in Octopus," *Neuroscience Letters* 558 (2013): 137-42와 Mather, "Do Cephalopods Have Pain and Suffering?" in *Animal Suffering: From Science to Law, eds. Thierry Auffret van der Kemp and Martine Lachance* (Toronto: Carswell, 2013)도 참조할 것.
    알루페이와 동료들이 수행한 연구는 문어의 중심 뇌에서 보통 가장 똑똑해 보이는 부분(수직엽vertical lobe과 측두엽)을 제거하더라도 상처로 향하는 행동을 막지 못했다는 것을 발견했다. 그러므로 연구진이 말하듯 상처에 대한 행동이 일반적으로 생각하는 것처럼 고통의 표시가 되지 않거나 자신의 신경계 밖에 고통과 관련된 부분을 갖고 있는 것이다. 누구도 완전히 알 수는 없지만 나는 후자가 맞다고 생각한다.

32. 나는 예루살렘에 있는 베니 호크너의 문어 실험실을 방문한 후 가진 논의에

서 이에 대해 여러가지 흥미로운 제안을 한 데 대해 Laura Franklin에게 감사하다.

33. M. A. Goodale, D. Pelisson, and C. Prablanc, "Large Adjustments in Visually Guided Reaching Do Not Depend on Vision of the Hand or Perception of Target Displacement," *Nature* 320 (1986): 748–50 참조.

34. Chiel and Beer, "The Brain Has a Body: Adaptive Behavior Emerges from Interactions of Nervous System, Body and Environment," *Trends in Neurosciences* 23 (1997): 553–57.

5. 색채 만들기

1. Alexandra Schnell, Carolynn Smith, Roger Hanlon, and Robert Harcourt, "Giant Australian Cuttlefish Use Mutual Assessment to Resolve Male–Male Contests," *Animal Behavior* 107 (2015): 31–40을 참조할 것.

2. Hanlon과 Messenger의 저서 *Cephalopod Behavior*에 좋은 설명이 나와 있다. 우즈홀해양생물연구소에 있는 로저 핸런의 실험실에서 나온 많은 논문들에서 추가적인 정보를 얻을 수 있다. http://www.mbl.edu/bell/current-faculty/hanlon/ 색소세포에 대한 자세한 내용은 Leila Deravi et al., "The Structure-Function Relationships of a Natural Nanoscale Photonic Device in Cuttlefish Chromatophores," *Journal of the Royal Society Interface* 11, no. 93 (2014): 201130942를 참조할 것. 피부층에 대한 나의 설명은 이 논문에 나온 그림을 약간 참조했다. 모든 두족류가 여기서 설명한 세 층의 피부를 갖고 있는 것은 아니다.

3. Hanlon and Messenger, *Cephalopod Behaviour*, Box 2.1, P. 19을 참조할 것.

4. Lydia Mäthger, Steven Roberts, and Roger Hanlon, "Evidence for Distributed Light Sensing in the Skin of Cuttlefish, Sepia officinalis," *Biology Letters* 6, no. 5 (2010): 20100223을 참조할 것.

5. 첫 번째 논문이 밝힌 것은 이 분자들을 위한 '유전자'들이 피부에서 활성화돼 있었다는 것뿐이다.

6. *Cephalopod Cognition*에 대한 나의 리뷰로 ed. Darmaillacq, Dickel, and Mather, *Animal Behavior* 106 (2015): 145-47을 참조할 것.

7. M. Desmond Ramirez and Todd Oakley, "Eye-Independent, Light-Activated Chromatophore Expansion (LACE) and Expression of Phototransduction Genes in the Skin of Octopus bimaculoides," *Journal of Experimental Biology* 218 (2015): 1513-20.

8. 내가 옛날에 운영하던 두족류 블로그에서 볼 수 있다. http://giantcuttlefish. com/?p=2274

9. 이 메커니즘을 사용하면, 적색 색소세포를 확장시킬 경우 황색 색소세포를 확장시킬 때보다 들어오는 빛에 영향을 덜 미칠 경우 적색을 더 많이 포함한 빛을 보여주게 될 것이다.

10. 두족류의 먹물은 단순히 어두운 색소만 함유하고 있는 게 아니다. 포식자의 신경계에 다양한 영향을 미칠 수 있는 물질들을 갖고 있다. Nixon and Young, *The Brains and Lives of Cephalopods* (New York: Oxford University Press, 2003), 288을 참조할 것.

11. 위장술과 신호 보내기 기능 사이의 관계에 대한 자세한 논의로는 Jennifer Mather, "Cephalopod Skin Displays: From Concealment to Communication," in *Evolution of Communication Systems: A Comparative Approach*, ed. D. Kimbrough Oller and Ulrike Griebel, 193-214 (Cambridge, MA: MIT Press, 2004)을 참조할 것.

11. Karina Hall and Roger Hanlon, "Principal Features of the Mating System of a Large Spawning Aggregation of the Giant Australian Cuttlefish Sepia apama (Mollusca: Cephalopoda)," *Marine Biology* 140, no. 3 (2002): 533-45을 참조할 것. 여기서 몇몇 복잡한 행동들을 볼 수 있다. 암컷들의 배우자처럼 행동하기에 덩치가 모자란 어떤 수컷들은 암컷을 '흉내'내려고 한다. 경비하고 있는 수컷들을 피하고 암컷들에게 보다 가까이 다가가기 위해서다. 성공률은 꽤 높다.

12. 제인 쉘든이 제안한 것이다.

13. Dorothy Cheney and Robert Seyfarth, *Baboon Metaphysics: The Evolution of a Social Mind* (Chicago: University of Chicago Press, 2007). 이들의 견해에

대해 더 자세한 내용은 나의 "Primates, Cephalopods, and the Evolution of Communication," in *The Social Origins of Language*, ed. Michael L. Platt, (New Jersey: Princeton University Press, 2017)를 참조할 것. 개코원숭이는 목소리 외에도 의사소통을 위한 제스처를 가지고 있다.

제니퍼 매더의 논문 "Cephalopod Skin Displays: From Con-cealment to Communication"도 두족류의 전시 행위의 특이한 수신-발신자 관계에 대해 논하고 있다.

14. 여기서 언급하고 있는 흥미로운 연구는 Martin Moynihan and Arcadio Rodaniche, "The Behavior and Natural History of the Caribbean Reef Squid (Sepioteuthis sepioidea): With a Consideration of Social, Signal and Defensive Patterns for Difficult and Dangerous Environments," *Advances in Ethology* 25 (1982): 1-151이다. Arcadio Rodaniche는 이 책을 마무리하는 중에 세상을 떠났다. 모이니한과 로다니체의 연구의 역사를 알려 준 Denice Rodaniche에게 감사를 표한다.

10. 화이앨라의 호주대왕갑오징이의 집단생활은 일시적이기는 하지만 또 다른 사례인데, 그들은 생식을 위해 모인다. 훔볼트오징어는 대규모의 집단을 이루며 산다. 훔볼트오징어에 대한 연구는 별로 많이 이루어지지 않았는데 덩치가 크고 공격적인 게 그러한 이유 중 하나다. 아마도 현재까지 알려진 두족류 중 가장 공격적인 종일 것이다. Julian Finn이 근래에 앵무조개들을 관찰하여 보고했는데 여기서도 앵무조개들이 큰 집단을 이루며 사는 것을 발견했다.

6. 우리의 정신, 타자의 정신

1. 이 구절은 1739년 처음 출간된 David Hume, *A Treatise of Human Nature*, Book I, Part IV, Section VI, "Of Personal Identity"에 등장한다.

2. Christopher Heavey와 Russell Hurlburt는 표본으로 연구한 대학생들이 평소 깨어 있을 때 의식 생활의 26퍼센트를 내적 언어가 차지한다고 발표했다. 또한 연구 대상에 따라 그 편차가 상당히 크다는 것도 발견했다. "The

Phenomena of Inner Experience," *Consciousness and Cognition* 17, no. 3 (2008): 798-810을 참조할 것.

3. 듀이는 자신의 저서 *Experience and Nature* (Chicago: Open Court Publishing, 1925)의 5장에서 이러한 논평을 남겼다.

4. 비고츠키의 『사고와 언어』는 그가 사망한 당해인 1934년에 출간됐다. 영어로 출간된 것은 1962년으로 Eugenia Hanfmann과 Gertrude Vakar의 번역으로 MIT Press에서 발행했다. 비고츠키의 원문을 복원한 번역본의 개정증보판이 1986년 Alex Kozulin의 편집으로 나왔다.

5. 토마셀로의 유명한 책은 *The Cultural Origins of Human Cognition* (Cambridge, MA: Harvard University Press, 1999)이다. Andy Clark는 그의 선구적인 저작 *Being There: Putting Brain, Body, and World Together Again* (Cambridge: MIT Press, 1997)에서 비고츠키에게 많은 영향을 받았다고 말한다.

6. 그 사례로 Joanna Dally, Nathan Emery, and Nicola Clayton, "Food-Caching Western Scrub-Jays Keep Track of Who Was Watching When," *Science* 312 (2006): 1662-65와 Clayton and Anthony Dickinson, "Episodic-like Memory During Cache Recovery by Scrub Jays," *Nature* 395 (2001): 272-74가 있다.

7. 그의 저서 Wolfgang Köhler, *The Mentality of Apes*, trans. Ella Winter (New York: Harcourt Brace, 1925)를 참조할 것.

8. Merlin Donald의 저서 *Origins of the Modern Mind: Three Stages in the Evolution of Culture and Cognition* (Cambridge, MA: Harvard University Press, 1991)는 이제는 오래된 책임에도 불구하고 여전히 매우 흥미롭다. '존 수사'에 대한 논문은 André Roch Lecours and Yves Joanette, "Linguistic and Other Psychological Aspects of Paroxysmal Aphasia," *Brain and Language* 10, no. 1 (1980): 1-23을 참조할 것. 나는 존 수사를 과거시제를 사용해 설명했지만 그가 아직까지 살아 있는지 확인하지는 못했다.

9. Peter Carruthers, "The Cognitive Functions of Language," *Behavioral and Brain Sciences* 25, no. 6 (2002): 657-74는 이에 대한 좋은 개관이며 대안적인 관점을 표하는 다른 연구자들의 논평도 실려 있다.

10. Shilpa Mody and Susan Carey, "Evidence for the Emergence of Logical

Reasoning by the Disjunctive Syllogism in Early Childhood," *Cognition* 154 (2016): 40-48을 참조할 것. 이들은 3세 미만의 어린이는 선언적 삼단논법을 처리해야 하는 과업에 성공하지 못했지만 3세의 어린이는 성공했다는 것을 발견했다. 또한 어린이들은 두 번째 생일이 지나고 곧 '그리고'라는 단어를 쓰기 시작하는 반면 3세가 될 때까지 '또는'을 사용하진 않는다는 것을 (다른 연구를 인용하여) 특기했다. 모디와 캐리는 이 발견에 대한 해석에 주의하며 공적 언어의 이 부분을 내면화하는 게 어린이들로 하여금 이 과업을 성공할 수 있게 해준다고 주장하지 않는다.

비슷한 방향으로 나아가는 한 가지 잘 알려진 실험은 Linda Hermer and Elizabeth Spelke, "A Geometric Process for Spatial Reorientation in Young Children," *Nature* 370 (1994): 57-59이다. 이에 대한 후속 연구와 결론은 Spelke, "What Makes Us Smart: Core Knowledge and Natural Language," in Dedre Gentner and Susan Goldin-Meadow's collection, *Language in Mind: Advances in the Investigation of Language and Thought* (Cambridge, MA: MIT Press, 2003)에서 논의됐다. 이 연구는 오직 언어를 사용할 수 있는 인간만이 방 안을 탐색하는 데 각기 다른 종류의 정보(지형+색상 신호)를 결합하여 쓸 수 있으며 쥐나 언어를 습득하기 이전의 어린이는 그렇게 할 수 없다고 주장했다. 그러나 보다 최근의 연구는 이 실험들의 중대성을 보다 불분명하게 만든 듯하다. 인간의 경우에 대해서는 Kristin Ratliff and Nora Newcombe, "Is Language Necessary for Human Spatial Reorientation? Reconsidering Evidence from Dual Task Paradigms," *Cognitive Psychology* 56 (2008): 142-63을 참조할 것. 조르지오 발로티가라 또한 쥐가 해결하지 못한 과업을 닭이 해결할 수 있었다고 보고한 바 있다. Vallortigara et al., "Reorientation by Geometric and Landmark Information in Environments of Different Size," *Developmental Science* 8 (2005): 393-401을 참조할 것.

11. Daniel Dennett, *Consciousness Explained* (New York: Little, Brown and Co., 1991)은 이 관점을 개괄하는 데 중요한 자료다. 내적 언어가 원심성 사본을 다른 용도로 쓰게 된 데 기원했다는 생각에 대해서는 Simon Jones and Charles Fernyhough, "Thought as Action: Inner Speech, Self-Monitoring, and Auditory Verbal Hallucinations," *Consciousness and Cognition* 16, no. 2

(2007): 391-99을 참조할 것. Peter Carruthers는 내적 언어가 정교하고 논리적인 스타일의 사고를 촉진하는 내부적 '전파'의 도구라고 자신의 논문 "An Architecture for Dual Reasoning," in Jonathan Evans and Keith Frankish, eds., In *Two Minds: Dual Processes and Beyond* (Oxford and New York: Oxford University Press, 2009)에서 주장한다. Fernyhough가 내적 언어에 대해 쓴 저서는 Charles Fernyhough, *The Voices Within: The History and Science of How We Talk to Ourselves* (New York: Basic Books, 2016)을 참조할 것. 내적 언어에 대한 나의 생각은 Kritika Yegnashankaran의 박사학위 논문 "Reasoning as Action," Harvard University, 2010에도 영향을 받았다.

12. 이 개념을 도입한 프레임에 대해서는 나중에 더 이야기할 것이다. 이에 대한 좋은 자료로는 앞서 인용한 메르케르의 논문 "The Liabilities of Mobility: A Selection Pressure for the Transition to Consciousness in Animal Evolution," *Consciousness and Cognition* 14 (2005): 89-114와 Kalina Christoff et al., "Specifying the Self for Cognitive Neuroscience," *Trends in Cognitive Sciences* 15, no. 3 (2011): 104-12가 있다.

13. 나는 또한 원심성 사본들이 설명하는 데 (십중팔구) 중요한 역할을 하는 현상 중 하나를 다뤘다. 바로 지각항등성이다. 예를 들어 우리가 뛰어다녀도 우리 눈은 (자주 그러하듯이) 사물들을 그대로 있는 것으로 본다. 이는 '항등성' 현상의 범주에 속하는 한 가지 측면이다. 다른 측면으로는 조명의 상태에 따른 변화를 보상하는 우리의 능력이 포함되는데 이는 행위나 원심성 사본과 연관된 것이 아니다. 항등성 현상에서 원심성 사본이 행하는 역할에 대해서는 여전히 연구가 이루어지고 있다. W. Pieter Medendorp, "Spatial Constancy Mechanisms in Motor Control," *Philosophical Transactions of the Royal Society* B 366 (2011): 20100089을 참조할 것.

14. 카너먼의 책 *Thinking, Fast and Slow* (New York: Farrar, Straus and Giroux, 2011)은 이미 고전의 반열에 올랐다. Evans와 Frankish가 편집한 논집 *In Two Minds: Dual Processes and Beyond*도 참조할 것. 듀이는 상상 속에서 행위를 리허설하는 것을 크게 강조했는데 특히 도덕적 행동에 대한 자신의 이론에서 이를 강조했다.

15. 대니얼 데닛의 *Consciousness Explained*를 참조할 것. 데닛은 자신의 이론에서

원심성 사본을 이용하지 않는다. 그는 조이스적 기계의 기원에 대한 자신의 설명을 리처드 도킨스가 설명한 '밈'의 전이의 개념과 결부짓는다. 나는 밈에 대해서는 보나 회의적인 편이다(도긴스의 *The Selfish Gene*, Oxford and New York: Oxford University Press, 1976을 참조할 것).

16. Harald Merckelbach and Vincentvan de Ven, "Another White Christmas: Fantasy Proneness and Reports of 'Hallucinatory Experiences' in Undergraduate Students," *Journal of Behavior Therapy and Experimental Psychiatry* 32, no. 3 (2001): 137-44을 참조할 것.

17. Alan Baddeley and Graham Hitch, "Working Memory," in *The Psychology of Learning and Motivation*, Vol. VIII, ed. Gordon H. Bower, 47-89 (Cambridge, MA: Academic Press, 1974)를 참조할 것.

18. Stanislas Dehaene and Lionel Naccache, "Towards a Cognitive Neuroscience of Consciousness: Basic Evidence and a Workspace Framework," *Cognition* 79 (2001): 1-37을 참조할 것.

19. 특히 David Rosenthal의 연구를 참조할 것. David Rosenthal, "Thinking That One Thinks," in Martin Davies and Glyn Humphreys, eds., *Consciousness: Psychological and Philosophical Essays*, 197-223 (Oxford: Blackwell Publishing, 1993)

20. W. Tecumseh Fitch, *The Evolution of Language* (Cambridge, U.K.: Cambridge University Press, 2010)을 참조할 것.

21. von Holst and Mittelstaedt, "The Reafference Principle (Interaction Between the Central Nervous System and the Periphery," 1950, reprinted in *The Behavioural Physiology of Animals and Man: The Collected Papers of Erich von Holst*, vol. 1, trans. Robert Martin, 139-73 (Coral Gables, FL: University of Miami Press, 1973)을 참조할 것.

한 가지 측면에서 내가 그들로부터 빌어 온 용어는 최선이 아니다. 재구심성(reafference)을 다루는 데 사용되는 내부 신호는 근육에 전송되는 출력 신호의 '사본'일 필요가 전혀 없다. 내가 '원심성 사본'이라 부르는 것은 때때로 '동반 방출'이라 일컬어지기도 한다. '방출'이란 표현은 '사본'보다는 중립적이다. Trinity Crapse와 Marc Sommer는 "Corollary Discharge Across the

Animal Kingdom," *Nature Reviews Neuroscience* 9 (2008): 587-600에서 원심성 사본을 동반 방출의 한 '종류'로 봐야 한다고 주장한다. 어쩌면 이것이 관계를 보다 명확하게 정립하는 좋은 방법일 수 있다. 그러나 이 책에서 나는 구심성 대 원심성, 재구심성 대 외구심성과 같은 폰 홀스트와 미텔슈태트가 소개한 구분의 전체적인 네트워크를 활용하고자 했다. 이 프레임에서 '사본'이라는 용어는 이미 표준이 되었으므로 이를 그대로 사용했다.

본문에서 언급한 현상들은 처음에 시각의 사례에서 연구됐으며 그 주요 개념(지각의 모호성을 해소하기 위해 재구심성에 대한 보상을 해야 할 필요)이 시각에 대한 이론에 도입된 것은 17세기까지 거슬러 올라간다. 역사적인 측면에 대한 흥미로운 개관은 Otto-Joachim Grüsser, "Early Concepts on Efference Copy and Reafference," *Behavioral and Brain Sciences* 17, no. 2 (1994): 262-65을 참조할 것.

22. 나는 이에 대해 "Sender-Receiver Systems Within and Between Organisms," *Philosophy of Science* 81 (2014): 866-78에서 다루었다.

7. 압축된 경험

1. 이 장에서 다룬 노화 현상에 대한 고전적 저작들에는 피터 메더워의 책 *An Unsolved Problem of Biology* (London: H. K. Lewis and Company, 1952); George Williams, "Pleiotropy, Natural Selection, and the Evolution of Senescence," *Evolution* 11, no. 4 (1957): 398-411; William Hamilton, "The Moulding of Senescence by Natural Selection," *Journal of Theoretical Biology* 12, no. 1 (1966): 12-45가 있다. 노화에 관한 진화론적 이론의 발전에 대한 훌륭한 개괄은 Michael Rose et al., "Evolution of Ageing since Darwin," *Journal of Genetics* 87 (2008): 363-71을 참조할 것. 내가 본격적으로 다루지 않은 노화 이론은 '일회용 체세포' 이론이다. 나는 이 이론을 윌리엄스 이론의 변종으로 본다. 이에 대해서는 Thomas Kirkwood가 이 사안에 대한 또다른 훌륭한 개괄인 "Understanding the Odd Science of Aging," *Cell* 120, no. 4 (2005): 437-47에서 다뤘다.

2. 이 인용구는 W. D. Hamilton, "My Intended Burial and Why," *Ethology Ecology and Evolution* 12, no. 2 (2000): 111-22에서 인용한 것이다. 이 뛰어 난 사상가에 대해 더 자세히 알고 싶다면 *Narrow Roads of Gene Land: The Collected Papers of W. D. Hamilton, Volume 1: Evolution of Social Behaviour* (Oxford and New York: W. H. Freeman/Spektrum, 1996)을 참조할 것. 결 국 그는 옥스포드 근처에 묻혔는데 근처의 벤치에 해밀턴의 파트너가 시간 이 지나면 빗방울을 타고 아마존까지 닿으리라고 새겨 놓은 문구가 있다.

3. 이 이론은 윌리엄스가 기술한 바와 같이 어떤 개체가 나이가 들면서 다양한 문제가 나타날 것임을 예상하지만 '어떻게' 노화와 연관된 손상이 발생하는 지를 특정하지는 않는다. 생물학자들은 여전히 포유류 또는 더 큰 범주의 생물에게서 노화로 인한 쇠퇴가 발생하는 전반적인 메커니즘을 탐색 중이 다. 노화로 인한 손상이 하나의 광범위한 원인 때문이라고 가정하는 가설들 이 본문에서 설명한 노화의 진화론적 이론에 대한 부분적인 라이벌이 될 수 있다. 때로는 어떤 이론들이 라이벌 관계에 있고 어떤 이론들이 서로 호환 되는지 구분하기가 어려울 때도 있다. 노화 메커니즘에 대한 최근의 연구에 대해서는 Darren Baker et al., "Naturally Occurring p16Ink4a-Positive Cells Shorten Healthy Lifespan," *Nature* 530 (2016): 184-89를 참조할 것.

4. 제니퍼 매더의 "Behaviour Development: A Cephalopod Perspective," *International Journal of Comparative Psychology* 19, no. 1 (2006): 98-115를 참조 할 것.

5. Roy Caldwell, Richard Ross, Arcadio Rodaniche, and Christine Huffard, "Behavior and Body Patterns of the Larger Pacific Striped Octopus," *PLoS One* 10, no. 8 (2015): e0134152을 참조할 것. 이 논문은 이전의 연구와는 달 리 문제의 문어를 '반복생식성'으로 묘사하지 않는다. "(이 문어에게는) 다 회성이며 뚜렷하게 나뉘어진 산란기를 갖고 있는 '반복생식성' 보다는 일회 성의 연장된 산란기를 갖고 있는 '지속 산란성'이 보다 적합한 분류로 보인 다."

6. Kröger, Vinther, and Fuchs, "Cephalopod Origin and Evolution: A Congruent Picture Emerging from Fossils, Development and Molecules," *BioEssays* 33 (2011): 602-13을 참조할 것.

7. Bruce Robison, Brad Seibel, and Jeffrey Drazen, "Deep-Sea Octopus (Graneledone boreopacifica) Conducts the Longest-Known Egg-Brooding Period of Any Animal," *PLoS One* 9, no. 7 (2014): e103437을 참조할 것.

8. 두족류의 수명이 짧다는 데 대한 또 다른 예외가 될 수 있는 것은 흡혈오징어다. 이름은 그렇지만 흡혈오징어는 그리 무서운 동물이 아니다. 이 녀석들의 삶에 대해서는 알려진 게 거의 없어 최근에 네덜란드의 과학자 Henk-Jan Hoving과 공동 연구자들은 실마리를 얻기 위해 최근 실험실 내에 먼지가 쌓인 병 속에 오랫동안 보존되어 왔던 표본들을 연구하기 시작했다. 이들은 다른 거의 모든 두족류와는 다르게 암컷 흡혈오징어는 여러 번의 생식 주기를 거치며 그 주기가 꽤 긴 편이라는 증거를 발견했다. 연구진은 주기가 적어도 스무 번 이상 반복되는 것으로 보인다고 생각한다. 이것이 맞다면 흡혈오징어는 수명이 길 것이다. 심해동물인 흡혈오징어 역시 낮은 수온과 깊은 수심으로 인해 신진대사가 둔화돼 있다. 우리에게는 흡혈오징어가 직접적으로 맞닥뜨리는 포식 위험이 있다는 증거가 전혀 없다. Henk-Jan Hoving, Vladimir Laptikhovsky, and Bruce Robison, "Vampire Squid Reproductive Strategy Is Unique among Coleoid Cephalopods," *Current Biology* 25, no. 8 (2015): R322-23을 참조할 것.

9. 한 가지 측면에서 이 장에서 내가 두족류의 노화에 대해 다룬 것은 상당히 비정통적이다. 나는 주류 이론의 개념들(Medawar, Williams 등)을 적용하고 있지만 이러한 개념이 잘 적용되지 않는 문어는 한동안 골칫거리로 여겨졌다. 이는 많은 사람들이 보기에 문어는 특정 단계에서 죽도록 '프로그래밍'된 듯했기 때문이다. 문어의 노쇠는 문어의 죽음을 묘사할 때 자주 사용되던 말마따나 질서정연하고 '계획적'인 것처럼 보였다. 메더워-윌리엄스 이론에 골칫거리가 될 수 있는 사례의 목록이 있다면 문어는 그 목록의 상단에 있을 것이다. 메더워-윌리엄스 이론은 노화에 의한 손상이 '계획적으로' 이루어지는 것으로 보지 않으나 문어들은 분명 이런 인상을 준다.

　1977년에 실시된 문어의 노쇠의 생리학적 기반에 대한 연구는 이러한 관점을 뒷받침한다. Jerome Wodinsky, "Hormonal Inhibition of Feeding and Death in Octopus: Control by Optic Gland Secretion," *Science* 198 (1977): 948-51. 이 논문은 벌문어(*Octopus hummelincki*)의 죽음이 "시선(optic gland,

視腺)"에서 나오는 분비물에 의한 것이라고 보고한다. 이 선을 제거하면 암컷과 수컷 문어 모두 더 오래 살고 달리 행동한다. 논문의 저자 Wodinsky는 "문어는 특정한 '자기파괴' 체계를 갖는 듯하다"고 해석한다. 문어가 그런 걸 왜 갖고 있는 걸까? Wodinsky는 각주에서 가설을 제시한다. "암컷과 수컷 모두에게서 이 메커니즘은 늙고 덩치가 크며 약탈적인 개체들의 사멸을 보장하며 매우 효과적으로 개체수를 조절할 수 있는 도구가 된다."

이러한 개체수 조절에 대한 주장이 '어째서' 이런 죽음을 초래하는 메커니즘이 존재하는가에 대한 설명으로 제시된다면 내가 본문에서 제시한 진화의 전반적인 원리에 위배되는 것으로 보인다. 보다 오래 사는 돌연변이가 나타나 다른 개체들보다 짝짓기를 더 많이 했다고 가정해 보자. 다른 개체들에게 해가 될 수 있다는 사실이 이 돌연변이가 더 흔해지는 것을 막지는 못할 것이다. '개체수 통제' 수단이 무임승차자들에 의해 전복되지 않으리라고 생각하기란 매우 어렵다.

Justin Werfel, Donald Ingber, Yaneer Bar-Yam의 모형화 논문은 종종 문어와 연관지어지곤 하는 계획된 죽음이 진화 '가능'하다고 주장한다. "Programmed Death Is Favored by Natural Selection in Spatial Systems," *Physical Review Letters* 114 (2015): 238103. 그러나 이 논문에 사용된 모형에서는 생식과 확산이 국지적 현상이다. 다시 말해 부모의 자식이 인근에서 정주하며 성장하는 것이다. 이는 가족 내부에서 경쟁이 발생하는 문제를 일으킬 수 있다. 당신의 자식과 손자가 같은 지역의 자원을 두고 경쟁하게 되는 것이다. 1980년대부터 다양한 모형들이 이처럼 '사과가 나무에서 멀리 떨어지지 않는' 상황이 특별한 진화적 결과를 가질 수 있다는 걸 보여 줬다. 그러나 문어는 그런 방식으로 생식하지 않는다. 알이 부화하면 유충은 플랑크톤에 붙어 흘러가며 살아남는 데 성공하면 어딘가의 해저에서 정착한다. Benjamin Kerr와 나는 이런 경우에서 협동적 행동의 모형을 Godfrey-Smith and Kerr, "Selection in Ephemeral Networks," *American Naturalist* 174, no. 6 (2009): 906-11에서 제시한 바 있다. 지금까지 알려지기로 어린 문어들은 어미가 살았던 곳 근처에서 정착할 수 있는 방법을 갖고 있지 않다. 만약 그런 방법이 있다면(일종의 화학물질 추적 등으로) 협력과 생식 '규제'의 가능성과 같은 여러가지 흥미로운 결과를 낳게 될 것이다.

나는 문어의 죽음이 보기보다 덜 '계획적'이라고 생각하지만 문어의 경우는 메더워-윌리엄스 이론이 인식한 현상의 극단적인 발현이라고 생각한다. (이러한 종류의 논의에 대해 더 자세히 알기 위해서는 앞서 인용한 Kirkwood의 논문을 참조할 것. 다만 문어의 사례는 아니다.) Wodinsky의 논문에 몇 가지 실마리가 있다. 시선을 절제하자 노쇠의 지연을 비롯한 다양한 행동적 변화가 생겨났다 ("알을 낳은 후 이 선들을 제거하자 암컷은 알 낳기를 멈추었고 다시 먹이를 먹기 시작했으며 체중이 불어났고 더 오래 살았다"). 시선이 그 자체로 노쇠를 일으키는 게 아니라 시선이 일으키는 행동적, 생리적 특징이 노쇠를 그 부산물로 갖고 있는 것일 수도 있다.

한 가지 측면에서 두족류는 노화의 진화론적 이론에 좋은 사례다. 포식 위험이 격심하면 수명은 매우 짧아진다. 다른 측면에서 두족류는 이 이론에 나쁜 사례 같아 보이기도 한다. 노화로 인한 손상이 매우 정연해 '미리 짜여진' 것처럼 여겨질 정도다. 어쩌면 내가 한 이야기에서 뭔가 빠진 부분이 있을 수 있다. 특히 알을 낳지 않는 수컷 문어의 경우 갑작스러운 노화 현상은 이상하게 보인다. 그러나 '개체수 통제'는 가능성이 낮으며 결국은 메더워-윌리엄스-해밀턴 이론이 적용될 것이라고 본다.

8. 옥토폴리스

1. 옥토폴리스의 독특한 특징에 대해서는 Godfrey-Smith and Lawrence, "Long-Term High-Density Occupation of a Site by Octopus tetricus and Possible Site Modification Due to Foraging Behavior," *Marine and Freshwater Behaviour and Physiology* 45 (2012): 1-8을 참조할 것. 옥토폴리스는 계속 변하고 있으며 그 모습은 Metazoan.net에 계속 업데이트된다.

2. 우리가 쓴 논문에서 우리는 과거에 보고된, 문어가 무리 지어 모여 있거나 사회적 상호작용을 하는 사례들을 분류한 표를 만들어 넣었다. Scheel, Godfrey-Smith, and Lawrence, "Signal Use by Octopuses in Agonistic Interactions," *Current Biology* 26, no. 3 (2016): 377-82의 표1을 참조할 것.

3. 이것에 대해 완전히 확신할 수는 없다. 왜냐하면 카메라 자체가 그들의 환

경에 일시적으로 추가된 것이기 때문이다. 카메라는 삼각대로 고정돼 있고 문어들에게 상당히 가까이 있을 때가 많다. 때로는 문어가 카메라를 공격하기도 한다. 우리가 받은 인상은, 내부분의 경우 잠수부가 없을 때 카메라에 잡힌 행동은 잠수부가 있을 때와 크게 다르지 않았으며 대부분의 경우 카메라는 문어의 관심의 초점이 아니었다는 것이다. 하지만 확신하기는 어렵다.

4. 일례로 Scheel and Packer, "Group Hunting Behavior of Lions: A Search for Cooperation," *Animal Behaviour* 41, no. 4 (1991): 697-709을 참조할 것.

5. 이 경우에 대해서 완전히 확신하지는 못하겠다. 왜냐하면 카메라의 시야 너머에 어떤 문어가 있을 수도 있기 때문이다. 어쩌면 카메라 자체가 이런 행동을 유발했을지도 모를 일이다.

6. 배경에 보이는 물체는 삼각대 위에 올려져 있는 우리 카메라 중 하나다. 이 삼각대는 우리가 최근에 쓰기 시작한 높은 것이고 다른 삼각대는 높이가 낮고 덜 눈에 띈다.

7. Scheel, Godfrey-Smith, and Lawrence, "Signal Use by Octopuses in Agonistic Interactions"을 참조할 것.

8. 그림은 Eliza Jewett이 그렸다. 이 그림은 Scheel, Godfrey-Smith, and Lawrence, "Signal Use by Octopuses in Agonistic Interactions"에도 사용됐다.

9. 이는 5장에서 언급한 논문 "The Behavior and Natural History of the Caribbean Reef Squid (Sepioteuthis sepioidea): With a Consideration of Social, Signal and Defensive Patterns for Difficult and Dangerous Environments," *Advances in Ethology* 25 (1982): 1-151 과 동일한 것이다.

10. Caldwell et al., "Behavior and Body Patterns of the Larger Pacific Striped Octopus," *PLoS One* 10 (2015): e0134152을 참조할 것.

11. 이 논문은 Scheel, Godfrey-Smith, and Lawrence, "Octopus tetricus (Mollusca: Cephalopoda) as an Ecosystem Engineer," *Scientia Marina* 78, no. 4 (2014): 521-28이다.

12. Elena Tricarico et al., "I Know My Neighbour: Individual Recognition in Octopus vulgaris," *PLoS One* 6, no. 4 (2011): e18710를 참조할 것.

13. Graziano Fiorito and Pietro Scotto, "Observational Learning in Octopus vulgaris," *Science* 256 (1992): 545-47.

14. Richard Dawkins and Yan Wong, *The Ancestor's Tale* (New York: Houghton Mifflin, 2004; 『조상 이야기』, 이한음 옮김, 까치, 2018)을 참조할 것.

15. Andrew Packard, "Cephalopods and Fish: The Limits of Convergence," Biological Reviews 47, no. 2 (1972): 241-307을 참조할 것. Frank Grasso and Jennifer Basil, "The Evolution of Flexible Behavioral Repertoires in Cephalopod Molluscs," *Brain, Behavior and Evolution* 74, no. 3 (2009): 231-45 도 참조할 것.

16. 여기서도 나는 Kröger, Vinther, and Fuchs, "Cephalopod Origin and Evolution: A Congruent Picture Emerging from Fossils, Development and Molecules," *Bioessays* 33 (2011): 602-13을 참고했다. 흡혈오징어 (*Vampyromorpha*)가 어디에 들어갈 수 있는지는 좀 불확실하다. '십완상목' 은 두족류의 하위그룹 외에도 갑각류의 하위그룹을 가리키는 표현이란 점 을 참고할 것.

17. Packard가 논문을 썼던 시절에 비교해 바뀐 것은 단지 두족류가 기원한 시 기만이 아니었다. 어류에 대해서도 마찬가지의 변화가 있었다. Packard가 두족류의 경쟁자로 봤던 어류종은 이제는 그가 생각했던 것보다 더 일찍 등 장한 것으로 여겨진다. 어쩌면 초형아강 두족류의 공통조상이 살던 시기 로 요즈음 추정되는 페름기였을 수 있다. Thomas Near et al., "Resolution of Ray-Finned Fish Phylogeny and Timing of Diversification," *Proceedings of the National Academy of Sciences* 109, no.34 (2012): 13698-703 참조.

18. Caroline Albertin et al., "The Octopus Genome and the Evolution of Cephalopod Neural and Morphological Novelties," *Nature* 524 (2015): 220-24을 참조할 것.

19. Christelle Jozet-Alves, Marion Bertin, and Nicola Clayton, "Evidence of Episodic-like Memory in Cuttlefish," *Current Biology* 23, no. 23 (2013): R1033-35을 참조할 것. 이들이 참조한 조류 연구는 앞서 인용한 Clayton and Dickinson, "Episodic-like Memory During Cache Recovery by Scrub Jays," *Nature* 395 (2001): 272-74이다.

20. 이 보호구역은 시드니 북쪽에 있는 캐비지트리 만에 위치해 있다.

21. 나는 여기서 특히 Charles Clover의 저서 *The End of the Line: How Overfishing*

Is Changing the World and What We Eat (New York: New Press, 2006)을 참고했다. Alanna Mitchell, *Sea Sick: The Global Ocean in Crisis* (Toronto: McClelland and Stewart, 2009) 또한 마찬가지로 경각심을 일깨우 는 책이다. 보다 짧으면서도 매우 훌륭한 (그리고 경각심을 일깨우는) 글은 Elizabeth Kolbert, "The Scales Fall," *The New Yorker*, August 2, 2010이다. Huxley의 연설은 1883년 런던의 어업박람회에서 행해진 것이다. Clover는 이렇게 썼 다. "병든 헉슬리가 회원이었던 의회 조사단은 10년이 지나지 않아 이 결론 을 번복했다."

22. 대구 어업의 경우 어획량의 쇠퇴는 헉슬리가 이런 발언을 했던 1883년에 이 미 진행 중이었다. 어획량의 쇠퇴는 가속화되다가 제1차 세계대전이 발생하 면서 멈추었다. 전쟁이 끝나자 대구의 개체수는 변동을 거듭했으나 결국 감 소했고 1992년 캐나다의 대구 어업은 완전히 무너졌다. 2015년의 자료는 조 업의 감소로 대구가 당시보다는 상태가 나아졌음을 시사한다 "Cod Make a Comeback...," *New Scientist*, July 8, 2015.

23. 두족류와 바다 산성화에 대한 연구를 많이 발견하지는 못했다. 꽤 우려스러 운 자료가 H. O. Pörtner et al., "Effects of Ocean Acidification on Nektonic Organisms," *Ocean Acidification*, edited by J.-P. Gattuso and L. Hansson (Oxford: Oxford University Press, 2011)에서 논의된 바 있다. Katherine Harmon Courage에 따르면 Roger Hanlon은 두족류가 여러 종류의 '더러 운' 물을 다룰 수 있음에도 불구하고 기이한 혈액 내 화학적 특징 때문에 물 의 산성도(pH)에 매우 민감하다고 말한다. 때문에 바다의 산성화는 두족류 에게 심각한 위협이라는 것이다. Katherine Harmon Courage, *Octopus! The Most Mysterious Creature in the Sea* (New York: Current/ Penguin, 2013), 70, 213을 참조할 것.

24. 이런 사안에 관한 글로는 Andrew Barron, "Death of the Bee Hive: Understanding the Failure of an Insect Society," *Current Opinion in Insect Science* 10 (2015): 45-50을 참조할 것.

25. Alanna Mitchell, *Sea Sick: The Global Ocean in Crisis*을 참조할 것. 요약된 내 용은 "What Causes Ocean 'Dead Zones'?," *Scientific American*, September 25, 2102, www.scientificamerican.com/article/ocean-dead-zones에서 읽을 수

있다. Mitchell의 책에 따르면 '데드존'들은 1960년대부터 10년마다 두 배씩 늘고 있다.

찾아보기